Swift开发手册
技巧与实战

陈刚 编著

电子工业出版社·
Publishing House of Electronics Industry
北京·BEIJING

内 容 简 介

全书分为 6 章，第 1 章介绍了与 iOS 开发环境搭建有关的知识点。第 2 章是 Swift 基础语法，基于 Swift 1.2 正式版本。第 3 章是 Swift 进阶语法，除了有难度的语法点之外，还加入了 Swift 2.0 正式版本的语法改动与新特性。第 4 章是作者根据斯坦福大学 iOS 8 公开课的计算器项目进行改进的计算器项目，通过这个简单的项目介绍了 Xcode 的基本用法和在 iOS 开发中的重要概念——MVC 模式。第 5 章介绍了 iOS 中的重要内容 UIKit 框架，涵盖了 UIKit 中常用的控件，并通过丰富的实例展示了每一个控件的用法；第 5 章的最后几节介绍了 iOS 9 中的新成员，并详细讲解了何如使用 AutoLayout 对页面元素进行布局。第 6 章介绍了 iOS 系统 API 的用法，全部基于 Xcode 7.0 正式版，使用 Swift 2.0 语法。附录 A 是作者精心挑选的一些帮助贴士。

本书知识点较为全面，版本也较为贴近目前日常开发所使用的版本，既可以作为初学者的入门教材，也可以作为经验老手的一个备忘手册。

图书在版编目（CIP）数据

Swift 开发手册：技巧与实战 / 陈刚编著. —北京：电子工业出版社，2016.1
ISBN 978-7-121-27517-3

Ⅰ．①S… Ⅱ．①陈… Ⅲ．①程序语言－程序设计 Ⅳ．①TP312

中国版本图书馆 CIP 数据核字（2015）第 263517 号

责任编辑：安　娜
印　　刷：三河市双峰印刷装订有限公司
装　　订：三河市双峰印刷装订有限公司
出版发行：电子工业出版社
　　　　　北京市海淀区万寿路 173 信箱　　　　　邮编：100036
开　本：787×980　　1/16　　　印张：21.75　　　字数：495 千字
版　次：2016 年 1 月第 1 版
印　次：2016 年 1 月第 1 次印刷
印　数：3000 册　　定价：69.00 元

凡所购买电子工业出版社图书有缺损问题，请向购买书店调换。若书店售缺，请与本社发行部联系，联系及邮购电话：（010）88254888。
质量投诉请发邮件至 zlts@phei.com.cn，盗版侵权举报请发邮件至 dbqq@phei.com.cn。
服务热线：（010）88258888。

推荐序

其实不是很高兴收到作者的邀请来写这本书的推荐序，因为本书对于一个 iOS 开发者了解 Swift 来说是如此的重要，如果因为我的序写得不好而影响了大家对于本书的理解，那将是莫大的遗憾。曾经在创业的过程中虽然也兼职做过一段时间的 iOS 开发，但本人并不是一个资深的 iOS 从业者，而 Swift 和本书让我重新有机会跟大家站在同一个起跑线上。

亲测阅读之后，有两点我觉得是可以跟各位读者去分享的。

第一点是关于如何去学习一门新的技能，这对于任何一个刚刚接触一门新的技术或者是正憧憬着美好未来的学生来说都是至关重要的。学习"学习的方法"永远是最重要的，所以我不打算引导大家如何去阅读本书的各个章节，因为你看完目录之后就能够发现作者在写作的时候是如此用心。在我们对一种技术体系有一定的基础认识之后，最好的学习方法是深入地了解此体系最基本的原理，然后根据最基本的原理推理出一些实践的指导思想。这是我在从过往的学习过程中觉得受益最多的一种思维模式。为了让读者能更好地理解这样种看上去并没有什么实际参考意义但又确实是可遵循的原理，下面举一些非常简单的例子。

相信大家在上高中的时候一定都学习过化学、物理这样的基础学科知识，在无机化学中有一种叫做"电解"的化学反应，当时很多同学都对这个反应感到迷惑，因为它涉及氧化、还原、电荷移动方向等诸多问题，每一部分分别来看的话都非常复杂，后来深入了解之后我发现，其实整个过程都是电荷"同性相斥、异性相吸"的完美体现，每一个环节都遵循这个原理，可以通过这个原理把前面提到的所有现象定性的推导出来。

再到后来，我在研究消息系统和队列的时候发现，有的思维方式让我们在教科书和参考资料的解释下感觉无比的痛苦和忧伤。索性，后来再也没有去阅读过关于这类系统的设计思想和算法阐释，而是换成了一种最原始的方式，那就是带着计算机思维去乘坐公交车体会它的运行方式（Message Buss）、去医院/火车站购票橱窗这种地方体会排队（Queue）。而用这样的方式，让我深刻地理解了计算机中的消息总线、I/O、缓存、队列、资源调度、服务降级等一些非常抽象的概念。其实，生活中有很多类似的例子，只要我们用心去体会，就能对我们的学习方法有极大的帮助，这是一种思维模式上的帮助。

第二点是关于完成和完美。很多读者在选择一门技术的时候往往都会去比较优劣，甚至去询问前辈们一个问题，就是"哪一个更好？"。然而，这个和"PHP 是最好的语言"一样能引起械斗的问题，并没有太大的实际意义。如果你不去做，其实什么都不好！如果你去完成了，那么你得到的往往比你所期望的更多，因为，完成是走向完美的必经之路。Swift 是苹果公司的一次非常伟大的尝试，敢于破旧立新，这也许正是他们的基因使然。相信很多读者都在观望：Swift 是否会成为主流？是否有公司正在使用这门新的技术去开发产品？学习完之后是否能找到更好的工作？而我的建议是，如果你致力于 iOS，那么就应该先踏上这个征程。怎么看，这一段内容都像是广告，然而并不是这样。理解 Swift 能够让你了解到苹果公司团队的思维方式，他们为什么要在 Object-C 已经如此普及的时候要去创立全新的 Swift。笔者愚见，这正是 iOS 从完成走向完美的一种方式，曾经 OC 在早期的开发者生态中帮苹果公司的 developer 快速地走到了消费者的面前，取得了卓越的成就，而如今一些问题呈现出来，那么完美的进程上 Swift 应该是应运而生的。作为像笔者这样还不是十分资深的从业者来说，我们可以用谦卑的学习心态来了解这一切，让自己也有机会迈向完美，而本书正是一种正确的方式。

以上，是笔者曾经从一个技术 Geek 到产品经理，从产品运营到实现商业化价值的创业经历中的一些走心的体会，希望能够帮助到大家。

随身移动 CEO 孙建
旗下产品：中华万年历、微历 WeCal、生活日历、天气万年历
中国领先的手机日历服务提供商

前言

首先感谢您购买本书，这可能是您读到的最不像"前言"的前言。作为本书的作者，我并不想向您灌输 Swift 这门语言是多么优秀多么有潜力这样的鸡汤，我想要分享的是作为一名 Swifter 收获的成长与乐趣。

天意渐凉，年关将至，Swift 已经悄然走过了它的第一个年头，从 1.0 版本的毛头小孩成长为 2.0 版本的坚毅少年。和许多有资历的作者不同，Swift 是我的 iOS 入门语言，原来的我是个真正的菜鸟。

2014 年的深冬，我躲在温暖的咖啡馆中，打开 Playground 小心翼翼地敲下一行"Hello, Swift!"，从此这个世界上又多了一个 Swifter。和所有尝试新技术的程序员一样，最初的经历并不是一帆风顺的，每个版本都有不小的语法改动，Xcode 6 经常莫名出错，国内的资料十分匮乏，我买光了市面上能买到的所有 Swift 图书，不幸的是有些作者喜欢拿贴着 Swift 标签的新瓶子装一些旧酒。不久我迎来了那个学期的寒假，这是提升编程能力的好时机。那个寒假微信红包在疯狂地刷屏，而我在疯狂地使用 Swift 编写着各种小程序，连我的父母都惊讶于我的变化，我想这大概就是 Swift 的魔力。假期结束我第一次尝试使用纯粹的 Swift 开发作品去参加竞赛，因为团队人手不足还自学了 Sketch，自己动手制作 UI 素材，最终获得了不错的成绩，这让我很受鼓舞。之后接触了越来越多的英文资料，连我弱项之一的英语水平也有了很大提高。再之后只身前往北京的创业团队实习，应聘季拿到了满意的 offer，业余时间还能接一些 iOS 开发的私活赚点零花钱，我想这些机会与我努力学习 Swift 是分不开的。2015 年 4 月份的时候电子工业出版社的安娜编辑通过我的 CSDN 博客联系到我，向我发出了约稿的邀请，让我感到受宠若惊，这是本书的由来。

我用了大概半年的时间完成了这本书的初稿，在最初的一个月里我主要的工作是编排目录，针对我自己在学习过程中遇到的那些坑，我希望本书的目录能尽可能地适合初学者，避免在基础章节有超前的知识点，建议初学者按章节阅读，通过渐进学习的方式去掌握本书的知识点。对于那些有经验的开发者，本书的知识点较为全面，版本也比较贴近目前日常开发所使用的版本，可以作为一个备忘手册，在遇到某些易错或者不易记忆的 API 时，我本人也时常翻阅此书。

全书分为 7 章，第 1 章介绍了与 iOS 开发环境搭建有关的知识点。第 2 章是 Swift 基础语法，基于 Swift 1.2 正式版本。第 3 章是 Swift 进阶语法，除了有难度的语法点之外，还加入了 Swift 2.0 正式版本的语法改动与新特性，如果你对 Swift 1.2 版本的语法已足够熟悉，可以直接翻看 3.9 小节。第 4 章是作者根据斯坦福大学 iOS 8 公开课的计算器项目进行改进的计算器项目，通过这个简单的项目介绍了 Xcode 的基本用法和在 iOS 开发中的重要概念——MVC 模式。第 5 章介绍了 iOS 中的重要内容 UIKit 框架，涵盖了 UIKit 中常用的控件，并通过丰富的实例展示了每一个控件的用法，第 5 章的最后几节介绍了 iOS 9 中的新成员，并详细讲解了何如使用 AutoLayout 对页面元素进行布局。第 6 章介绍了 iOS 系统 API 的用法，全部基于 Xcode 7.0 正式版，使用 Swift 2.0 语法。如果本书的知识点不能为您提供帮助，希望本书最后一章精心挑选的一些帮助贴士可以帮助到您。

最后，感谢父母的鼓励与支持，感谢我的舍友加竞赛队友王探云、汤闻达两位同学，感谢在"厅客"实习时刑淇翔、蔡清茂两位学长对我的照顾和夏凡对我在技术上的指导，感谢 1+1+果汁店的老板朱哥和墨点咖啡的老板老郭、大可为我提供了写作的场地，感谢好未来教育集团对我的青睐与厚望，感谢北京随身移动公司对本书的大力支持。

目录

第 1 章
搭建 Swift 开发环境

正所谓"工欲善其事，必先利其器"，在开始学习 Swift 之前，我们需要做好相关的准备。由于 Swift 是苹果公司的"亲儿子"，所以 Swift 的开发必须在苹果的 Mac 操作系统下进行，编程工具这里选择的是苹果的 Xcode。

1.1 Swift 介绍

1.1.1 Swift 的前世今生

在阅读本书之前，可能你已经从其他渠道了解到 Swift 的相关信息，首先来快速了解一下 Swift 语言的前世今生。作为编程语言界的"小鲜肉"，Swift 是苹果公司在 2014 年 WWDC（苹果全球开发者大会）上发布的全新的编程语言。Swift 是供 iOS 和 OS X 应用编程的新编程语言，基于 C 和 Objective-C，没有 C 的一些兼容约束。Swift 采用了安全的编程模式和添加现代的功能以使得编程更加简单、灵活、有趣。界面则基于广受码民喜爱的 Cocoa 和 Cocoa Touch 框架，展示了软件开发的新方向。

有人笑言 Swift 语言是语言进化链顶端的语言，因为它融合了很多现代编程语言的优点，加入了诸如闭包这样的高级语言特性。在语法结构上，Swift 有点类似于 JavaScript 这样的脚本语言，更加简洁优雅。

2010 年 7 月，LLVM 编译器的原作者，暨苹果开发者工具部门总监克里斯·拉特纳（Chris Lattner）开始着手 Swift 编程语言的工作，还有一个 Dogfooding 团队大力参与其中。至 2014 年 6 月发表时，Swift 大约历经了 4 年的开发期。克里斯在开发 Swift 之前的一项伟大成就即为苹果公司开发了 LLVM 编译框架，由于他在编译框架方面的丰富经验，使得 Swift 不但语法简洁，而且在编译期的速度也有所优化，读者在使用 Swift 进行开发时一定深有感触。

程序员开发问答服务网站 "StackOverflow" 近期进行了一次民调。主要针对全世界 157 个国家的 2.6 万名开发者。这些样本中，6800 人为全职程序员，1900 人为移动开发员，1200 人为前端开发员，1.2 万人为其他类型的开发者。调查方对受访者问及，在过去一年中曾经使用什么编程语言来开发软件，哪种语言用得最多？调查结果显示，苹果公司推出的 Swift 以 77.6%的覆盖率，在受欢迎度上位列第一。超过了其他许多知名度较高的开发语言。排名如图 1.1 所示。

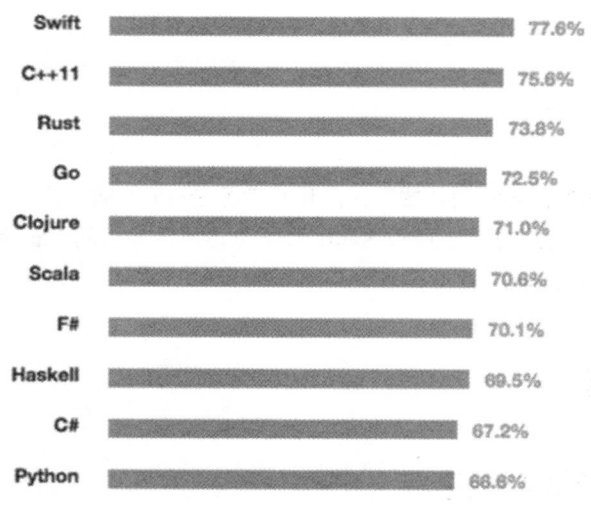

图 1.1　StackOverflow 编程语言受欢迎度民意调查排名

1.1.2　Swift 与 Objective – C

我们都知道之前进行 IOS 开发使用的是 Objective-C（在本书接下来的内容中笔者简称为 OC）这门古老的语言，Swift 语言的发布对于熟悉 OC 开发的程序员来说是一件令人兴奋的事情。

因为 OC 是 C 语言的超集,比较像 C++ 这样的传统面向对象语言,没有很多现代高级语言的特性。并且由于 OC 是一门消息传递语言,而不是传统的函数调用语言,因此 OC 里面中括号的语法令很多从其他编程语言转投 OC 开发的程序员很不适应。

但是这并不代表 OC 不好,由于 Swift 发布时间较短,而笔者学习 Swift 语言的时候还处在 Swift 语言的元年,任何一门新兴的语言都在不断变化之中,笔者学习 Swift 语言的过程经历了 Swift 1.1 版本到 Swift 1.2 版本的升级,语法有很多变动,如果你正在维护一个大型项目,语法的变动肯定是维护人员所不想看到的。所以对于有志于未来从事 iOS 开发工作的读者,笔者可以很明确地告诉你们,公司企业中的项目大部分依旧是使用 OC 语言进行开发的,即便是那些处于研发阶段的新项目。但是也不要因为这个原因就放弃 Swift 语言的学习,Swift 语言一经推出,就得到了业内人士的普遍看好,甚至连斯坦福大学的教授 Paul Hegarty,就是那个著名的白胡子老头,在讲授 IOS 8 开发的时候使用的也是全新的 Swift 语言。本书在介绍 Swift 语法时也会穿插 OC 中的一些代码作对比,让读者更加了解两种语言的差异。

最后,笔者建议在学习 Swift 语言的同时,应熟悉 OC 语言,两件兵器同时在手,笑傲职场,岂不更加游刃有余?

1.2　Mac OS X 操作系统

OS X 是苹果公司为 Mac 系列产品开发的专属操作系统,基于 UNIX 系统,有一定 Linux 基础的人使用 OS X 时会更加得心应手。OS X 操作系统的获取方式有两种,最简单的一种是买一台苹果电脑,无论是哪个系列,这些电脑都预装了 OS X 操作系统。

如果你不打算购买苹果电脑的话,另外一种方式是在 Windows 环境下用虚拟机安装 OS X 操作系统,也就是我们通常所说的"黑苹果",网上有详细的教程,笔者在此不作过多的介绍。但需要强调的是,"黑苹果"下的开发存在着各种各样的问题,会拖累我们的学习进度,如果你只是想尝尝鲜,了解一下 Swift 语言,那么你大可不必购买一台真正的苹果电脑。但是对于一个有志于在现在或者将来进行 iOS 系统发开的读者来说,一台真正的苹果电脑是必不可少的,不仅企业中的 iOS 开发全部是在苹果电脑上进行的,甚至一些其他领域的开发也会选择苹果电脑,苹果电脑的易用性和良好的操控性可以大大提升你的编程舒适度。

1.3　Xcode 简介和获取方法

1.3.1　Xcode 简介

　　Xcode 是苹果推出的编程工具，必须安装在 Mac OS X 系统上，Xcode 6 要求 OS X 的版本不低于 10.9.2。Xcode 6 的启动界面如图 1.2 所示，本书所展示的示例代码全部使用正式版本的 Xcode 进行编写。随着 Xcode 6.3 正式版的上线，Swift 语言也从 1.1 版本更新到了 1.2 版本。2015 年 9 月，Xcode7 正式版发布，Swift 语言进入 2.X 时代。

图 1.2　Xcode 6 启动界面

　　从图 1.2 可以看到，启动 Xcode 后，左侧可以选择新建一个 playground 文件、一个 Xcode 工程或者检查一个已经存在的项目，右侧可以显示使用 Xcode 打开的工程或者文件的历史记录。本书前几章主要介绍 Swift 的语法，笔者推荐大家使用 playground 进行 Swift 语言的学习。

1.3.2　Playground 简介

　　Playground 是随着 Swift 在苹果的 2014 WWDC 上发布的，只有在 Xcode 6 之后的版本中才能看到它的身影。Xcode 的 Playground 功能是 Swift 为苹果开发工具带来的最大创新，该功能提供了强大的互动效果，能让 Swift 源代码在撰写过程中实时显示其运行结果，避免了编译运行的耗时，大大提高了学习效率。我们只需在 Xcode 启动界面的左侧单击第一个条目就可以创建一个

Playground，如图 1.3 所示。

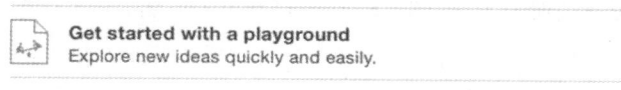

图 1.3　创建一个 Playground

之后给新建的文件取名并选择保存路径，Playground 的界面就展示在我们面前了。如图 1.4 所示，新的 Playground 中会有一些默认的代码，可以看到界面分为左右两部分，左侧是代码，右侧是代码结果的实时展示，简单易用。

注意：代码第三行"import UIKit"中的 import 关键字的作用是向 Swift 中导入框架，UIKit 框架包含了页面开发中的各种组件，我们会在后面的章节详细介绍 UIKit 中各个组件的用法。

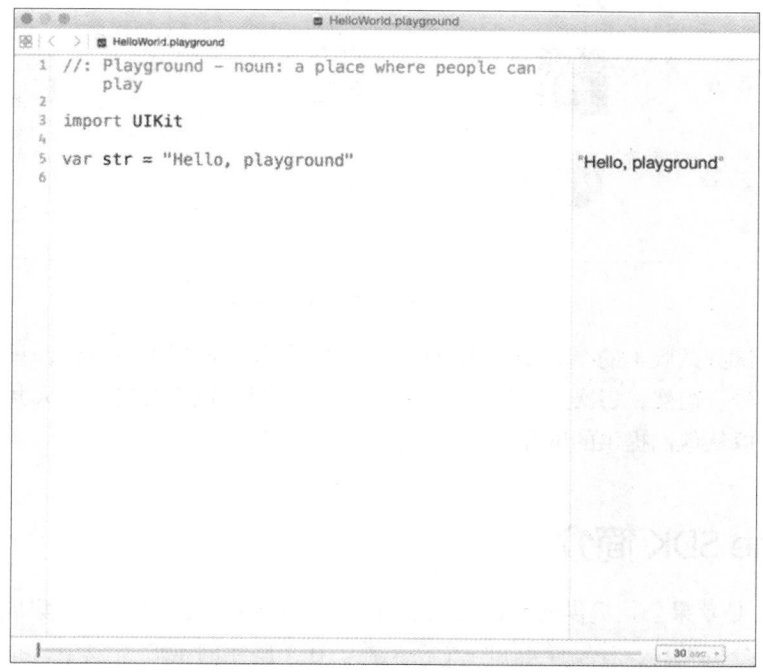

图 1.4　Playground 界面展示

1.3.3　Xcode 的获取方法

用户可以通过苹果的官方商店来下载 Xcode，商店中的 Xcode 是正式版本，笔者推荐大家使用稳定版本，而不要使用测试版本。需要注意的是，在苹果商店中下载软件时需要有 APP ID，如果没有的话，可以免费注册一个。如图 1.5 所示，打开苹果商店，在右上角的搜索框中输入"Xcode"，就可以找到 Xcode 并安装它了。

图 1.5　在苹果商店中搜索 Xcode

　　如果想要尝试测试版本的 Xcode，则通过苹果的开发者网站就可以找到，只不过下载时需要苹果的开发者账号。当然，每次公布测试版本的 Xcode 之后，网上都有很多人共享，即便你没有开发者账号也可以从他们提供的网盘链接中下载。

1.4　iPhone SDK 简介

　　iPhone SDK 是苹果公司提供的 iPhone 开发工具包，包括界面开发工具、集成开发工具、框架工具、编译器、分析工具、开发样本和一个模拟器。在早些年的 iOS 开发中，我们需要手动安装 iPhone SDK，现在 Xcode 中已经集成了 iPhone SDK，我们无须自己再去配置它。随着 Xcode 版本的升级，其集成的 iPhone SDK 版本也会升级，比如 Xcode 6.3 版本的 iPhone SDK 版本号是 8.3。需要注意的是，在真机测试时，Xcode 中需要包含真机上的系统版本所对应的 iPhone SDK。

第 2 章
Swift 基础语法

相信通过第 1 章的介绍，你一定已经迫不及待地想要在 Swift 的舞台上大展身手了。在本章，你将正式接触到 Swift 的语法。本书尽可能详尽地从用法与原理上解读 Swift 的语法，遇到不易理解的地方希望读者可以细细揣摩，夯实语法基础。为了突出 Swift 与 Objective -C 的区别，在介绍 Swift 语法时，会展示一些简单的 OC 语法作为对比，即便之前没有接触过 OC 语法，只要你有一定的编程基础，就能轻松看懂。本章全部代码都在 playground 中进行演示。

2.1 基础知识

2.1.1 命名规则

在 Swift 中，我们所定义的变量、常量、类或者方法都需要有各自的名称，名称是区分它们的唯一标识。如果你使用相同的名称重复定义，那么就会收到系统的报错提示。这里所说的名称在计算机语言中的标准称呼是标识符。标识符的构成有一定的规范：

1.   标识符中大小写代表不同的含义，所以 XIAOMING 和 xiaoming 代表两个不同的标识符。

2. 不能包含数学符号、箭头、保留的 Unicode 码位、连线与制表符。
3. 可以包含数字，但是数字不能作为标识符的首字符。
4. 不能使用 Swift 保留的关键字作为标识符。

值得注意的是，Swift 的标识符可以使用中文命名，或许你已经习惯了用 abc 来命名变量，使用 i 和 j 来保存循环的次数，但现在你可以使用诸如"重量"、"数量"这样的中文来作为标识符。这得益于 Swift 中的字母采用的是 Unicode 编码，Unicode 的中文翻译是统一编码制，其中不但有英文，还有亚洲文字，甚至是我们常用的表情😄也在 Unicode 编码之中，所以如果你够任性，甚至可以使用一个笑脸来作为变量名。

Swift 中类、协议、结构体、枚举的标识符中的第一个字符通常要大写，而方法的标识符中第一个字母通常为小写，以示区分。另外，标识符整体的命名采用"驼峰式"的命名规则，即如果标识符由多个单词组成，那么标识符的首字母遵从上面的命名规则，而其他单词的首字母全部大写，比如 maxNumberOfArray，整个标识符中的多个单词通过大写的首字母做出了清晰地划分，看起来就像是骆驼的驼峰一样，避免了使用下画线"_"来分隔单词。

良好的命名习惯，可以极大地提升代码的可读性，仅通过标识符的名称就可以清晰地表达出代码的含义。

2.1.2 常量与变量

在 OC 中，常量与变量的划分有时与具体的类型绑定。比如变量字符串使用 NSMutableString 定义，常量字符串使用 NSString 定义；再比如可变数组使用 NSMutableArray 定义，而不可变数组使用 NSArray 定义。Swift 语言消除了这种命名上的冗余性，常量和变量定义变得非常简单。如果要定义一个常量，则使用 let 关键字定义；如果要定义一个变量，则使用 var 关键字。无论你想定义的是整型、浮点型、数组还是字符串，都只需使用这两个关键字来进行区分。例如下面的代码：

```
let name = "教科书的灵魂小明同学" //使用 let 关键字定义了一个常量 name
var hisAge = 8 //使用 var 关键字定义了一个变量 hisAge
```

上面的语句可以理解成两步，首先通过 let 和 var 定义了一个常量和变量，然后使用"="初始化这个常量和变量。变量的值可以在后面的代码中通过赋值语句进行修改，而常量的值一旦设定将不能更改。

```
name = "了不起的李雷" //程序会报错，提示你不能修改常量
hisAge = 15 //年龄是个变量，所以修改年龄没有问题
```

看完上面的代码，你可能注意到了，每一行代码的末尾没有使用"；"，这并不是笔者粗心大意漏掉了。在初学 C 语言的时候，你可能因为漏掉了"；"而吃了不少苦，在 Swift 中，我们可以

彻底和分号说拜拜了。在一行完整的语句结束后，我们只需换行即可，当然，在代码的末尾写上 ";" 也完全没有问题。比如下面的两种写法是等价的，只不过通过换行的方式来分隔代码在实际编程中效率会更高。

```
var car = "奥迪"
var car = "奥迪";
```

2.1.3　类型推测

在之前的代码中，除"分号"的使用外，另外一个令人疑惑的地方是，我们在定义一个常量或者变量的时候，并没有指定它的类型，这样的写法在 playground 中却没有报错，这似乎有些不合常理。因为在 OC 中，当要声明一个变量时，必须指定它的数据类型，例如：

```
const int count = 10;
double price = 9.9;
NSString *message = @"This is Objective-C";
```

你可能会觉得 Swift 不是一门强类型语言，然而事实恰恰相反，Swift 是一门不折不扣的强类型语言。在声明变量时，不需要指定数据类型的特性依托于 Swift 强大的类型推测功能。在 Swift 中，声明的常量和变量可以通过在初始化时判断传递给它的具体值的类型，并把这个类型作为常量和变量的类型。如以下代码所示：

```
let count = 10
// count 会被识别为 Int
var price = 9.9
// price 会被识别为 Double
var message = "This is Swift "
// message 会被识别为 String
```

当然，你也可以在声明时显式地指定常量和变量的数值类型：

```
var name:String = "小明" //在声明时指定 name 的数据类型
```

Swift 是一门类型安全的语言，无论你是显式地声明类型，还是更习惯让系统去作类型推测，每个常量和变量的类型都是明确的，Swift 会在编译期检查所有的类型，以保证系统在运行期安全无误，你永远不能给一个 Int 类型的常量或变量传入一个 String 类型的值。

2.1.4　注释

有编程经验的读者对注释肯定不会陌生，注释一方面可以帮助我们更好地解释代码，另一方

9

面还可以通过注释具体的代码段起到调试程序的作用。

    Swift 中的注释和其他语言中的注释功能基本一致。注释分为单行注释和块注释，单行注释在上面的代码中已经使用了很多次，在单行代码的末尾使用//作为注释的起点，后面的文字均为注释，注释不会对代码的执行产生任何影响。

    如果需要注释的内容比较多，那么需要使用块注释，块注释使用/*作为起点，使用*/作为终点，起点与终点之间的内容全部为注释，不参与代码的执行。如以下代码所示：

```
//单行注释格式
/*
块注释格式
*/
```

    在 Xcode 中，选中需要注释的内容按下 command+/键，可以快速注释所选内容，如果要取消注释，则选中注释的内容，再次按下 command+/键就可以取消注释。

2.1.5　输出常量和变量

    如果想要把常量和变量的值输出到中控台，则可以使用 print 函数或 println 函数，前者打印输出后不换行，后者打印输出后自动换行（Swift 2.0 中简化为一个函数 print，详见 3.9 小节）。这两个函数接受 String 类型的参数。比如：

```
println("我爱 Swift!")  //如果是在 Xcode 的工程中，"我爱 Swift"会显示在中控台
```

    Swift 采用字符串插值的方式在输出的内容中加入常量或变量的值。首先将常量或变量名放入\()的括号中，然后将\(常量名)或者\(变量名)当作占位符插到字符串的相应位置，这样 println 函数在输出时就会在该位置插入常量或变量的值，代码如下：

```
var name = "小明"
println("我同桌名叫\(name)")
```

playground 中的实际效果如图 2.1 所示。

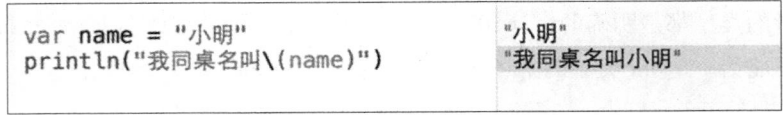

图 2.1　字符串插值

这样的输出方式相比 OC 中使用的 NSLog 函数更加直观，同样的功能在 OC 中的写法如下：

```
NSString *name = @"小明";
NSLog(@"我同桌名叫%@", name);
```

2.2　基本数据类型

本节将介绍 Swift 中的几大类基本数据类型，包括整数、浮点数、布尔型、可选型和元组，接着会展示数字类型之间的转换。至于字符串、集合、结构体、类等类型，由于内容较多，因此将会放在后面单独的章节中进行讲解。需要注意的是，Swift 中的数据类型虽然名称和 C 语言中的数据类型相似，但是 Swift 中数据类型的首字母都是大写的。

2.2.1　整数

整数的定义为没有小数部分的数字，可以带有正负号。Swift 提供了 Int 和 UInt 两种整数类型，分别表示有符号和无符号的整数类型。另外 Int 和 UInt 后面可以带有数字 8、16、32 和 64，来表示 8、16、32、64 位的整数。一般来讲我们并不需要指定整数的长度，使用 UInt 的情况也很少，在开发中使用 Int 类型即可。Int 和 UInt 都可以自适应平台的类型，所以不需要关心自己的系统是 64 位还是 32 位。另外整数类型有属性 max 和 min，分别表示不同整数类型的最大值和最小值，在 Swift 中我们访问属性采用"点方法"。为了加深理解，请看图 2.2。

```
let max = Int8.max        127
let min = Int8.min        -128
let umax = UInt8.max      255
let umin = UInt8.min      0
```

图 2.2　Int8 与 UInt8 类型

2.2.2　浮点数

浮点数是指有小数部分的数字，比如我们熟悉的圆周率 π。浮点数比整数类型表示的范围要大。Swift 提供了两种浮点数类型：Float 和 Double。Float 表示 32 位浮点数，而 Double 表示 64 位浮点数。选择哪个类型的浮点数取决于你对精度的要求。

2.2.3　布尔类型

Swift 提供了一个非真即假的逻辑类型——布尔类型（Bool），布尔类型有两个布尔常量：true 和 false。我们可以使用类型推断，给变量或者常量直接赋值为 true 或者 false，那么常量或者变量的类型就会被识别为布尔类型。布尔类型在编程中有非常重要的应用。需要注意的是，Swift 中的布尔类型不同于 OC 中的 BOOL 类型，不再接受 0 代表 false，1 代表 true 的用法，如图 2.3 所示。

```
25  if true {
26  let num = 1                                              1
27  }
28  if 1 {
29  let num = 1
30  }
```

图 2.3　Swift 中 "1" 不能代表 true

2.2.4　元组类型

元组是 Swift 中一个非常好用的数据类型，它可以把多个值成员复合成一个值，并且这些成员的数据类型可以不同，把成员值放到一个括号中，以逗号分隔。我们可以使用元组来定义一些固定形式的信息，比如一个学生的身份信息：

```
let message = ("小明",9,"三年二班")
```

这个元组类型就可以表达出一个三年级二班名叫小明的 9 岁同学，结构非常精简。上面的代码在 playground 中显示如图 2.4 所示。

```
let message = ("小明",9,"三年二班")        (.0 "小明", .1 9, .2 "三年二班")
```

图 2.4　一个包含三个成员值的元组

在右侧的输出页面上我们可以看到元组中每个成员值的前面都显示了一个默认的索引，我们可以通过索引直接获得元组中各部分的值，如图 2.5 所示。

```
let name = message.0                      "小明"
let age = message.1                       9
let grade = message.2                     "三年二班"
```

图 2.5　使用索引获取元组成员的值

我们也可以给每个成员变量命名，格式为(成员名称 1:成员值 1, 成员名称 2:成员值 2，……)，调用的时候可以使用名称调用，注意成员名称必须是字符串类型的：

```
let message = (name:"小明",age:9,grade:"三年二班")
let showName = message.name
let showAge = message.age
let showGrade = message.grade
```

playground 中的效果如图 2.6 所示，可以看到其效果和使用索引是相同的。

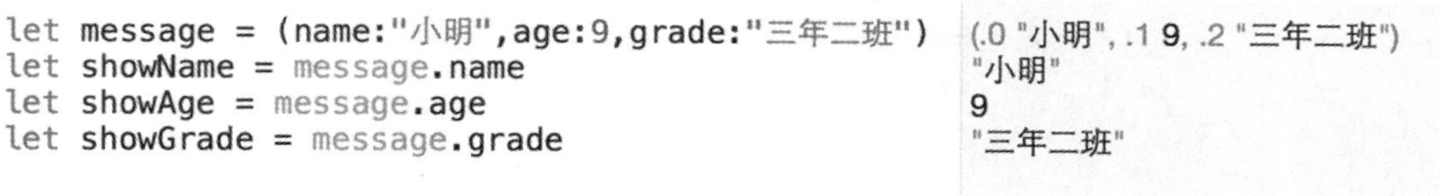

```
let message = (name:"小明",age:9,grade:"三年二班")      (.0 "小明", .1 9, .2 "三年二班")
let showName = message.name                           "小明"
let showAge = message.age                             9
let showGrade = message.grade                         "三年二班"
```

图 2.6　使用元组成员名取值

另外，如果想要获取元组中的某些重要部分加以利用，忽略一些不重要的信息时，可以把元组的值传递到一个新的元组中，在新元组中声明那些接受重要值的值成员，而不重要的部分使用下画线 "_" 表示忽略，比如在上例中，只关心学生信息中的学生姓名，那么可以使用下面的语句，元组中的成员可以直接当作常量和变量使用：

```
let message = (name:"小明",age:9,grade:"三年二班")
var (showName,_,_) = message
println("Name is \(showName)")
```

playground 中的效果如图 2.7 所示。

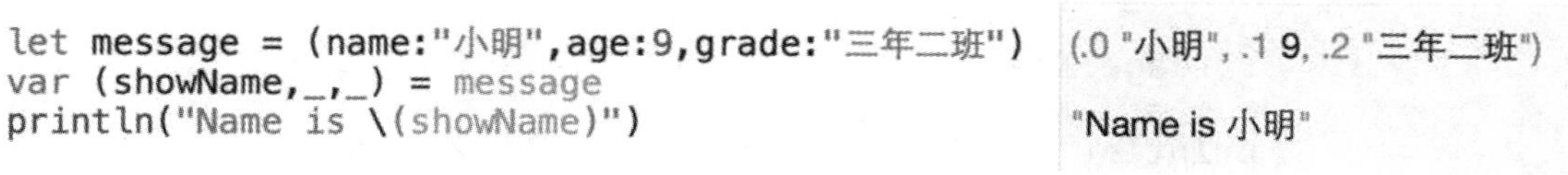

```
let message = (name:"小明",age:9,grade:"三年二班")      (.0 "小明", .1 9, .2 "三年二班")
var (showName,_,_) = message
println("Name is \(showName)")                        "Name is 小明"
```

图 2.7　使用 "_" 忽略不重要的值

2.2.5　可选型

OC 中没有可选型这种数据类型,可选型是 Swift 独有的,初次接触可选型时你可能有些许疑惑,但它是一种很精妙的数据类型，本章只作简单介绍，第 3 章中将详细介绍可选型的原理与作用。

可选型用于某些不确定是否有值的情况,可选型有两个返回值:具体的值和 nil,nil 表示空值。在 Swift 中，经常会选择可选型作为返回值来处理一些结果不确定的操作,定义可选型只需在常规类型后面加一个问号 "?" 即可，例如：

```
var age:Int?
```

这样，age 就被定义成一个可选型，如果它有值，它一定会返回一个 Int 类型的值，否则返回 nil。在 Swift 中，String 类型有一个方法叫作 toInt，你可以把诸如 "12" 这样的字符串转换成 Int，但是不能转换 "小明" 这样的字符串，所以 toInt 方法的返回值必定是一个 Int? 类型，如图 2.8 所示。

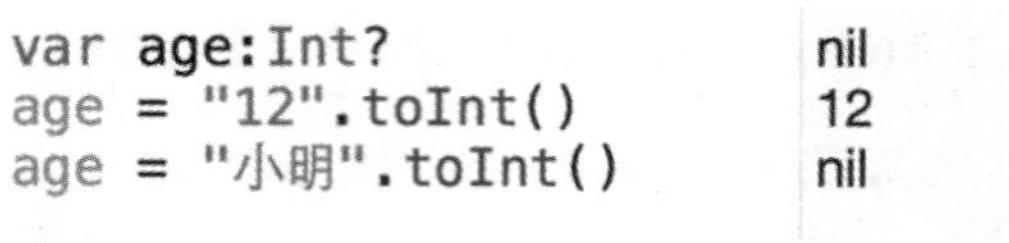

```
var age:Int?              nil
age = "12".toInt()        12
age = "小明".toInt()       nil
```

图 2.8　可选型使用示例

值得注意的是，age 在定义为 Int 类型的可选型之后被赋予了一个默认的初始值 nil，这也是可选型的一个好处之一。Swift 中的类在初始化时其内部的所有属性必须被初始化，否则无法通过编译，这也是出于安全性的考虑。把一个常量或者变量定义为可选型，在没有赋值的情况下它会被默认赋值为 nil，所以即便定义 age 的时候不赋值，它也已经被初始化了，它的值是 nil，直到你通过赋值更改它的值。

现在请看下面的代码：

```
var age:Int?
age = "12".toInt()
println("age is \(age)")
```

你可能认为代码第三行输出的应该是"age is 12"，但实际情况并不是这样，如图 2.9 所示。

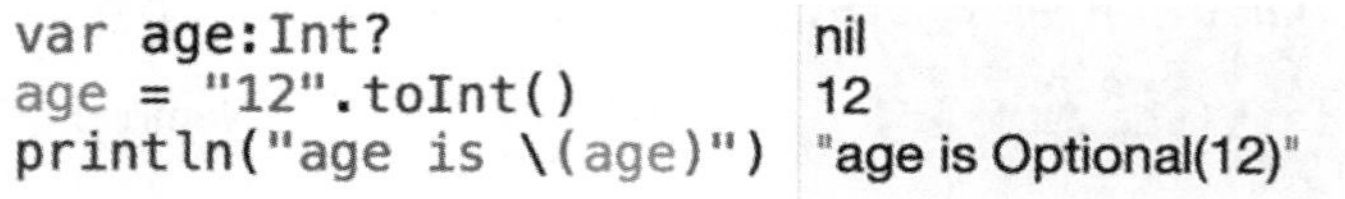

```
var age:Int?                    nil
age = "12".toInt()              12
println("age is \(age)")        "age is Optional(12)"
```

图 2.9　未解包的可选型

在输出语句中我们得到 age 的值显示为 Optional(12)，Optional 代表"可选"，age 的当前值为一个整数类型的可选型。在实际开发中我们真正需要的是括号中的 12，要想获取这个 12，就需要使用"解包"操作。解包是针对于可选类型的变量操作，当我们确定一个可选型的值不为 nil 的时候，可以使用解包获取其中的值。它的表现形式也很简单，在需要进行解包的变量名后面加上一个感叹号"!"，现在对 age 变量进行解包，效果如图 2.10 所示。

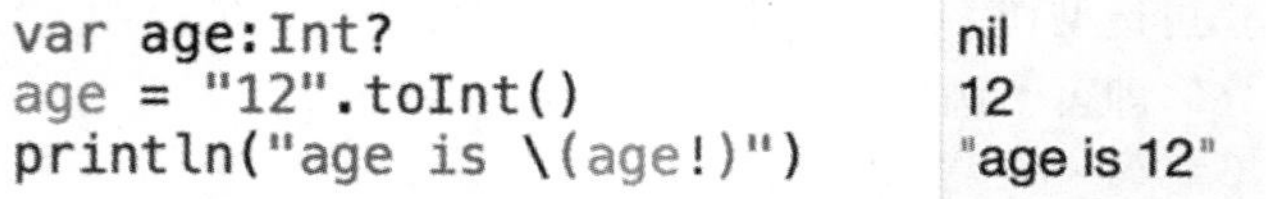

```
var age:Int?                    nil
age = "12".toInt()              12
println("age is \(age!)")       "age is 12"
```

图 2.10　对可选型进行解包

最后需要注意的一点是，在工程中要避免对空值的可选型进行解包，否则系统会抛出异常。在开发中，常用的做法是首先使用 if 判断语句确定可选型有值，然后再使用解包获取具体值。

2.3　基本运算符

本节将介绍 Swift 中的一些基本运算符，运算符是检查、改变、合并值的特殊符号或短语。

2.3.1　赋值运算符

之前在定义常量和变量时已经接触过赋值运算符的用法了，Swift 使用等号 "=" 来表示赋值运算，例如 a = b，表示将 b 的值赋给了 a。如果赋值的对象是一个元组，那么元组内成员的值在赋值操作中是一一对应的，比如 let (x,y) = (1,2)，则 x 的值会被赋为 1，而 y 的值会被赋为 2，依次类推。

另外需要注意的一点是，如果你做过 C 语言的开发，那么一定犯过这样的错误，在判断语句 if 中本该使用 "==" 进行判断操作，但是误写成了 "="，造成了 if 判断永真的情况。Swift 为了避免这种情况发生，其赋值语句是没有返回值的，也就是说，如果你使用如下语句：

```
if x = y {   }
```

系统会直接提示错误，避免开发人员犯设计上的错误。

2.3.2　数值运算

Swift 支持基本的加减乘除和求余运算，并且 Swift 中的数值运算与 OC 相比更加强大。比如 Swift 中的加法操作 "+" 除了可以用来对整数和浮点数做加法外，还可以直接拼接字符串。Swift 中的求余运算 "%" 还可以对浮点数求余，这些都是 C 语言和 OC 所不具备的，示例代码如图 2.11 所示。

```
1 + 2                    3
2 - 1                    1
2 * 3                    6
4 / 2                    2
"小明" + "同学"          "小明同学"
5 % 2                    1
5.1 % 2                  1.1
8 % 2.5                  0.5
```

图 2.11　Swift 中的数值运算

2.3.3　自增和自减运算

与 C 语言一样，Swift 中也可以使用"++"和"--"进行自加和自减的操作，a ++其实就是 a = a + 1 的简写。如果不考虑返回值只考虑数值变化的话，前置的"++"和后置的"++"是一样的，前置和后置的区别如下。

前置：先自加或自减再返回值。

后置：先返回值再自加或自减。

例子如图 2.12 所示。

```
var x = 1          1
var y = x++ //x的值是2   1
var m = 1          1
var n = ++m //m的值也是2  2
```

图 2.12　前置和后置自加的区别

除非需要使用后置的特性，否则推荐使用前置操作，因为先改变值再返回结果的方式更符合我们的思维习惯。

2.3.4　复合赋值

Swift 提供把运算符和赋值复合起来使用的复合操作，与自增和自减操作类似，a += 2 的操作等同于 a = a + 2，示例代码如图 2.13 所示。

```
var a = 1     1
a += 2        3
```

图 2.13　复合赋值操作

```
1 > 3 //大于      false
1 < 3 //小于      true
1 == 3 //等于     false
1 != 3 // 不等    true
1 === 3 //恒等    false
1 !== 3 //不恒等  true
var name = "小明"  "小明"
name == "小明"    true
```

图 2.14　Swift 中的比较运算

2.3.5　比较运算

所有标准 C 中的比较运算符在 Swift 中都可以使用。另外，在 Swift 中，"=="可以用在任何类型的比较中，而不用像 OC 中那样使用不同的 isEqual 方法。比较运算会返回 Bool 类型的比较结果。示例如图 2.14 所示。

2.3.6　三元运算符

前面展示的都是二元运算符，下面介绍三元运算符。不同于二元运算符的加减乘除，三元运算符有三个参与对象，格式为：

判断条件？为真时的操作：为假时的操作。

它可以通过一个 Bool 类型判断条件的真假来选择执行哪个操作，三元运算符是 if – else 结构的一种简化。比如下面的情况，小明有一个远房王叔叔并不认识小明和他的哥哥小刚，但是王叔叔知道小明的身高不足 160，而小刚的身高要高于 160。现在王叔叔见到了一个身高 180 的男孩，那么不需要自我介绍，王叔叔通过身高就可以判断这个男孩是小刚而不是小明。这个判断过程就对应了一个三元运算，如图 2.15 所示。

```
var 身高 = 180                              180
var 名字 = 身高 < 160 ? "小明":"小刚"        "小刚"
```

图 2.15　三元运算符判断过程

2.3.7　逻辑运算符

Swift 中的逻辑运算符的操作对象是布尔值。沿用了 C 语言中的三种逻辑运算：与、或、非。在工程中我们可以对布尔类型的筛选条件做逻辑运算来判断代码的执行段。示例如图 2.16 所示。

```
true && false // 与运算     false
true || false //或运算      true
!true //非运算              false
```

图 2.16　逻辑运算

"逻辑与"运算使用&&符号表示，可以有多个条件同时参与运算，比如 a&&b&&c……，只要其中有一个条件的布尔值为 false，那么整个结果就为 false，否则为 true。

"逻辑或"运算使用||符号表示，同样可以有多个条件同时参与运算，比如 a||b||c……，只要其中有一个条件的布尔值为 true，那么整个结果就为 true，否则为 false。

"逻辑非"运算使用!符号表示，非运算的结果总与!符号后面的布尔值相反。

2.3.8　范围

在 OC 中，我们可以使用 Range 函数来指示一个起始位置和长度，从而框定一个范围。Swift 中的范围使用起来要方便得多，有两种形式：

- 1...5 表示闭区间[1,5]，也就是从 1 到 5 的范围。
- 1..<5 表示半闭区间[1,5)，也就是从 1 到 4。

范围经常会和 for - in 循环语句连用，比如下面的形式：

```
for index in 1...5
{
    println(index)
}
```

也可以用在 switch 控制流的 case 中，在后面讲到 switch 时会讲解，基本形式如下：

```
var index = 3
switch index{
case 1...2 :
    println("Hello")
case 3...4 :
    println("World")
default:break
}
```

2.3.9　括号优先级

为了保持运算的先后顺序，可以使用括号来指示优先级，比如运算 a*(b+c)，虽然乘法的优先级高于加法，但是由于使用了括号来指示优先级，所以首先进行 b+c 的运算，然后其结果再与 a 相乘，这与数学上的运算顺序是相同的。除了数值运算，括号也可以用于逻辑运算中，比如 a&&(b||c)，会首先进行括号中的或运算，然后其结果再与 a 做与运算。

2.4　字符串与字符

在 Swift 中，字符串的类型是 String，不论定义的是常量字符串还是变量字符串。

```
let dontModifyMe = "请不要修改我"
var modifyMe = "你可以修改我"
```

而在 OC 中，你需要使用 NSString 和 NSMutableString 来区分字符串是否可以被修改。前面我们讲过，在 Swift 中连接两个字符串组成新字符串非常方便，使用 "+" 即可，如图 2.17 所示。

```
let firstMessage = "Swift很不错. "          "Swift很不错. "
let secondMessage = "你觉得呢?"              "你觉得呢?"
var message = firstMessage + secondMessage  "Swift很不错. 你觉得呢?"
println(message)                            "Swift很不错. 你觉得呢?"
```

图 2.17　使用 "+" 拼接字符串

在 OC 中我们要实现同样的拼接只能使用 stringWithFormat 方法，做法如下：

```
NSString *firstMessage = @"Swift 很多不错. ";
NSString *secondMessage = @"你觉得呢?";
NSString *message = [NSString stringWithFormat:@"%@%@", firstMessage, secondMessage];
NSLog(@"%@", message);
```

在 OC 中，判断两个字符串是否相同时不能用 "=="，而要使用方法 isEqualToString，但在 Swift 中完全可以使用 "==" 来判断字符串是否相同。

```
var string1 = "Hello"
var string2 = "Hello"
if string1 == string2 {
    println("二者相同")
}
```

处理字符串的难点是字符串的索引和字符串的创建，以及如何创建一个字符串的子串。

字符串由 Unicode 组成，但是不能把 Unicode 组成的字符串的子串看作 Unicode 字符，而是把它们拆分成 Unicode 字素。我们不能像在数组中那样使用整数作为下标索引，因为会遇到有的字素是由多个字符组成的情况，这样会把一个完整语义的字素拆成两个字符，从而改变了原意。举个例子，法语中有重音符号，一个 à 是一个完整的字素，这个字素由两个 Unicode 字符组成，如果按照 Unicode 字符来索引就会破坏语言的结构。

所以字符串是由另外的一个类型来索引的，这个类型就是 String.Index。从 Swift 1.2 版本开始，想要获得 String 中某个字素的时候，使用函数 advance，其中有两个参数，stratIndex 指定 String 的第一个字素，第二个参数指定步长，函数会返回一个 String.Index 类型，这是一个字符串的字素位，我们可以使用这个字素位来插入或者删除 String 中的元素，用法如图 2.18 所示。

```
var str = "Heàllo"                          "Heàllo"
let index = advance(str.startIndex,2)       2
str.splice("3", atIndex: index)             "He3àllo"
println(str)                                "He3àllo"
```

图 2.18 获取字符串的 String.Index

注意：Swift 1.2 中的 advance 是函数，并不是方法。简单介绍一下函数和方法的区别，函数是全局的，其格式为：函数名（参数列表）。而方法是面向对象的，无论是类方法还是实例方法，其格式都为：类名或实例名.方法名（参数列表）。

注意：在 Swift 2.0 中，advance 变成了方法，在 Swift 2.0 中要获得上例中的 Index 需使用下面的语法：

```
let index = str.startIndex.advancedBy(2)
```

advance 会跳过整个字素而不是一个字符。如图 2.18 所示，index 是 String.Index 类型的，它返回了 à 的位置。

另外字符串中的 splice 和数组中的 splice 很像，即将一个字符串合并到另一个字符串当中。如图 2.18 所示，我们把 3 放到了 à 的位置，str 的值现在变成了 He3àllo。希望读者可以仔细理解一下。

最后我们使用之前讲到的范围来截取 str 的子串，在截取起始终止位置的时候不能直接用 Int 类型，依旧必须采用 advance 的办法，做法如图 2.19 所示，示例中最后截取的子串为 "e3à"。

```swift
let startIndex = advance(str.startIndex, 1)        1
let endIndex = advance(str.startIndex, 3)          3
var s = str[startIndex...endIndex]                 "e3à"
```

图 2.19　截取子串

你可能会觉得这样的用法非常麻烦，然而这也正是 Swift 语言进步的原因之一。OC 中的 NSSring 类型无非处理多个字符组成的字素，在 Swift 1.2 版本中，已经弱化了 String 和 NSSting 的关联，因此无法直接把一个 NSString 类型的值传递给一个 String 类型的变量。如图 2.20 所示。

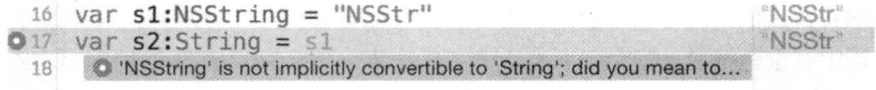

图 2.20　把 NSString 类型的值赋给 String 类型，会提示错误

字符串中还有很多有用的方法，比如 rangeOfString 会返回一个可选类型的范围 Range<String.Index>。我们可以使用这个方法获得一个浮点数的整数部分，代码如下：

```swift
let num = "123.45"
let deRange = num.rangeOfString(".")
let wholeNumber = num[num.startIndex ..< deRange!.startIndex]
```

playground 中的结果如图 2.21 所示。

```swift
let num = "123.45"                                              "123.45"
let deRange = num.rangeOfString(".")                           "3..<4"
let wholeNumber = num[num.startIndex ..< deRange!.startIndex]   "123"
```

图 2.21　使用 rangeOfString 获得一个浮点数的整数部分

此外还可以替换或者删除字符串中的某部分，删除子串可以使用 removeRange 方法：

```swift
var str = "Hello"
let startIndex = advance(str.startIndex, 1)//字母 e
```

```
let endIndex = advance(str.startIndex, 3)//第二个字母l
str.removeRange(startIndex...endIndex)
```

结果如图 2.22 所示。

```
var str = "Hello"                                "Hello"
let startIndex = advance(str.startIndex, 1)      1
let endIndex = advance(str.startIndex, 3)        3
str.removeRange(startIndex...endIndex)           "Ho"
```

图 2.22　removeRange 方法的使用

Swift 中单个字素是 Character 类型的，删除单个字素的方法是 removeAtIndex。注意，无论是删除整段还是单个字素，方法的参数类型都是 String.Index。下面是删除单个字素的示例：

```
var str = "Hello"
let startIndex = advance(str.startIndex, 1)
str.removeAtIndex(startIndex)
println(str)
```

playground 中的运行结果如图 2.23 所示。

```
var str = "Hello"                                "Hello"
let startIndex = advance(str.startIndex, 1)      1
str.removeAtIndex(startIndex)                    "e"
println(str)                                     "Hllo"
```

图 2.23　removeAtIndex 方法的使用

替换子字符串的方法与删除类似，有两个参数：替换的范围和用来替换的内容。示例如下：

```
var str = "Hello"
let startIndex = advance(str.startIndex, 1)
let endIndex = advance(str.startIndex, 3)
str.replaceRange(startIndex...endIndex, with: "new")
```

以上代码将 "Hello" 中的 "ell" 子串替换为 new，playground 中运行结果如图 2.24 所示。

```
var str = "Hello"                                     "Hello"
let startIndex = advance(str.startIndex, 1)           1
let endIndex = advance(str.startIndex, 3)             3
str.replaceRange(startIndex...endIndex, with: "new")  "Hnewo"
```

图 2.24　replaceRange 方法的使用

此外 String 还有许多其他方法，都是基于 String.Index 的，比如之前见过的 toInt 方法，返回一个可选型的 Int。字符串的方法中有 toInt 方法，但没有 toDouble 方法，因为 Double 的结构比较复杂，需要指定一些细节，诸如小数点后面有多少位，等等，需要额外的参数，但是 Int 不存在这种问题。toInt 的返回值是可选型，如果让"hello"调用 toInt，那么很明显会返回一个 nil。

字符串中还有一些与数组交互的方法，后面在讲到数组的时候会介绍这些方法，一起见证 Swift 语言的神奇。Swift 2.0 中 String 有不少改动，读者可直接翻阅到 3.9 节补充学习。

2.5 集合类型

Swift 中有三种集合类型：数组、集合和字典，其中集合是 Swift 1.2 版本加入的新成员。Swift 中的数组用来顺序存储相同类型的数据，数组成员可以重复。集合类型的概念类似于我们在数学中学到的集合，和数组一样，Swift 中的集合也是用来顺序存储相同类型的数据，但是集合成员不能重复。字典类型虽然无序，但是要求存储的成员也必须是相同类型，字典中的成员使用"键值对"格式。

2.5.1 数组

OC 中的数组分为 NSArray 和 NSMutableArray 两种，分别表示不可变的数组和可变的数组，这两种数组类型都可以存储任何类型的实例。Swift 中的数组使用 Array 关键字定义，或者使用类型推断来初始化，Swift 中的数组是类型安全的，数据值在被存入数组之前类型必须明确。

通常定义一个数组使用 var 关键字，如果使用 let 关键字，则证明数组是一个常量，将不能使用方法来增加或者删除这个数组中的元素。如果数组中只有四个元素，但是你要访问第五个元素，那么会提示数组越界。

创建一个数组的实例有两种方式，第一种方式如下：

```
var a = Array<String>() //得到一个字符串类型的空数组
```

这是一种泛型结构体式的初始化方法。简单讲一下泛型的相关知识，一个数组中的值必须是相同类型的，但我们的数组可以选择全部存储整数，也可以选择全部存储浮点数，比如上面的代码中创建了一个存储字符串的数组实例。由于这种类型的不确定性，所以将数组定义为 Array<T>，如果给 T 赋不同类型的值，那么创建的就是不同值类型的数组。

第二种方式如下，和第一种方式是等价的：

```
var a = [String]()
```

这种形式更加简洁明了，也是官方推荐的写法，在开发中建议都使用这种写法。

在 OC 中创建一个数组的代码如下：

```
NSMutableArray *exampleOfNSArray = @[@"糖醋里脊", @"宫保鸡丁", @"水煮鱼", @"鱼香
肉丝",@"大盘鸡"];
```

在 Swift 中建立一个数组的代码如下，这一次我们使用了类型推断：

```
var exampleOfArray = ["糖醋里脊", "宫保鸡丁", "水煮鱼", "鱼香肉丝", "大盘鸡"]
```

和 NSArray 相似，Swift 中的 Array 也有很多有用的属性，比如只读属性 count 返回数组中的元素个数，效果如图 2.25 所示。

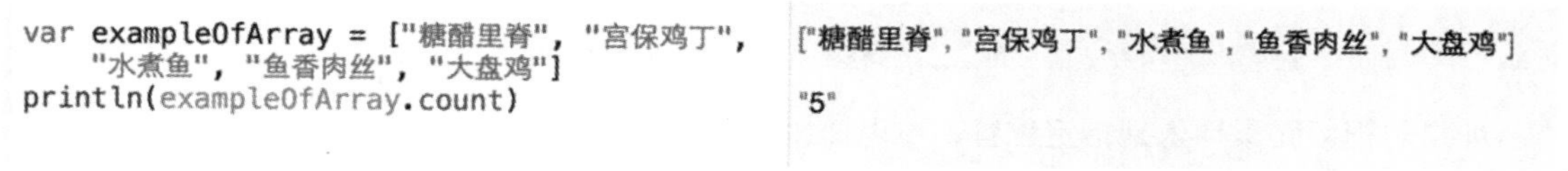

```
var exampleOfArray = ["糖醋里脊", "宫保鸡丁",          ["糖醋里脊","宫保鸡丁","水煮鱼","鱼香肉丝","大盘鸡"]
    "水煮鱼", "鱼香肉丝", "大盘鸡"]
println(exampleOfArray.count)                          "5"
```

图 2.25　查看数组的 count 属性

在 OC 中，可以使用 NSMutableArray 中的方法 addObject 来增加数组中的元素，Swift 中的方法更简单，可以使用 "+="，比如给之前的数组增加一个元素：

```
exampleOfArray += ["AD 钙奶"]
```

注意，这个方法是数组间的，也就是说，只要数组类型相同，就可以把一个数组中的元素加入到另一个数组中。如果只是一个单个元素要加入数组中，需在元素外面加上[]，新元素会加在数组的尾部，效果如图 2.26 所示。

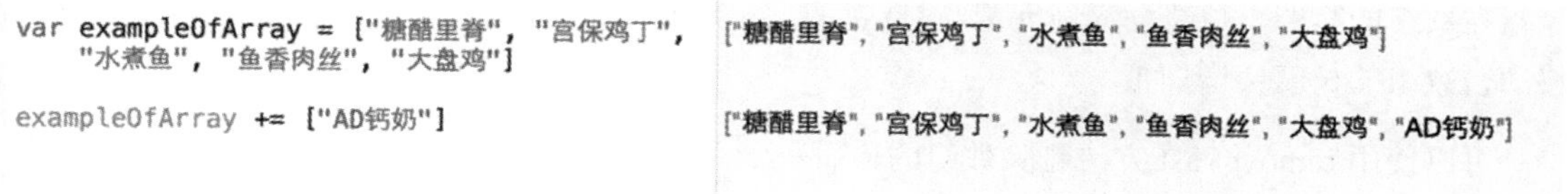

```
var exampleOfArray = ["糖醋里脊", "宫保鸡丁",          ["糖醋里脊","宫保鸡丁","水煮鱼","鱼香肉丝","大盘鸡"]
    "水煮鱼", "鱼香肉丝", "大盘鸡"]

exampleOfArray += ["AD钙奶"]                            ["糖醋里脊","宫保鸡丁","水煮鱼","鱼香肉丝","大盘鸡","AD钙奶"]
```

图 2.26　使用 "+=" 向数组中加入新元素

当然也可以使用其他方法向数组中添加元素，比如使用 append 方法可以达到和 "+=" 相同的目的。下面向数组尾部增加一个元素：

```
exampleOfArray.append("AD 钙奶")
```

要取出或者替换数组中的元素，需要使用下标索引，这一点与 OC 相同，数组中的索引从 0 开始，代码如下所示：

```
var arrayItem = exampleOfArray[0]
exampleOfArray[1] = "宫保山药"
```

可以使用范围来获取或者替换数组中的多个元素，替换的元素和原有的元素个数可以不同：

```
exampleOfArray[1...2] = ["AD 钙奶"]
```

上面的代码中使用一个元素替换了原数组中的两个元素，替换之后数组的长度也发生了变化，效果如图 2.27 所示。

```
var exampleOfArray = ["糖醋里脊", "宫保鸡丁",      ["糖醋里脊","宫保鸡丁","水煮鱼","鱼香肉丝","大盘鸡"]
    "水煮鱼", "鱼香肉丝", "大盘鸡"]
exampleOfArray[1...2] = ["AD钙奶"]                ["AD钙奶"]
println(exampleOfArray)                          [糖醋里脊, AD钙奶, 鱼香肉丝, 大盘鸡]"
```

图 2.27　替换数组中的多个元素

如果想把新元素插入到指定位置，可以使用方法 insert：

```
exampleOfArray.insert("AD 钙奶", atIndex: 3)
```

效果如图 2.28 所示。

```
var exampleOfArray = ["糖醋里脊", "宫保鸡丁",      ["糖醋里脊","宫保鸡丁","水煮鱼","鱼香肉丝","大盘鸡"]
    "水煮鱼", "鱼香肉丝", "大盘鸡"]

exampleOfArray.insert("AD钙奶", atIndex: 3)       ["糖醋里脊","宫保鸡丁","水煮鱼","AD钙奶","鱼香肉丝","大盘鸡"]
```

图 2.28　使用 insert 方法向数组指定位置插入元素

参数 atIndex 指定新元素在数组中的位置。注意，索引是从 0 开始的，因此图 2.28 中的代码是指在数组的第四个位置插入新元素 "AD 钙奶"，被插入位置上原来的元素及之后的元素会向后移动，数组的长度会增加 1。

可以使用 removeLast 方法删除数组的最后一个元素：

```
exampleOfArray.removeLast()
```

也可以使用方法 removeAtIndex 方法删除指定位置的元素：

```
exampleOfArray.removeAtIndex(0)
```

分别使用上面两个方法删除了数组的第一个和最后一个元素，效果如图 2.29 所示。

```
var exampleOfArray = ["糖醋里脊", "宫保鸡丁",      ["糖醋里脊","宫保鸡丁","水煮鱼","鱼香肉丝","大盘鸡"]
    "水煮鱼", "鱼香肉丝", "大盘鸡"]
exampleOfArray.removeLast()                      "大盘鸡"
exampleOfArray.removeAtIndex(0)                  "糖醋里脊"
println(exampleOfArray)                          [宫保鸡丁,水煮鱼,鱼香肉丝]"
```

图 2.29　删除不同位置的元素

2.5.2　集合

集合是 Swift 1.2 版本引入的新特性，在之前的版本中如果我们想要使用一个集合，则只能使用 OC 中的 NSSet 类，现在 Swift 也有自己的原生集合类了，那就是 Set。集合和数组非常相似，唯一的区别就是集合中不会有重复的元素。有些情况下我们需要数组中的值不包含相同的元素，这个时候需要使用集合。我们可以把一个数组转换成集合，方法如下：

```
var exampleOfArray = ["糖醋里脊", "宫保鸡丁", "水煮鱼", "鱼香肉丝", "大盘鸡","大盘鸡"]
var exampleOfSet = Set(exampleOfArray)
```

或者把变量声明为集合。我们可以使用一个普通的数组来初始化集合，这样在给这个变量赋值的时候，即便数组中存在重复的元素，变量中也不会出现重复元素，例如：

```
var exampleOfSet:Set = ["糖醋里脊", "宫保鸡丁", "水煮鱼", "鱼香肉丝", "大盘鸡","大盘鸡"]
```

效果如图 2.30 所示，集合中的元素是用大括号括起来的，这和我们在数学上学到的集合的表示方法相同，但是目前还无法使用大括号括起元素的方法来隐式地表示集合，仍需使用数组的格式，而且需要将变量显式地声明为集合。

```
var exampleOfSet:Set = ["糖醋里脊", "宫保鸡丁", "水煮鱼", "鱼香肉        {"宫保鸡丁", "糖醋里脊", "水煮鱼", "鱼香肉丝", "大盘鸡"}
丝", "大盘鸡","大盘鸡"]
```

图 2.30　声明一个集合

集合也有许多方法，我们需要了解的是添加和删除元素的方法，这些方法都有返回值。

```
exampleOfSet.insert("AD 钙奶") //新增一个元素
exampleOfSet.remove("AD 钙奶") //删除一个元素
```

由于集合中不存在重复的元素，因此在删除元素时不需要指定下标，只需指定元素的名称即可。如果集合中没有该元素，则 remove 方法会返回 nil。

集合的最广泛应用是求多个集合的交集、差集、并集和补集，这些都是数学上的概念，本书不作详细介绍，图 2.31 给出了两个集合的运算示例。

```
var list1:Set = ["糖醋里脊", "宫保鸡丁", "水煮鱼", "鱼香肉丝"]        {"宫保鸡丁", "糖醋里脊", "水煮鱼", "鱼香肉丝"}
var list2:Set = ["四喜丸子", "宫保鸡丁", "水煮鱼"]                    {"宫保鸡丁", "四喜丸子", "水煮鱼"}
//交集
list1.intersect(list2)                                          {"宫保鸡丁", "水煮鱼"}
//差集
list1.subtract(list2)                                           {"糖醋里脊", "鱼香肉丝"}
//并集
list1.union(list2)                                              {"宫保鸡丁", "糖醋里脊", "水煮鱼", "鱼香肉丝", "四喜丸子"}
//补集
list1.exclusiveOr(list2)                                        {"糖醋里脊", "鱼香肉丝", "四喜丸子"}
```

图 2.31　两个集合的运算示例

2.5.3　字典

字典有点类似于数组，它的鲜明特征是键值对[Key,Value]。与数组一样，字典的创建也有两种方式：

```
var exampleOfDictionary = Dictionary<String,Int>()
```

等同于：

```
var exampleOfDictionary = [String:Int]()
```

很明显字典的定义也是泛型的，但是只有值的部分是泛型，键的部分必须遵守 Hashable 协议。我们可以使用键来索引任意类型的值，但是和数组一样，一个字典中的值必须是同一种类型。

我们使用键来访问值，如果键不在字典中，那么就会返回一个 nil。这点很好理解，就像字面意思那样，我们遇到不认识的字时会去查字典，结果可能查到也可能没查到。

也可以使用类型推断来新建一个字典：

```
var exampleOfDictionary = ["年龄":25,"身高":175]
```

同样的字典在 OC 中的创建方式如下：

```
NSDictionary *exampleOfDictionary = @{@"年龄" : 25, @"身高" :175};
```

和数组一样，我们可以使用只读属性 count 来获取字典中键值对的数量，如图 2.32 所示。

```
var exampleOfDictionary = ["年龄":25,"身高":175]    ["年龄":25,"身高":175]
exampleOfDictionary.count                          2
```

图 2.32　字典中的 count 属性

如果想要获取或者修改字典中的值，则可以使用键来索引，形式如下：

```
exampleOfDictionary["年龄"] = 20
```

添加一个新键值对的形式和上面的代码很像，如果赋值语句中字典的键值之前不存在于字典当中，则会将这个键值对自动添加到字典中，如图 2.33 所示。

```
var exampleOfDictionary = ["年龄":25,"身高":175]    ["年龄": 25, "身高": 175]
exampleOfDictionary["年龄"] = 20                    20
exampleOfDictionary["体重"] = 150                   150
println(exampleOfDictionary)                        "[年龄: 20, 体重: 150, 身高: 175]"
```

图 2.33　修改和添加键值对

使用字典的 updateValue 方法可以达到同样的目的，不过这个方法会返回修改前的值，如果修改的键之前不存在于字典中，则会新增这个键值对，如图 2.34 所示。

```
var oldVaue = exampleOfDictionary.updateValue(20, forKey: "年龄")    25
println(exampleOfDictionary)                                       "[年龄: 20, 身高: 175]"
```

图 2.34　使用 updateValue 方法获取旧值

可以使用下标的方法来移除字典中的键值对，只需给某个键对应的值赋值为 nil 即可，如图 2.35 所示。

```
var exampleOfDictionary = ["年龄":25,"身高":175]    ["年龄": 25, "身高": 175]
exampleOfDictionary["年龄"] = nil                  nil
println(exampleOfDictionary)                      "[身高: 175]"
```

图 2.35　使用下标方法删除键值对

同样，使用 removeValueForKey 方法可以达到同样的目的，与 updateValue 一样，removeValueForKey 方法会返回被删除的值，如图 2.36 所示。

```
var exampleOfDictionary = ["年龄":25,"身高":175]              ["年龄": 25, "身高": 175]
var oldValue = exampleOfDictionary.removeValueForKey("身高")   175
println(exampleOfDictionary)                                "[年龄: 25]"
```

图 2.36　使用 removeValueForKey 方法删除键值对

2.6　控制流

Swift 中的控制流非常强大，既可以使用 for 和 while 语句进行多次循环，也可以使用 if 和 switch 进行判断后执行分支代码。

2.6.1　for 循环

在 Swift 中，最常使用的 for 循环是 for-in 结构，并且可以和范围（…和..<）配合使用，比如下面的语句：

```
for i in 0..<5 {
    println("index = \(i)")
}
```

会在控制台输出：

```
index = 0
index = 1
```

```
index = 2
index = 3
index = 4
```

除了常规遍历，还可以使用 for-in 循环结构来遍历数组和字典：

```
var exampleOfArray = ["糖醋里脊", "宫保鸡丁", "水煮鱼", "鱼香肉丝"]
for arrayItem in exampleOfArray { //遍历一个数组
    println(arrayItem)
}
var exampleOfDictionary = ["年龄":25,"身高":175]
for (key,value) in exampleOfDictionary { //遍历一个字典
    println("\(key) is \(value)")
}
```

以上数组和字典的遍历中使用的 arrayItem 和（key,value）都是临时变量，仅在循环体中才有意义。另外遍历字典需要使用元组，分别获取键和值。当然你也可以单独遍历字典的键或值：

```
for keyItem in exampleOfDictionary.keys{//遍历键
    println("key is \(keyItem)")
}


    for valueItem in exampleOfDictionary.values{//遍历值 println("value is
\(valueItem)")
}
```

在 Swift 中还可以使用 C 语言风格的 for 循环：

```
for var i = 0; i < 5; i++ {
    println("index = \(i)")
}
```

只不过我们不需要再写小括号了。

2.6.2   while 循环

Swift 中的 while 循环和 C 语言中的 while 循环相似，分为先执行代码再判断条件的 do-while 循环结构（注意，Swift 2.0 中 do-while 更名为 repeat-while，do 操作符用在错误处理中），以及先判断条件再执行循环的 while 循环。下面通过示例来演示两种循环的区别。

```
var index1 = 5
```

```
var index2 = 5
while index1 > 5 {//不符合循环条件
    println(--index1)//不会执行
}
do {
    println(--index2)//循环执行一次，输出 4
}while index2 > 5//不符合循环条件，跳出循环
```

2.6.3　if 判断语句

通常 if 语句会搭配 else 语句使用，Swift 中的 if-else 结构和 C 语言以及 OC 中的 if-else 结构相似，只不过判断语句不需要写在小括号中，例如：

```
var bookPrice = 100
if bookPrice >= 80 {
    println("哦，这本书太贵了")
} else {
    println("并不是很贵，可以买")
}
```

由于 if 中的条件为 true，所以只执行 if 后面括号中的语句，而不会执行 else 后面括号中的语句，然后直接跳出这个 if-else 结构。

如果判断条件很多，可以使用多个 if 语句，形式如下：

```
var bookPrice = 100
if bookPrice >= 80 {
    println("哦，这本书太贵了")
} else if bookPrice >= 60 && bookPrice < 80{
    println("并不是很贵，考虑一下")
} else {
    println("果断出手！")
}
```

if 判断条件中经常通过&&或者||等逻辑运算符组合不同条件。

2.6.4　switch 开关语句

Swift 中的 switch 语句拥有非常强大的功能，switch 语句会把需要检验的值与若干种情况进行匹配，一旦匹配就会执行这种情况下的代码。通常在一个值可能有很多情况的时候，会用 switch 语句替代 if 判断语句。下面是一个 switch 语句的示例：

```
var dinners = ["糖醋里脊", "宫保鸡丁", "水煮鱼", "鱼香肉丝"]
var dinner = dinners[1]
switch dinner {
case "糖醋里脊" :
    println("酸酸甜甜就是我")
case "宫保鸡丁" :
    println("国民菜品")
case "水煮鱼" :
    println("麻辣风情")
case "鱼香肉丝" :
    println("里面并没有鱼")
default:
    break
}
```

效果如图 2.37 所示。

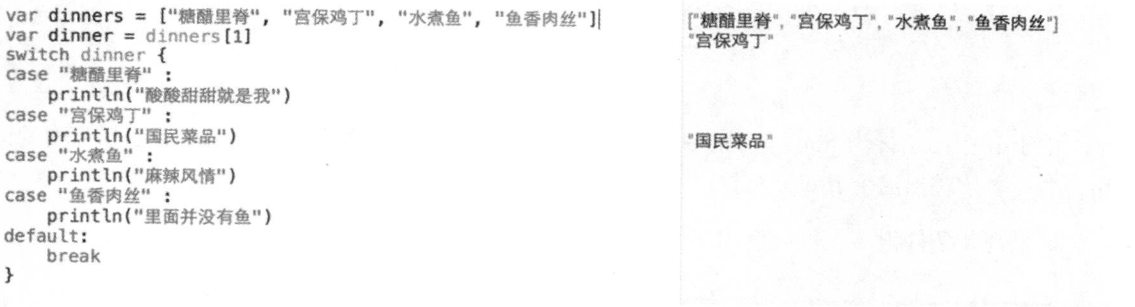

图 2.37　switch 语句的使用

dinner 的值为"宫保鸡丁"。在 switch 结构中，把需要匹配的值放到 switch 关键字后面，如果与 case 中的值相匹配，则会执行相应的代码；如果所有的 case 都不匹配，则执行 default 中的代码。本例中执行了"宫保鸡丁"这个 case 中的代码，这与预期相符。

首先，Swift 中的 switch 可以控制字符串，OC 中的 NSString 是不能被 switch 控制的，在 OC 中要实现类似功能只能使用 if-else。其次，在 Swift 中每个 case 后面不需要再加"break"语句，当程序执行完某个 case 中的代码后会自行退出 switch。如果在 OC 中忘记写"break"，则在执行完当前 case 的代码后会自动进入下一个 case。在 Swift 中如果想要结束某个 case 的代码后进入下一个 case 的代码，则使用"fallthrough"语句。"fallthrough"语句可以出现在多个 case 中，如在上例的"宫保鸡丁"和"水煮鱼"对应的 case 代码中各增加一个"fallthrough"语句，则代码会执行到最后一个包含"fallthrough"语句的 case，效果如图 2.38 所示。

```
var dinners = ["糖醋里脊", "宫保鸡丁", "水煮鱼", "鱼香肉丝"]
var dinner = dinners[1]
switch dinner {
case "糖醋里脊" :
    println("酸酸甜甜就是我")
case "宫保鸡丁" :
    println("国民菜品")
    fallthrough
case "水煮鱼" :
    println("麻辣风情")
    fallthrough
case "鱼香肉丝" :
    println("里面并没有鱼")
default:
    break
}
```

```
["糖醋里脊", "宫保鸡丁", "水煮鱼", "鱼香肉丝"]
"宫保鸡丁"



"国民菜品"



"麻辣风情"



"里面并没有鱼"
```

图 2.38　在 switch 中使用 "fallthrough" 语句

大多数情况下都需要在 switch 中设置 default，这是为了保证 switch 的完备性。因为 dinner 的值可以有无数种，比如 "大盘鸡"、"AD 钙奶" 等，但这些值并不包含在 case 中。

最后，Swift 的 switch 语句中可以包含范围。我们把之前的 if-else 结构改成 switch 结构，如下：

```
var bookPrice = 100
switch bookPrice {
case 60..<80:
    println("并不是很贵，考虑一下")
case 0...60:
    println("果断出手！")
default:
    println("哦，这本书太贵了")
}
```

结果是相同的。

2.7　函数

在 Swift 中函数是用来完成特定任务的独立的代码块，本节所讲的函数的概念是独立于类的，我们会在后面的章节中介绍面向对象编程中的方法。方法的概念和类息息相关，由于 Swift 是一门面向对象的语言，很少会定义一个与对象无关的函数，所以把讲解重点放到 "方法" 这一节。

在 Swift 中定义一个函数的格式与 OC 中差异很大。在 Swift 中，我们使用关键字 "func" 声明一个函数，基本格式如下：

```
func exampleOfFunction(parameter:String) -> String {//有一个字符串类型的参数，
//一个字符串类型返回值的函数
```

```
    let showHello = "Hello \(parameter)"
    return showHello
}
```

exampleOfFunction 是函数名，parameter 是参数名。在函数的定义中我们使用的参数叫形式参数，在调用时传入的参数名是实际参数，参数名后面用冒号相连的是参数类型。在定义函数时需要明确参数类型，你可以指定多个参数，参数间用","分隔。返回值类型使用组合符号"->"来指示。如本例，返回类型是字符串，如果不需要返回值则可以写成"-> Void"。注意 V 要大写，或者直接省略"->"语句，没有定义返回类型的函数会默认返回 Void。在函数体中，可以定义临时变量，比如本例中的 showHello，使用 return 语句返回"->"后面指示的返回值类型；如果"->"后面是 Void，则函数体中不需要写 return 语句。

调用函数的方式也很简单，只要传入的参数与函数定义中的参数类型相同即可，不需要写出参数名，例如：

```
println(exampleOfFunction("小明"))
```

在调用函数时，传入的参数"小明"是实际参数。

在 Swift 中，函数本身也是一种类型，可以作为其他函数的参数和返回值，示例如下：

```
func plus(a:Int,b:Int) -> Int {
    return a + b
}
func mult(a:Int,b:Int) -> Int {
    return a * b
}
func someFunction(parameter:(Int,Int) -> Int,a:Int,b:Int) {
    println("运算的结果是\(parameter(a,b))")
}
someFunction(plus, 3, 4)//输出"运算的结果是7"
someFunction(mult, 3, 4)//输出"运算的结果是12"
```

函数 someFunction 中的第一个参数 parameter 是一个函数类型，这个函数参数传入两个整数参数，进行某种运算后返回一个整数结果。在调用这个函数时我们分别传入了加法和乘法运算，非常灵活。

当不能确定调用函数需传入参数的具体数量时，需要使用可变参数：

```
func arithmeticMean(numbers: Double...) -> Double {
    var total: Double = 0
    for number in numbers {
```

```
        total += number
    }
    return total / Double(numbers.count)
}
println(arithmeticMean(1,2,3))//返回2.0

println(arithmeticMean(1,2,3,4,5))//返回3.0
```

如上例中的 arithmeticMean 函数用来计算几个数的平均数，传入的参数个数是可变的，在声明时参数类型后面使用"..."。在函数内部，可以把 numbers 当作一个[Double]来处理。需要注意的是，一个函数的参数至多只能有一个可变参数，并且它必须是参数列表中的最后一个。

不能在函数体中直接修改参数的值，这样会引起编译错误。一种方法是可以定义临时变量来保存并修改参数中的值，另一种方法是在定义参数时把参数定义为变量参数，只需在参数的定义前加关键字"var"即可，例如：

```
func exampleOfFunction(var parameter:String) -> String {
parameter = "Hello \(parameter)"
    return parameter
}
println(exampleOfFunction("小明"))
```

在函数体中可直接修改参数 parameter 的值，使用变量参数的方法可以避免定义多余的临时变量。必须注意的是，对变量参数的修改仅仅在函数体中有意义。比如给上面的函数传入一个字符串类型的变量，在调用方法后检查变量的值，结果如图 2.39 所示。

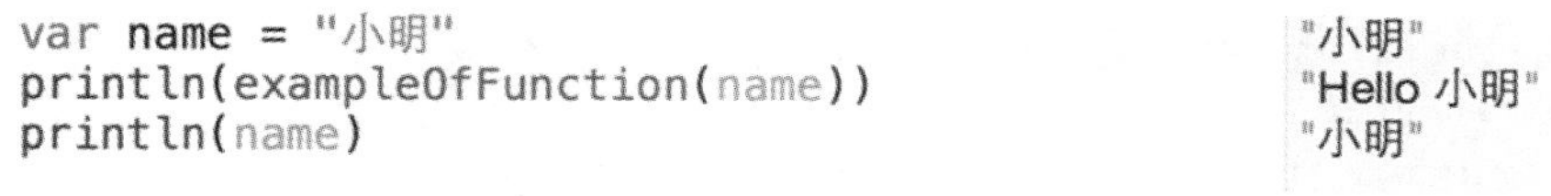

```
var name = "小明"                            "小明"
println(exampleOfFunction(name))              "Hello 小明"
println(name)                                 "小明"
```

图 2.39　变量参数不会在函数体外改变参数的值

那么，如何在函数调用结束之后保持对变量参数的更改呢？方法是可以把这个参数定义为输入输出参数，和定义变量参数的方法类似，在参数的定义前面加关键字"inout"，该参数在函数体中被修改后会从函数中传出并替换原来的值。把上例中的"var"替换成 inout 后代码为：

```
func exampleOfFunction(inout parameter:String) -> String {
    parameter = "Hello \(parameter)"
    return parameter
}
```

使用输入输出参数的函数在调用时会有一些不同，你只能传入一个变量作为输入输出参数，而不能传入常量或者字面量，因为这些量是不能被修改的。当传入的参数作为输入输出参数时，需要在参数前加符号&，表示这个值可以被函数修改。注意，"inout"关键字和"var"关键字不能同时存在，参数一旦被标记为输入输出参数，就不能再被定义为变量参数。调用一个含有输入输出参数函数的方法如下：

```
var name = "小明"
println(exampleOfFunction(&name))
println(name)
```

结果如图 2.40 所示，可以看到变量 name 的值在调用完函数后已经被改变了。

图 2.40　调用一个包含输入输出参数的函数

2.8　闭包

闭包是一个自包含的代码块，在 Swift 中有非常广泛的应用，闭包可以捕获和存储其所在上下文中任意常量和变量的引用，并且 Swift 会为你管理在捕获过程中涉及的所有内存操作。闭包的功能类似于函数嵌套，但是闭包更加灵活，形式也更加简单。

在 2.6 节中我们展示了把函数类型用作另一个函数的参数，现在我们改写这段代码，把它改成一个嵌套函数的形式：

```
func someFunction(op :String) -> (Int,Int) -> Int {
    func plus(a: Int,b: Int) -> Int {
        return a + b
    }
    func mult(a: Int,b: Int) -> Int {
        return a * b
    }
    var result : (Int, Int) -> Int
    switch (op){
    case "+" :
        result = plus
    case "*" :
        result = mult
    default :
        result = plus
```

```
        }
    return result
}

let showAdd:(Int,Int)-> Int = someFunction("+")
println("3 + 4 = \(showPlus(3,4))")

let showPlus:(Int,Int)-> Int = someFunction("*")
println("3 * 4 = \(showMult(3,4))")
```

在上例中，someFunction 函数体里面使用"func"关键字定义了两个嵌套函数，通过 someFunction 参数，匹配该返回的子函数。在 Swift 中，我们可以把上述代码改成下面的形式：

```
func someFunction(op :String)-> (Int,Int)-> Int {
    var result : (Int,Int)-> Int
    switch (op) {
    case "+" :
        result = {(a:Int, b:Int) -> Int in
            return a + b
        }
    default:
        result = {(a:Int, b:Int) -> Int in
            return a * b
        }
    }
    return result
}
let showPlus:(Int,Int)-> Int = someFunction("+")
println("3 + 4 = \(showAdd(3,4))")
let showMult:(Int,Int)-> Int = someFunction("*")
println("3 * 4 = \(showPlus(3,4))")
```

与第一段代码相比，第二段代码没有使用"func"定义函数体内的嵌套函数，这里每个 case 中 result 的赋值都是闭包的基本形式：

```
{（参数列表）-> 返回值类型 in
语句组
}
```

闭包写在一对大括号中，用"in"关键字分隔。"in"后的语句是闭包的主体，"in"之前的参数和返回值类型是语句组中所使用的参数和返回值格式的一种指示，并不是必须在语句组中进行逻辑运算与返回。闭包表达式的运算结果是一种函数类型，可以作为表达式、函数参数和函数返回值。

在上例中，语句组使用了参数列表中的参数 a、b。由于 Swift 具有类型推断的能力，可以根据上下文推断出闭包的参数类型和返回值类型，因此这些类型可以不用显式地写出。上例加法闭包的形式可以进一步简化为：

```
{
(a,b) in return a+b
}
```

如果在闭包中只有一条语句，比如上例中的 return a + b，那么这种语句只能是返回语句。这时关键字 return 可以省略，省略后的格式变为一种隐式返回：

```
{
 (a,b) in a+b
}
```

Swift 提供了参数名称缩写的功能，我们可以用$0、$1 来调用闭包中的参数，$0 指第一个参数，$1 指第二个参数。有了参数名称缩写的功能，就可以在闭包中省略参数列表的定义，Swift 能够根据闭包中使用的参数个数推断出参数列表的定义。此外，in 关键字也可以省略，缩写后的格式如下：

```
{$0+$1}
```

现在使用最简单的闭包形式简化我们之前的代码：

```
func someFunction(op :String) -> (Int,Int) -> Int {

    var result : (Int,Int)-> Int

    switch (op) {
        case "+" :
        result = {$0 + $1}
        default:
        result = {$0 * $1}
    }
    return result
}
```

另外，如果函数的最后一个参数是一个闭包，则在调用时可以把这个闭包写在括号外面，并紧跟在括号后面，函数的其他参数仍旧写在括号之中。这样的写法可以提高代码的可读性，尤其是在闭包形式比较复杂的情况下。如下面的示例，如果函数 example 的最后一个参数是一个闭包的话，则可以写成如下形式：

```
example(para1,para2){$0 + $1}
```

即上面的代码等同于：

```
example("para1", "para2",{$0 + $1})
```

2.9　Swift 三杰——类、结构体、枚举

本节介绍 Swift 中的数据结构三杰：类、结构体和枚举。本节内容，需要读者有一定的面向对象编程基础方能理解。

2.9.1　Swift 三杰简介

Swift 中的数据结构主要由以下三大类构成：类（Class）、结构体（Structure）和枚举（Enumeration）。首先来简单介绍下三者。

它们的声明结构非常相似：

```
class newClass {
//创建了一个新类
}


struct newStruct {
//创建了一个结构体
}


enum newEnum {
//创建了一个枚举
}
```

三者都可以拥有属性和方法，枚举本身不能存储数据，但是可以将数据存储在枚举的关联信息中。

结构体和类还可以定义自己的构造方法。

类是三者中唯一拥有继承属性的，内省和转型也是类的特性。三种类型最主要的区别就是值类型和引用类型，结构体和枚举传递存储的是复制后的值；而类属于引用类型，传递的是这些对象的指针，这些对象存储在（Heap）堆中，堆中的对象系统会自动为我们管理（ARC），这样就不用去开辟和释放内存空间了。一旦没有指针指向对象，那么对象会马上被清理掉，但这不是垃圾回收机制，这种机制叫作自动引用计数（ARC）。

2.9.2　值引用与类型引用

对于值引用，比如结构体，它表示当将它传递给一个方法的时候，使用的是复制；当将它赋值给另一个变量的时候也是如此，修改得到的复制的值时，你修改的也仅仅是复制的值，而不是原来的那份。不过不必担心值引用的性能，值引用并不是完全复制，在底层依旧是某种指针，只有在绝对必要的时候才会真正的复制。基于这个原理，当使用方法修改结构体或者枚举时，必须在方法前加上关键字"mutating"。

引用类型存储在堆中，即使是一个常量指针，也会导致引用计数增加。对于一个常量计数指针，你同样可以向这个常量指针发送消息来修改它所指对象里面的属性，因为这个对象存储在堆里面，而你可以用一个指针来引用它。当你把这个对象传递给一个方法时，你传递的是指向这个对象的指针，如果这个方法修改了这个对象，那么它修改的就是存储在堆中的那个对象。

该如何正确选择这两种对象呢？90%的情况我们都会使用类，因为这是面向对象编程语言。当使用类时，你可以使用继承、重写之类的特性；而结构体更适合基础数据类型，比如整数 Int、数组等。当使用绘图时，我们会更多地使用 points、sizes 或 rectangles，因为它们都是结构体。

本节并不涉及面向对象的内容，在 2.13 节将详细讲解类的继承特性。

2.9.3　类

在 OC 中创建类时，会得到两个文件：一个接口文件（.h 文件）和一个实现文件（.m 文件）。而在 Swift 中生成类时，只有一个文件.swift 文件，比如新建这样一个类：

```
class Student {
    var name: String = ""
    var age: Int = 10
}
```

定义类使用"class"关键字，上面的类中有两个属性，并且都声明了类型，做了初始化。

创建一个类的实例的方法为：

```
var classItem = Student()
```

相比于 OC 要先开辟堆中的内存空间，再做初始化的操作，Swift 创建一个类实例的代码非常的简单。类中可以定义属性和方法，属性和方法会在后面的 2.10 节和 2.11 节介绍。在工程中会大量使用到类，所有的控制器都是类。

Swift 中保留了很多 OC 中的类，在需要的时候可以使用这些类。

NSNumber 类是一个装数字的类，它里面有很多方法，比如 DoubleValue、IntValue 等，会将自身的值以 Double、Int 等类型返回给我们。但在 Swift 中不会用太多这样的东西，因为 Swift 是强类型的。示例如下：

```
let n = NSNumber(double: 12.3)
var intversion = n.intValue //intversion 的值为 12
```

NSDate 类型可以获取当前的日期和时间。

NSData 很简单，它是一个比特包，不管大小它里面都是无类型的数据。iOS 通过这个类传递无类型的数据，也叫作原始数据。

2.9.4　结构体

无论是从结构还是从功能上看，结构体和类都很像。可以使用 struct 关键字声明一个结构体：

```
struct Student {
    var name:String = ""
    var age:Int = 10
}
```

实例化一个结构体的格式也和类相似：

```
let strcutItem = Student()
```

当需要处理一些封装量少且是简单的数据时会使用结构体，大多数时候会使用类。必须要注意的一点是，Swift 中基础的数据类型都是结构体而不是类，无论是整数、浮点数，还是数组和字典。另外，之前使用的范围（Range）也是一个结构体，当使用 "…" 或者 "..<" 的时候其实已经建立了一个范围。这种形式很精简，比使用结构体的 Range 要方便得多。范围中有许多方法和属性，常用的部分是一个范围的起始点和终止点，范围的定义可以简化成：

```
struct Range<T> {
    var startIndex:T
    var endIndex:T
}
```

需要说明的是，范围的定义也是泛型的，一个数组的范围就是 Range<Int>，一个字符串的范围就是 Range<String.Index>。

2.9.5　枚举

枚举的定义方法和类相似，枚举也可以有方法和属性，但是它的属性只能是计算属性，并且枚举是没有继承特性的。定义一个枚举使用 enum 关键字，示例如下：

```
enum DataType {
    case IntType
    case DoubleType
}
```

要访问枚举中的 case，需要使用"点方法"，如下：

```
DataType.IntType
```

什么时候用枚举呢？当某样东西在某种情况下是一个值，在另一情况下是另一个值，但是不可能同时拥有这两个值的时候，使用枚举是非常合适的。如果是在其他编程语言中，上面的枚举显然已经没法继续定义了，但是 Swift 有个非常酷的特性，可以将数据与枚举中的 case 关联起来：

```
enum DataType {
    case IntType(Int)
    case DoubleType(Double)
}
```

通过这种关联，case 中的情况就一目了然了，这种关联在工程中非常有用。

一个惊人的事实是：我们之前接触的可选型也是一个枚举！它是一个非常简单的枚举，同时它还是一个泛型。定义如下：

```
enum Optional<T>{
    case None
    case Some(T)
}
```

但是，可选型的用法看起来与我们了解的枚举的用法并不相同，这是由于 Swift 在可选型的用法上做了一些封装。定义一个空值的 String 类型可选型的常规写法如下：

```
let str:String? = nil
```

这段代码等价于：

```
let str = Optional<String>.None
```

如果定义一个非空类型的 String 类型可选型：

```
let str:String? = "Hello"
```

则这段代码等价于：

```
let str = Optional<String>.Some("Hello")
```

str 是一个可选型，如果有值则值类型是 String，没有值则值类型是 nil。有值和没有值两种情况分别对应于可选型的 Some 和 None，写法如上所示。当可选型有值时，如果要获取该可选型的值，则需要解包，也就是感叹号"!"，形式如下：

```
var showStr = str!
```

解包操作其实是一个 switch 操作，上面的代码等同于：

```
switch str {
    case Some(let value):y = value
    case None://发生异常
}
```

如果可选型里面是有值的就会取到这个值，如果没有值就会抛出异常。所以再次强调，当尝试解包一个 nil 的时候程序会崩溃，需特别注意。

2.10　属性

属性将值跟特定的类、结构或枚举关联。在 OC 中，需要使用关键字"@property"显式地声明属性。Swift 中的属性分为两类：一种是存储属性，把常量或变量的值作为实例的一部分；另一种是计算属性，它计算一个值。计算属性可以用于类、结构和枚举里，存储属性只能用于类和结构里。

2.10.1　存储属性

存储属性的作用是把常量或变量的值作为实例的一部分。Swift 中的存储属性在定义形式上和普通的常量、变量并无不同，即使用 var 关键字定义的属性为变量存储属性，使用 let 关键字定义的属性为常量存储属性。在 OC 中，类的属性会有对应的实例变量（比如属性 a 对应的实例变量默认为_a），而 Swift 把二者统一了起来，属性不再有对应的实例变量。一个类型中属性的全部信息——包括命名、类型和内存管理特征等都在唯一一个地方定义。对于经常使用 OC 进行开发的读者来说可能需要一些时间去适应。

在 Swift 中，类在初始化的时候它的属性必须都被初始化。如果不想设置某个属性的默认值，则可使用"？"把它加入可选链中，也就是把它声明为可选型：

```
class Student {
```

```
    var name: String?
    var age: Int = 10
}
```

使用下面的语句来创建一个类的实例：

```
var studentItem = Student()
```

此时，类的可选链中的属性的初始值为 nil，可以使用"点方法"获取其中的属性并给它们赋值。

```
studentItem.name = "小明"
studentItem.age = 30
```

也可以使用延迟加载来初始化一个属性。如果在属性前面使用了 lazy 关键字，则表示它只有被用到的时候才会初始化。比如赋值的初始化操作，惰性初始化使得这个属性的赋值只有在属性被调用的时候才会发生。

```
class newClass {
    lazy var name = "小明"
}
```

惰性属性依旧遵循类在初始化的时候所有属性必须初始化的规则，即便这些惰性初始化的属性在被用到之前不会被初始化。另外，只有用 var 定义的属性才能用 lazy 关键字，而 let 定义的属性必须在类的初始化方法中进行初始化。这个特性通常被用来处理一些错综复杂的初始化依赖，依旧是基于类初始化其属性必须初始化的规则。比如，有些属性初始化的时候会依赖另一些属性，这样可能会造成卡顿，此时依靠延迟加载的方法可以解决这个问题，延迟加载是个非常好的特性。

2.10.2 计算属性

除存储属性外，类、结构体和枚举都可以定义计算属性，计算属性不直接存储值，而是提供一个 getter 来获取值，一个可选的 setter 来间接设置其他属性或变量的值。

比如，有两个储值属性分别存储一个人的姓和名，现在需要获得他的完整名字，可以使用一个计算属性的 get 方法：

```
class newClass {
    var givenName = "爱新觉罗"
    var firstName = "小明"
    var allName:String{
        get{
        return givenName+firstName
```

```
        }
    }
}
```

可以看到，在定义计算属性的时候，属性并没有被初始化，而是后面跟了一对大括号{}，在大括号中定义了 get 方法。我们可以创建一个类的实例，然后通过访问计算属性获取想要知道的信息：

```
var name = newClass()
name.allName
```

playground 中的效果如图 2.41 所示。

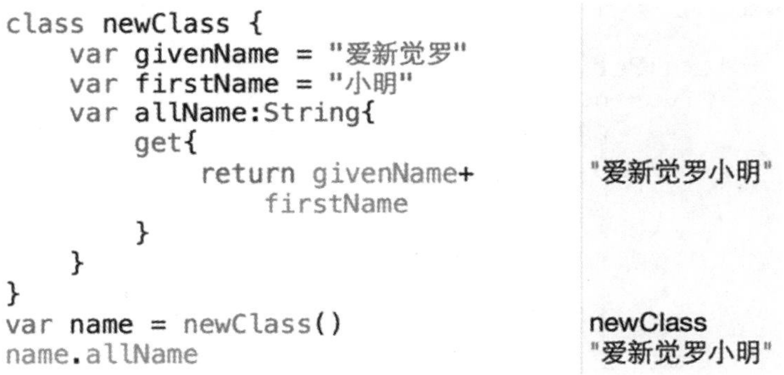

图 2.41　计算属性的 get 方法

此外，也可以在计算属性中定义 set 方法，set 方法并不是必需的，结构与 get 方法类似。例如：小明家是开宠物店的，小明之前并未拥有宠物，小明 8 岁这年，小明的妈妈规定小明可以从店里挑选一只自己的宠物，如果不喜欢了可以更换新的宠物，但是要把之前的宠物归还店里。小明每次更换宠物时，小明的妈妈都要确认小明现有的宠物。第一次，小明挑选了一只猫，几天后，小明更换了一只狗，代码如下：

```
class Pet {
var nowPet = ""
    var changePet:String {
        get {
        return nowPet
        }
        set (newPet) {
        nowPet = newPet
        }
    }
```

```
    }

var xmPet = Pet()
println(xmPet.changePet)
xmPet.changePet = "猫"println(xmPet.nowPet)
xmPet.changePet = "狗"
println(xmPet.nowPet)
```

代码中的现有宠物是一个存储属性，而更换宠物是一个计算属性。计算属性的 set 方法修改存储属性的值，小明通过计算属性中的 set 方法更换了自己的宠物，也就是修改了存储属性"现有宠物"的值，但小明并没有直接操作存储属性。小明的妈妈每次查看存储属性时，存储属性的值已经通过计算属性的 set 方法被修改过了。playground 中显示如图 2.42 所示。

```
class Pet {
    var nowPet = ""
    var changePet:String {
        get {
            return nowPet                ""
        }
        set (newPet) {
            nowPet = newPet              (2 times)
        }
    }
}
var xmPet = Pet()                        {nowPet ""}
println(xmPet.changePet)                 ""
xmPet.changePet = "猫"                    {nowPet "猫"}
println(xmPet.nowPet)                    "猫"
xmPet.changePet = "狗"                    {nowPet "狗"}
println(xmPet.nowPet)                    "狗"
```

图 2.42　通过计算属性的 set 方法修改存储属性的值

2.10.3　属性观察器

属性观察器是个非常酷的特性，可以用来检测属性值的变化，属性观察器极大地提升了 Swift 中属性的灵活性。属性观察器的格式如下：

```
var exampleOfProperty:Int = 10{
    willSet {//在属性值更改之前做某些操作
      }
    didSet {//在属性值更改之后做某些操作
```

```
      }
   }
```

示例中有一个 Int 实例，值为 10，它没有计算过程，但是后面却有一对花括号。这与我们之前接触的存储属性、计算属性的概念不太一致。花括号的含义并不是指这个属性的值是通过计算得到的，而是说它的值是通过 willSet 和 didSet 得到的。willSet 和 didSet 中的代码会在属性值被设置或者获取的时候调用，这也就是为什么它们会被叫作属性观察器的原因。根据字面意思我们可以知道，这两个方法分别表示值被调用之前和调用之后起作用。只需在属性中显式地使用 willSet 和 didSet 即可，它们会在属性值发生变动时自动执行。

在 willSet 中有一个特殊的变量叫作 newValue，代表属性将要被赋予的新值。可以在 willSet 的大括号中使用 newValue 这个值。同样 didSet 中的 oldValue 代表属性被设置之前的旧值。在 iOS 开发中，常见的做法是更新用户界面（UI）。比如对页面上的某些属性做了修改，那么就需要在 didSet 方法中对用户界面进行更新，在后面的章节中会介绍属性观察器的神奇。

2.10.4　类型属性

之前介绍的属性都是实例属性，还有一种属性是类型属性。为了区分这两个概念，举一个例子：假设轿车这种交通工具是类，那么某个品牌的轿车就是轿车类的实例，该品牌轿车的价格是实例的一个属性，因为不同品牌轿车的价格是与具体的品牌挂钩的。但是有些属性是所有轿车的共性，比如我们看到的无论是何种品牌的轿车都有四个轮子，那么轮子的数量这个属性就是轿车这种交通工具的属性，而并不与轿车品牌挂钩，这种属性就是类型属性。类型属性用于定义特定类型所有实例共享的数据。

使用关键字 static 来定义类型属性，类型属性可以包括存储属性和计算属性，另外在类中有一个专用的关键字 class 来定义可被子类重写的计算属性。示例如下：

```
struct newStruct {
   static var storedTypeProperty = someValue
   static var computedTypeProperty: Int {
   // get、set 方法
   }
}
enum newEnum {
   static var storedTypeProperty = someValue
   static var computedTypeProperty: Int {
   // get、set 方法
   }
}
```

```
class newClass {
    static var storedTypeProperty = someValue
    static var computedTypeProperty: Int {
    // get、set 方法
    }
     class var overrideableComputedTypeProperty: Int {
    // get、set 方法
    }

}
```

类型属性在调用时与实例属性相同，也是使用点方法。注意要通过类型本身来获取类属性，获取上例中的类属性的形式如下：

```
println(newStruct. storedTypeProperty)
```

2.11   方法

方法是与某些特定类型相关联的函数，枚举、结构体、类中都可以定义方法。方法分为实例方法和类方法两种，首先来看一个实例方法：

```
class Student {
    func sayHello(){//定义一个实例方法
    println("Hello")
    }
}
var newStudent = Student()
newStudent.sayHello()
```

在类 Student 中定义了一个简单的 sayHello 方法，然后创建了一个 Student 的实例 newStudent，使用这个实例调用了方法 sayHello。可以看到在形式上定义方法和定义函数是一样的，只不过方法的声明要写在具体的类型代码之中。下面展示一个简单的类方法的使用：

```
var d = -12.3
if d.isSignMinus
{
d = Double.abs(d)  //类方法
}
println(d)//d 的值已经变为 12.3 了
```

d 是一个 Double 类型。首先判断 d 是否是负数，如果是负数就把它设置为自己的绝对值。isSignMinus 是 d 的一个实例属性，可以通过一个具体的实例 d 发送 isSignMinus 消息，来判断 d

是否是负数。abs 是 Double 这个类的方法（所有对象共享），当向这个方法中传入需要操作的 Double 类型的实例时，它返回结果。这里并没有向一个特定的实例发送消息，而是向 Double 这个类发送消息。实例方法和类方法调用的规则相同，区别只是请谁去完成这个任务。如要定义一个类型方法，在结构体或者枚举中使用关键字"static"，在类中使用关键字"class"。

　　所有方法中的参数都有一个内部的名字和一个外部的名字，内部的名字是在方法内部使用的，外部的名字是在调用的时候使用的。示例如下：

```
class Example{
    func sayHello(externalName internalName: String)-> String{
    return "Hello \(internalName)"
    }
}
var showExample = Example()
println(showExample.sayHello(externalName:"小明"))
```

　　在外部调用的时候这里用了 externalName，尽管在方法内部它的名字叫 internalName，其实是一个东西。

　　可以使用下画线来忽略参数的外部名称，这样调用的时候直接写值就可以了。

```
class Example{
    func sayHello(_ internalName: String)-> String{
    return "Hello \(internalName)"
    }
}
var showExample = Example()
println(showExample.sayHello("小明"))//调用时不需要写参数名
```

　　其实方法的第一个参数的默认外部名称就是一个下画线，这也就解释了为什么在做 iOS 开发的时候调用方法的第一个参数总是不用写参数名。如果需要输入第一个参数名的话，需要在内部变量名前加上一个#，这样在调用的时候就不得不输入第一个参数名（注意，在 Swift 2.0 中#操作符已经被弃用了）：

```
class Example{
    func sayHello(#internalName: String)-> String{
    return "Hello \(internalName)"
    }
}
var showExample = Example()
println(showExample.sayHello(internalName:"小明"))
```

　　除第一个参数外，其他参数就没有这种礼遇了，它们的内部名称和外部名称是必须要写的。

```
class Example{
    func sayHello(first: String,second:String)-> String{
    return "Hello \(first) \(second)"
    }
}
var showExample = Example()
println(showExample.sayHello("小明",second:"小刚"))
```

　　另外，除第一个参数外，后面的参数在不注明外部参数名称的时候，调用时默认外部名称与内部名称相同。可以在后面的参数中添加下画线来取消调用时的参数名，但是不建议这样做，因为这不是标准做法。第一个参数名不需要显示的原因是在 Swift 中，你通常会认为方法的名字描述了它的第一个参数。第一个参数的名字始终需要基于方法的功能来定义，基于这种关联，所以不需要知道第一个参数的名字。这种设计和 OC 中的设计理念相似，OC 中的方法名就相当于第一个参数，在 OC 中传递消息时（类似于 Swift 中的方法调用），后面的参数名会穿插于方法名与实参之间。

　　类型的每一个实例都有一个隐含属性叫作 self，self 完全等同于该实例本身，因此可以在一个实例的实例方法中使用隐含的 self 属性来引用当前实例。实际上，不必在代码中经常写 self。不论何时，在一个方法中都有一个已知的属性或者方法名称；如果没有明确地写 self，则 Swift 会假定是指当前实例的属性或者方法。但是在闭包中使用当前实例的属性或者方法时，一定要加上 self，在后面的工程开发中可以经常看到这样的用法。

　　结构体和枚举是值类型。一般情况下，值类型的属性不能在它的实例方法中被修改。如果确实需要在某个具体的方法中修改结构体或者枚举的属性，则在声明方法时，需要在方法定义前加上关键字"mutating"，此时这个方法就变成了一个"变异方法"。示例如下：

```
struct Example{
    var str = "Hello 小刚"
    func sayHello(name: String){//尝试通过方法修改实例属性的值
    str = "Hello \(name)"
    }
}
```

　　这段代码中方法 sayHello 尝试修改结构体中的属性 str，这个时候会报错，如图 2.43 所示。

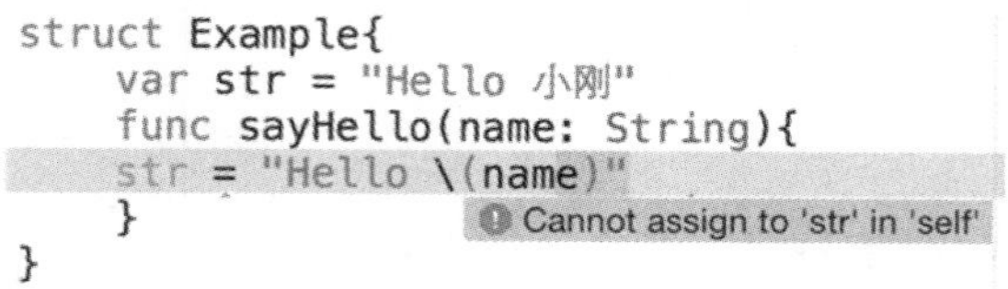

```
struct Example{
    var str = "Hello 小刚"
    func sayHello(name: String){
    str = "Hello \(name)"
    }                    ⊘ Cannot assign to 'str' in 'self'
}
```

图 2.43　报错

把 sayHello 方法声明为变异方法：

```
mutating func sayHello(name: String)
```

现在可以使用变异方法修改结构体中的属性了，如图 2.44 所示。

```
struct Example{
    var str = "Hello 小刚"
    mutating func sayHello(name: String)
    {
    str = "Hello \(name)"                        {str "Hello 小明"}
    }
}
var xiaoming = Example()                         {str "Hello 小刚"}
xiaoming.sayHello("小明")                         {str "Hello 小明"}
```

图 2.44　声明一个变异方法

2.12　下标

前面接触过数组和字典。在访问一个数组实例中的元素时，使用了 Array[index]的形式；在访问一个字典实例中的元素时，使用了 Dictionary[key]的形式。这种方括号的形式就是下标，有了下标后，就不需要使用实例方法来获取实例中的值了。数组和字典是结构体，那么能否在自己的类、结构体或者枚举中定义下标呢？答案是肯定的。下标可以定义在类、结构体和枚举这些目标中，作为访问对象、集合或者序列的快捷方式。

下标允许通过在实例后面的方括号中传入一个或者多个索引值来对实例进行访问和赋值。定义下标使用关键字"subscript"，语法有点像方法和实例的混合，定义一个下标形式如下：

```
subscript(index: Int) -> Int {
    get {
    // 返回声明中返回类型的值，本例应返回 Int
    }
    set(newValue) {
    // 执行赋值操作
    }
}
```

下标需要指定参数类型和返回值的类型，与计算属性相同。在下标中可以定义 get 方法和 set 方法，其中，set 方法不是必需的，set 方法有一个默认的参数 newValue，用来表示传入的新值。即便不在参数列表中显式地写出 newValue，依旧可以在 set 方法中使用 newValue。当然，可以在参数列表中写上其他名字以修改它的名字。在 set 方法体中使用新的名字不会改变 newValue 的作用。如果下标没有 set 方法，则可以把 get 方法中的内容直接写到下标的方法体中，从而省略外面的 "get{}"。下面展示一个下标的简单用法：

```
struct  TimesOfNum{
    let num:Int
    subscript(index: Int) -> Int {
        return num * index
    }
}
let TimesOfFive = TimesOfNum(num: 5)
println("5 的 3 倍是\(TimesOfFive[3])")
```

结构体 TimesOfNum 的作用是算出某个整数的倍数的值是多少，其中整数和倍数都要在调用时指定。整数的值作为结构体的常量属性，通过初始化结构体时调用构造方法指定，在 2.14 节可以详细学习构造方法，这里读者只需明白 TimesOfFive 这个实例中 num 的值为 5 即可。然后使用了 TiemsOfFive 这个实例中的下标，并给下标传入了一个实参 "3"，下标返回了计算后的值 15，最后输出 "5 的 3 倍是 15"。

下标的用法非常灵活，下标定义中，参数的数量、类型和返回值都可以是任意的；下标支持重载，在调用时根据参数的不同而调用不同的下标，对上例中的代码做一些修改：

```
struct  TimesOfNum{
    let num:Int
    let otherNum:Int

    subscript(index: Int) -> Int {
        return num * index
    }
    subscript(index1:Int,index2:Int)-> Int {
        return num * index1 + index2
    }
}
let TimesOfFive = TimesOfNum(num: 5,otherNum:3)
println("5 的 3 倍是\(TimesOfFive[3])")
println("5 的 3 倍再加 3 是\(TimesOfFive[3,3])")
```

可以看到下标和方法一样具有重载的特性。由于下标的定义中没有 "下标名"（关键字 "subscript" 后面直接跟着参数列表），因此如果定义了多个下标，则在使用不同的下标时需要通过重载的方法，根据传入的参数数量或者类型，系统会自行判断应该调用哪一个下标。上例代码的运行效果如图 2.45 所示。

```
struct  TimesOfNum{
    let num:Int
    let otherNum:Int

   subscript(index: Int) -> Int{
    return num * index
  }
    subscript(index1:Int,index2:Int)->Int{
    return num * index1 + index2
    }
}
let TimesOfFive = TimesOfNum(num: 5,otherNum:3)
println("5 的 3 倍是\(TimesOfFive[3])")
println("5 的 3 倍再加3是\(TimesOfFive[3,3])")
```

```
15

18

{num 5, otherNum 3}
"5 的 3 倍是15"
"5 的 3 倍再加3是18"
```

图 2.45　下标的重载

2.13　继承

与其他面向对象语言一样，Swift 中的类也有继承特性。一个类可以继承另一个类的方法、属性和下标。当一个类继承其他类，继承类叫子类，被继承类叫超类或者父类。需要注意的是，在 Swift 三大数据结构中，只有类拥有继承的特性，结构体和枚举是没有的。

在 Swift 中，子类可以访问和调用父类中的属性、方法和下标，并且可以通过使用关键字"override"来重写这些方法、属性和下标，使它们满足子类的要求。和 OC 中一样，在声明继承关系的时候，使用格式"class 子类名:父类名"。下面展示一个继承的例子：

```
class Transport {
    var scope = ""
    func move(){
    println("交通工具在移动")
    }
}


class Car:Transport {
    override func move(){
    println("汽车在移动")
    }
}
var myCar = Car()
myCar.scope = "陆地"
myCar.move()//输出"汽车在移动"
```

在上例中，交通工具是一个父类，汽车是一个子类。汽车继承了交通工具之后，既可以获取

51

并修改交通工具中的"领域"属性，也可以在汽车类中重写父类的方法。

可以在子类中定义父类中没有的属性、方法和下标：

```
class Car:Transport {
    var wheel = "普利司通"//父类中没有的属性
    override func move(){
    println("汽车在移动")
    }
}
```

可以在类中合适的地方调用父类中的方法，使用 super 前缀，例如：

```
class Transport {
    var scope = ""
    func move(){
        println("交通工具在移动")
    }
}

class 汽车:交通工具 {
    var wheel = "普利司通"
    override func move(){
        println("汽车在移动")
    }
    func superMove(){
        super.move()
    }
}
var myCar = Car()
myCar.scope = "陆地"
myCar.move()//输出"汽车在移动"
myCar.superMove()//输出"交通工具在移动"
```

除方法外，也可以使用"override"重写父类中的属性。可以将一个继承来的只读属性重写为一个读写属性，只需在重写版本的属性里提供 get 方法和 set 方法即可。但是不可以将一个继承来的读写属性重写为一个只读属性。

可以在属性重写中为一个继承来的属性添加属性观察器，这样，当继承来的属性值发生改变时，就会被通知到，无论这个属性原本是如何实现的。

```
class Transport {
    var scope = ""
```

```
    func move(){
        println("交通工具在移动")
    }
}


class Car:Transport {
    var wheel = "普利司通"
    override var scope:String{
        didSet {
            println("领域改变了")
        }
    }
    override func move(){
        println("汽车在移动")
    }
    func superMove(){
        super.move()
    }
}

var myCar = Car()
myCar.scope = "陆地"//会输出"领域改变了"
```

可以在不希望被子类重写的方法、属性或下标前面写上关键字 "final"，以防止它们被子类重写。

甚至可以在类的定义前写上 "final"，使整个类都不能被继承：

```
final class Transport{
    var scope = ""
    func move(){
        println("交通工具在移动")
    }
}
```

这样当尝试继承 "Transport" 类的时候，系统会报错。

2.14　构造与析构

同 OC 中一样，Swift 中也存在构造和析构过程。不同的是，OC 中的构造方法和析构方法只是普通的方法，而 Swift 的构造器和析构器是一种特殊的结构。

2.14.1　构造器

在 Swift 中，类或者结构体初始化时必须保证它们中包含的所有属性都被初始化，构造器可以初始化类或者结构体中的属性。在形式上，构造器和方法很像，但是它并不是一个方法。

和 OC 中类似，在 Swift 中使用"init"表示构造器。在定义一个新类时并不经常使用构造器，这是因为类和结构体中的大部分属性都会通过赋值被初始化，或者有些属性是可选型的，这样即使它们的值是 nil 也没有关系，可以在之后再给它们赋值。还可以选择闭包来进行初始化，也可以使用 lazy 来避开 init。由此可见，有很多方法来避免定义一个 init，除非这些方法都不能初始化类或者结构体中的属性，这时候才需要使用构造器。

先别急着去定义一个构造器，在某些情况下系统会自动生成一个构造器。如果是在某个类中，当类中的所有属性都有初始值并且类中没有定义构造器时，就会自动得到一个没有参数的构造器 init()。如果是在结构体中，当所有属性都有默认值并且结构体中没有定义构造器时，就会得到一个默认的将所有属性作为参数的构造器，请读者注意二者的区别。比如下面的示例中，可以通过圆括号中的赋值来初始化一个 Example 结构体：

```
struct Example{
    var str = "Hello 小刚"
    init(str:String)//系统会自动生成这样一个构造器，并且它是隐藏的
}
```

声明构造器不需要使用 func 关键字，在一个类或者结构体中可以有多个构造器，所有的构造器都叫 init，系统通过重载的特性来判断使用哪个构造器。另外在参数的命名上，可以使用和属性相同的名称做对应：

```
class Transport {
    var scope:String
    init(scope:String){
        self.scope = scope
    }
}
```

如果构造器中参数的名称和属性的名称相同，则使用"self"关键字标识属性，等号左边的"self.scope"代表的是 Transport 类的属性，而右边的"scope"是构造器的参数名。在构造器中通常会这样写以清晰表达参数的用处。

那么在构造器中可以做什么呢？首先可以在构造器中重置默认值，比如默认值是 3，而在构造器中把它赋值为 4，那么它的值就会变成 4。甚至如果属性是一个使用 let 定义的常量，依然可以在构造器中为它赋值，示例如下：

```
class Example{
    let str:String
    init(newStr:String) {
        str = newStr
    }
}
var showExample = Example(newStr:"常量 str 的值")//使用构造器初始化类
println(showExample.str)//输出"常量 str 的值"
```

虽然构造器和方法一样定义在类或者结构体的内部，但是在使用上有很大差异。其实之前已经多次使用了构造器，比如初始化一个类时的格式"var 实例 = 类名()"。在使用构造器初始化一个实例时，使用类或者结构体的名称覆盖 init，参数列表与 init 中的参数保持一致，并且需要显式地写出每一个参数的名称。

在类和结构体中可以调用使用 self.init（参数列表）这样形式的其他构造器，这样就可以调用有不同参数的其他构造器了。在类中也可以调用父类中的构造器 super.init(参数列表)。

那么在使用构造器时有哪些需要注意的事项呢？首先在任何构造器完成时，必须保证所有的属性都被初始化了，即便可选型属性的值是 nil，也算它有值。

其次，在类中 Swift 提供两种构造器来初始化，注意，不是在结构体中而是在类中。一种是便捷构造器（Convenience Initializers），其他的都算另外一种构造器，叫作指定构造器（Designated Initializers）。指定构造器是默认的初始化方法，一个指定构造器只能调用其父类中的指定构造器，这是一个非常重要的规则。一个指定构造器（前面没有 Convenience 这个单词），必须在 init 中调用父类的 init 而不能调用自身的其他 init，并且父类中的 init 也必须是指定类型的构造器。另外，在调用父类的指定构造器之前，必须首先初始化自己的所有属性。如果想要给父类中的属性赋值，则必须先让父类给它的属性赋值，然后子类才能给它们赋值。

便捷构造器有不同的特性，如果一个便捷构造器想要调用指定构造器，则它必须而且只能调用本类中的指定构造器。它不能调用任何父类的构造器，但它可以通过调用其他便捷构造器来间接调用指定构造器。便捷构造器必须直接或者间接调用指定构造器之后才能访问其他值。

最后，调用类中的方法和属性必须在初始化完成之后才能进行。

可能读者看到这部分内容时有些疑惑，这种设计的中心思想是，父类和子类的构造器进行交互时是通过各自的指定构造器进行交互的，便捷构造器只关心本类中的其他构造器，而不关心父类或者子类的构造器。

下面来讲解一下继承式的初始化。如果没有在类中实现任何指定构造器，那么将继承父类中的所有指定构造器，否则将不继承父类中的任何指定构造器，例如：

```
class Transport {
    var scope = ""
    func move() {
    println("交通工具在移动")
    }
    init() { }//无参数指定构造器
    init(str:String) {//一个参数的指定构造器
    self.scope = str
    }
}

class Car:Transport {
}
var myCar = Car()//使用了父类中的无参构造器
var myNewCar = Car(str: "陆地")//使用父类中的另一个构造器
```

一旦在子类中创建了自己的指定构造器后，将不能再使用父类中的构造器，并且子类中的指定构造器声明中需要调用父类中的某个指定构造器：

```
class Car:Transport {
    var wheel = "普利司通"
    init(scope:String,wheel:String) {
    super.init()
    self.scope = scope
    self.wheel = wheel
    }
}
var myCar = Car(scope:"陆地",wheel:"米其林")//此时不能使用父类中无参或者一个参数的
//构造器
```

如果在子类中重写了父类中所有的指定构造器，那么将继承父类中所有的便捷构造器。

如果在构造器前加上 required 关键字，则这个类的子类就必须实现它的这个构造器。

还有一类构造器叫作允许失败的构造器，有一些初始化方法允许失败并且返回 nil，它的定义中 init 后面跟着一个 "?"，比如 UIKit 中的图片类 UIImage 构造器：

```
let image = UIImage(named: "test")
```

通过前面的学习读者对 "?" 的意义应该很熟悉了。示例中展示了一个 UIImage 的实例 image，展示一个开发中的小技巧：要想知道某个实例的类型，只需按住键盘上的 "option" 键，把光标移动到想要知道类型的实例上，光标就会变成一个问号，单击后就会出现一个简明的类型说明，如图 2.46 所示。

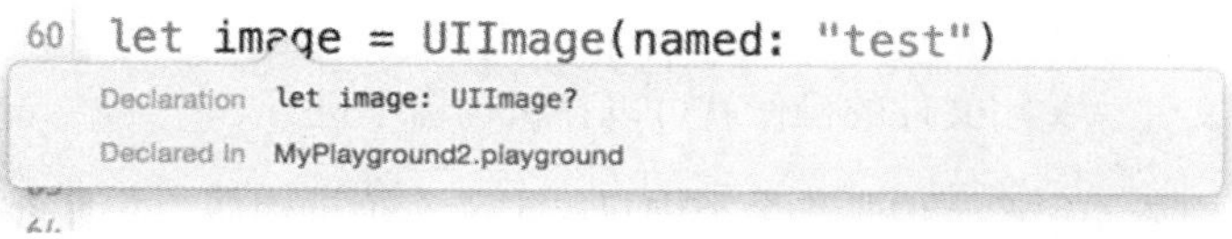

```
60  let image = UIImage(named: "test")
    Declaration   let image: UIImage?
    Declared In   MyPlayground2.playground
```

图 2.46　允许失败的构造器展示

可以看到 image 的类型是 UIImage？，UIImage？表示使用了一个允许失败的构造器，它可以通过图片名称从项目中获得一个图片；如果项目中没有这个图片的话，它会返回 nil。通常面对这种允许失败的构造器，建议使用 if- let 结构；如果初始化成功就执行动作，否则就做其他工作：

```
if let image = UIImage(named: "test") {
    //执行与 image 有关的代码
} else {
 //执行相应的代码
}
```

在 Swift1.X 版本中未引入 try 和 catch，可选型的使用在一定程度上起到了和 try-catch 类似的作用，Swift 2.0 中引入了 try-catch，详细内容可以参考本书 3.9 节。

讲了这么多关于初始化的知识，那么该如何新建一个对象呢？常见的做法是在想要创建的对象名称后面加一对圆括号，括号内是参数列表，这是最典型的构造器的使用方法。但是并不是一直使用这种方法，有时候会使用一个类型方法去创建。如下面的示例中，我们创建一个按钮的时候使用了 UIButton 的类型方法：

```
let button = UIButton.buttonWithType(.System)
```

还有一种比较少用的初始化方法，有些时候，一些对象会帮助创建另一些对象。例如 String 中有一个非常酷的方法叫作 join，join 接受一个由字符串组成的数组并且用 join 的方式隔开，示例如下：

```
var someArray = ["1","2","3"]//数组中的元素必须是字符串
var someString = ",".join(someArray)
println(someString)//会输出"1, 2, 3"
```

所以上面的示例会返回一个由 "," 把数组中每个元素都隔开的字符串，这显然是创建了一个新的字符串实例。

2.14.2　析构器

和构造器对应，Swift 还提供了析构器，使用关键字 "deinit"。必须要注意的一点是，析构器只适用于类。由于 Swift 中引入了自动引用计数（ARC），因此不需要读者手动管理内存。但在使

用一些自己的资源的时候，需要使用析构器。比如使用一个类打开了一个文件，在这个类的实例被释放之前需要关闭文件，关闭文件的操作就可以在析构器中进行。

析构器的定义和构造器很像，但是一个类中只能定义一个析构器，并且析构器没有参数，形式如下：

```
deinit{
    //执行析构过程
}
```

2.15 类型检查与类型转换

在 Swift 中使用"is"关键字实现类型检查，使用"as"关键字实现类型转换，除此之外，还可以通过构造器和方法来实现类型转换。在介绍类型检查与类型转换之前，首先介绍一下类型层次，在掌握了继承和初始化的相关知识后，读者可以很容易地理解类型层次的概念，沿用我们之前使用的交通工具示例，首先创建一个基类：

```
class Transport {
    var scope:String
    init(scope:String){
        self.scope = scope
    }
}
```

之后创建两个继承它的子类，并且在子类中定义子类所特有的属性：

```
class Car:Transport {
    var type:String = "大巴"
    init(scope:String,type:String) {
        super.init(scope: scope)
        self.type = type
    }
}
class Airplane:Transport {
    var company:String = "东方航空"
    init(scope:String,company:String) {
        super.init(scope: scope)
    self.company = company
    }
}
```

　　考虑以下情景：小明要出行，在行程中小明会乘坐不同的交通工具，那么能不能使用一套行程表来记录不同的交通工具呢？答案是肯定的，定义数组如下：

```
var journey = [Car(scope: "陆地", type: "大巴"),
Car(scope: "陆地", type: "公交车"),
Airplane(scope: "航空", company: "东方航空"),
Car(scope: "陆地", type: "出租车")]
```

　　飞机和汽车都是交通工具的子类，它们定义了各自的构造器，现在它们共同构成了一个类层次。我们知道，Swift 的数组类型中只能保存相同类型的元素，但是我们可以把类层次中的类加入到数组中。在把 "Airplane" 和 "Car" 加入到数组中时，Swift 的类型检测器能够推断出 "Airplane" 和 "Car" 有共同的父类 "Transport"，所以数组的类型是[Transport]。

　　在 Swift 内部数组中，"Airplane" 和 "Car" 类依旧是它们本身的类型，但是在遍历数组中的元素时，取出的实例都是 "Transport" 类型的，为了把这些实例还原成它们本身的类型，需要进行类型判断和类型转换。

2.15.1　类型检查

　　类型检查操作符 "is" 可以用来检查一个实例是否属于特定子类型。若实例属于那个子类型，则类型检查操作符返回 true，否则返回 false 。

　　下面的示例展示了如何使用 "is" 关键字检查类型：

```
var carNum = 0
var airNum = 0
for tra in journey {
    if tra is Car {
        carNum++
    } else if tra is Airplane{
        airNum++
    }
}
println(carNum)//输出 3
println(airNum)//输出 1
```

　　首先判断从数组中取出的实例的类型，然后使用两个变量来统计不同类型交通工具的数量。现在你已经基本知道了如何使用 "is" 关键字检查实例的类型，接下来讲讲如何转换实例的类型。

2.15.2　类型转换

　　如上例所示，有时我们需要的某个类型的实例可能实际上是该类型的一个子类，可以使用关键字 "as" 尝试对它使用向下转型得到它的子类。向下转型分为两种，安全转型（as?）和强制转型（as!）。这有点类似于可选型和解包的用法，安全转型用于不确定是否可以转型成功的情况，如果转型成功则执行转型，如果转型行不通的话就会返回 nil，这时可以使用 "as?" 来检查转型。

　　而强制转型只用在确定向下转型一定能够成功的情况下，当试图将实例向下转为一个不正确的类型时，会抛出异常。"as!" 这种形式是在 Swift 1.2 版本中更新后的强制转型的用法，在之前的版本中没有 "as!" 的形式，而是直接使用 "as"。

　　与 "is" 关键字相比，使用 "as" 除了可以检查类型外，还可以访问子类的属性或者方法。通常为了使用转型成功的实例，搭配使用 "if-let" 结构，这种结构叫作 "可选绑定"。在下面的示例中我们取出了数组中的元素，需要把它们进行向下转型，以取出子类中的属性：

```
for tra in journey {
    if let car = tra as? Car {
        println(car.type)
    } else if let airplane = tra as? Airplane {
        println(airplane.company)
    }
}
```

　　上例中从数组中取出的元素可能是 "Car" 类，也可能是 "Airplane" 类，所以使用安全转型 "as?"。

　　此外，除使用 "as" 关键字外，我们还可以使用其他方法来进行类型转换。比如使用构造器的方法：

```
let d:Double = 12.3
let i = Int(d)//i 的值为 12
let a = Array("abc")//a 的值为["a","b","c"]
let s = String(["a","b","c"])//s 的值为"abc"
let d1 = 12
let d2 = 12.3
let iTos = String(d1)//Swift 2.0 版本之前该方法不支持浮点数
let dTos = "\(d2)"//通用方法，Swift 1.X 版本中浮点数可以使用这个方法
```

2.16　类型嵌套

Swift 中的枚举类型有实现特定的类或者结构体的功能。Swift 支持类型嵌套，把需要嵌套的类型的定义写在被嵌套的类型的{}中。

考虑下面的情景，某市的中学生需要定制校服，根据学生的年级和款式定制不同的校服，所以在制定校服计划时就要考虑所有的年级和款式，年级和款式有多个值，这里就形成了一个类型的嵌套。可以使用枚举类型，先来定义一个嵌套有枚举的结构体：

```
struct SchoolUniform {
    enum Style:String {
        case Sports = "运动服",Suit = "中山装"
    }
    enum Grade:String {
        case One = "初一",Two = "初二",Three = "初三"
    }
    let myStyle:Style
    let myGrade:Grade
    func customize(){
        println("我的年级\(myGrade.rawValue) 我的款式\(myStyle.rawValue)")
    }
}
let uniform4XiaoMing = SchoolUniform(myStyle: .Suit, myGrade: .One)//使用默认
构造器
uniform4XiaoMing.customize()//会输出"我的年级初一我的款式中山装"
```

每个学生的条件只能符合枚举中的其中一项，这也是我们选择枚举的原因。可以看到在嵌套了两个枚举之后，定义了两个常属性用来选定枚举中的元素，嵌套的枚举只是为属性提供一个类型，所有的操作依旧是针对属性的。

之前在介绍构造器的相关知识时讲过，在结构体中没有定义构造器的情况下系统会默认生成一个包含所有属性的构造器。上例中在实例化学生校服时使用了这个默认的构造器，在参数中指定了两个枚举类型的属性的值。另外需要注意的是，在传入实参的时候传入的是 enum 的 case 的名称，要想获得这个名称所表示的值，就需要使用 case 名称的 rawValue 属性。

通过"点方法"也可以直接获取类型中嵌套类型的值，比如下例的用法：

```
println(SchoolUniform.Style.Suit.rawValue)//输出"中山装"
```

2.17　扩展

扩展就是给一个现存类、结构体和枚举添加新的属性或者方法的语法（Swift2.0 之后又引入了协议的扩展），无须修改目标的源代码，就可以把想要的代码加到目标上面。

但有些限制条件需要说明：

- 不能添加一个已经存在的方法或者属性。
- 添加的属性不能是存储属性，只能是计算属性。

这是个很好的特性，但是容易被人误用。比如有些人添加了完全不明作用的方法，另外设计这个类的人考虑了很多关于 API 的东西，但是现在被加进了新东西。扩展对于新手的最大用处是加入一些帮助函数以增强代码的可读性。扩展在 Swift 的高手手中可以用来整理或设计全部的代码。

扩展使用关键字 "extension"，格式如下：

```
extension 某个现有类型{
    //增加新的功能
}
```

扩展可以用来扩展现有类型的计算属性、构造器、方法和下标，下面分别介绍。

2.17.1　扩展计算属性

依旧使用之前的交通工具的例子：

```
class Transport{
    var scope:String
    init(scope:String){
        self.scope = scope
    }
}
```

这个类的结构很简单，有一个存储属性和一个构造方法，现在使用扩展给它增添一个计算属性：

```
extension Transport {
    var extProperty:String {
        get{ return scope }
    }
}
```

"extProperty"是一个计算属性，返回原类中的存储属性的值。这个计算属性在之前的类中是没有的，现在我们在没有改变"Transport"类的结构的情况下，使用这个计算属性：

```
var myTrans = Transport(scope: "陆地")
println(myTrans.extProperty)//输出"陆地"
```

2.17.2　扩展构造器

现在给"Transport"类中添加一个新的有默认值的存储属性"price"：

```
class Transport {
    var price = 30
    var scope:String
    init(scope:String){
        self.scope = scope
    }
}
```

原有的构造器只能初始化"领域"属性，现在我们需要一个构造器来初始化"价格"属性，下面使用扩展来扩展类的构造器：

```
extension Transport {
    convenience init(price:Int,scope:String) {
        self.init(scope:scope)
        self.price = price
    }
}
var myTra1 = Transport(price:50,scope: "陆地")//使用扩展的构造器，价格为50
var myTra2 = Transport(scope: "海洋")//使用原构造器，价格属性的值仍是30
```

2.17.3　扩展方法

使用扩展增加方法的做法非常灵活，除了可在自定义的类中扩展方法外，还可以扩展基本数据类型的方法，比如扩展整数类型：

```
extension Int{
    func calculate()-> Int {
        return self * 2
    }
}
var i = 3
```

```
3.calculate()//返回 6
```

扩展整数类型后，新增了一个方法，这个方法返回整数实例值的 2 倍。

2.17.4　扩展下标

我们还可以通过扩展下标的方法来增强类的功能，比如扩展整数类型，使整数类型可以通过下标返回整数的倍数：

```
extension Int {
    subscript (num:Int) -> Int {
        return self * num
    }
}
var i = 3
3[2]//返回 6
```

2.18　协议

协议用于统一方法和属性的名称，但是协议没有实现，在其他语言中通常叫作接口。协议也是一种数据类型，就像类、结构体和枚举那样的数据结构，可以把它当作参数。它也可以是一个常量或者变量，唯一的区别是协议本身没有实现，它只有声明，实现是由其他遵循协议的对象来实现的。

协议的使用步骤如下：

第一步　协议的声明，很像其他数据类型的声明，只不过没有实现而已。
第二步　有类、结构体或者枚举表示遵循这个协议。
第三步　遵循协议的数据类型来实现协议中的声明。

2.18.1　声明协议

使用"protocol"关键字声明一个协议，格式如下：

```
protocol 协议:继承的协议 1,继承的协议 2 {
    var 某个属性:类型{set,get}
    func 某个方法(参数列表) -> 返回值类型
    init 构造器(参数列表)
}
```

协议也有继承的关系，如果想要遵守这个协议，就必须把它继承的协议也全部实现。Swift 中遵守协议的格式和继承父类一样，把需要遵守的协议写在冒号后面，用逗号隔开。

在协议中加入的属性可以不用实现，也不限制于计算属性还是存储属性，但是必须要指出属性的读写权限。比如{set,get}表示可读写，{get}表示可读，当在实现时为可读的属性添加了 setter 方法，系统也不会报错，比如：

```
protocol someProtocol {
    var num:Int{get}
}
class show:someProtocol {
    var so = 1
    var num:Int{
        get{
            return so
        }
        set{
            so = newValue + 1
        }
    }
}


var show1 = show()
show1.num = 1
println(show1.so)//返回 2
```

类、结构体和枚举都可以遵守协议。如果是结构体和枚举类型遵守的协议方法中有对属性的改动，那么按照规定，在协议中声明这个方法时需要将方法指定为变异方法：

```
mutating func 变异方法()
```

如果是类遵守了协议，那么协议中的变异方法和普通方法没有区别。你可以在协议的定义中指定某个成员为类成员，在成员定义前加上关键字“class”。如果是在结构体或者枚举中则使用关键字“static”：

```
protocol someProtocol {
  class func someTypeMethod()
}
```

限制协议只能和类一起工作也是可行的，只需在冒号后面添加一个 class，这样就代表这个协议只能被类所遵守。

```
protocol 协议:class,继承的协议1,继承的协议2 {
    var 某个属性:类型{set,get}
    func 某个方法(参数列表) -> 返回值类型
    init 构造器(参数列表)
}
```

2.18.2　遵守协议

如果某个类要遵守协议的话，那么把协议名放到类声明的尾部，在继承的后面，以逗号隔开。一个类只能继承一个父类，但是可以遵守多个协议，格式如下：

```
class 某个类:父类,协议1,协议2...{}
```

注意：Swift 中的协议遵守和 OC 中协议遵守的写法不同，在 OC 中我们把遵守的协议放到一对尖括号中。

2.18.3　实现协议

一旦类遵守了这个协议就必须实现它里面的所有方法，不然无法通过编译，结构体和枚举也是如此。如果类遵守的协议中声明了构造器，那么遵守协议的类在实现这个构造器的时候必须把构造器声明为 required，否则根据构造器的继承原则，可能导致子类没有实现该构造器的情况。

可以使用扩展来添加协议的一致性，这个做法非常常用。在一些大的软件结构中，让结构体、类或枚举来实现协议，就是通过扩展的方法。

2.19　泛型

在之前介绍数组和可选型的时候，我们已经接触到了泛型，泛型代码可以确保写出灵活的、可重用的函数。在 Swift 中，有参数的函数必须指定参数的类型，现在有几个同名的函数实现相似的功能，但是参数的类型不同，例如：

```
func show(para:Int) {
    println("Hello \(para)")
}

func show(para:String) {
    println("Hello \(para)")
```

```
}

func show(para:Double) {
    println("Hello \(para)")
}
```

虽然系统可以根据参数类型调用不同的参数，但是在定义上这种方法太过冗余。泛型所带来的好处就是我们可以通过定义单个函数来实现上面的功能。使用泛型作为参数的函数叫作泛型函数，下面是与上例有相同功能的泛型函数定义：

```
func show<T>(para:T) {
    println("Hello \(para)")
}
```

我们可以给这个泛型函数传入不同类型的值：

```
show("小明")//输出"Hello 小明"
show(12)//输出"Hello 12"
```

泛型函数在声明时使用了节点类型命名(通常此情况下用字母 T 、U、V 这样的大写字母来表示)来代替实际类型名(如 Int、String 或 Double)。节点类型在定义时不表示任何具体类型，在函数被调用时会根据传入的实际类型来指定自身的类型。另外需要指出的是，如果函数的泛型列表中只有一个 T，，虽然具体类型不需要指定，但是每个节点类型的参数必须是相同类型的。例如，有一个如下定义的函数：

```
func show<T>(para1:T,para2:T){…}
```

在调用这个函数时，两个参数必须是相同的类型：

```
show(1, 2)//Int 类型
show("小明", "小刚")//String 类型
```

如果要定义多个不同类型的泛型，需要在尖括号中加入多个节点：<T,U,V...>，在泛型函数名后面插入节点的声明。声明会告诉 Swift，尖括号中的 T 是 show 函数所定义的一个节点类型。因为 T 是一个节点，所以 Swift 不会去查找是否有一个命名为 T 的实际类型。

2.20　断言

本节将介绍一个用于调试程序的小语法——断言(Assertions)。当程序发生异常时，如果希望找到出错的地方并且打印一个消息，就可以使用断言，即通过一个全局的函数 assert。assert 接受

一个闭包作为其第一个参数，第二个参数是一个字符串。假如第一个闭包返回的是一个 false，那么这个字符串就会被打印到中控台上，assert 的格式如下：

```
assert(() -> Bool,"message")
```

第一个参数是一种"自动闭包"的格式，会在第 3 章中讲到，所以不需要写{}。如示例中，我们希望某个函数不为空，如果为空则会使程序崩溃，这时就可以使用 assert，当这个函数为空的时候，会把后面的字符串打印到中控台，这样就知道哪里出现问题了：

```
assert(someFunction() != nil , "someFunction 返回了空值! ")
```

第 3 章
Swift 进阶语法

通过对第 2 章的学习，相信读者已经对 Swift 的语法有了一定的了解。第 3 章为读者准备了更加丰富的语法大餐，在本章将看到 Swift 别具匠心的设计理念以及 Swift 与 Objective – C 千丝万缕的联系。

3.1 再谈可选型

3.1.1 可选型

可选型通常用在变量之中，可选型的默认值是 nil。如果给一个非可选型的变量赋值 nil 则会报错：

```
var message:String = "这不是可选型"
message = nil//系统报错
```

当类中的属性没有被全部初始化时会报错：

```
class Messenger {
    var message1: String = "这是Swift" // 做了初始化
    var message2: String // 编译期错误
}
```

但是在 OC 中，当给变量赋值为 nil 或者没有初始化属性时，是不会收到一个编译时错误的：

```
NSString *message = @"我不是可选型";
message = nil;
class Messenger {
    NSString *message1 = @"大家好，我是Objective-C";
    NSString *message2;
}
```

但这不代表不可以在 Swift 中使用没有初始化的属性，可以使用"?"来表示这是一个可选型的变量：

```
class Messenger {
    var message1: String = "这是Swift"
    var message2: String? // 通过编译
}
```

3.1.2　为什么要用可选型

Swift 语言设计的时候有很多安全方面的考虑，可选型表示 Swift 是一门类型安全的语言，从上面的例子中可以看到，Swift 中的可选型会在编译时就去检查某些可能发生在运行时的错误。

下面是 OC 中的方法：

```
- (NSString *)example:(NSString *)name {
    if ([name isEqualToString:@"小明"]) {
        return @"找到了小明";
    } else if ([company isEqualToString:@"小刚"]) {
        return @"找到了小刚";
    }
    return nil;
}
```

example 方法匹配"小明"和"小刚"，如果不是这两个名字，则返回 nil。如果是在某个类中定义了下面这个方法，并且在类中使用了这个方法：

```
NSString *result = [self example:@"老王"];//会返回结果nil
NSString *list = @"查找结果：";
```

```
NSString *message = [list stringByAppendingString:result]; // 会发生运行时错误
NSLog(@"%@", message);
```

则这段代码虽然可以通过编译，但是会在运行时发生错误，原因就是方法中传入"老王"时返回了 nil。

上面的代码使用 Swift 的写法如下：

```
func example(name: String) -> String? {
    if (name == "小明") {
        return "找到了小明"
    } else if (name == "小刚") {
        return "找到了小刚"
    }
    return nil
}

var result:String? = example("老王")
let list = "查找结果： "
let message = list + result // 会发生编译期错误
println(message)
```

用 Swift 重写后，此段代码不能通过编译，也就避免了运行时的错误。显而易见，可选型的应用可以提高代码的质量，避免处理令人头痛的运行时错误。

3.1.3　解包可选型

前面我们已经看到了可选型的用法，那么如何判断一个可选型的变量是有值还是 nil 呢？可以使用 if 判断语句：

```
var sresult:String? = example("老王")
let list = "查找结果： "
if result != nil {
    let message = list + result!
    println(message)
}
```

上面的代码很像 OC 中的配对。这里使用 if 判断语句来做可选型的空值判断，一旦通过判断，语句得知 result 的值不为 nil，就可以使用解包来获取可选型 result 中的具体值。如果忘记做空值判断而直接使用了解包：

```
var result:String? = example("老王")
let list = "查找结果： "
```

```
let message = list + result!
println(message)
```

则由于进行了解包所以不会发生编译期错误，但是会发生运行时错误，错误提示为：

```
Can't unwrap Optional.None
```

3.1.4　可选绑定

与解包相比，可选绑定是一个更好的做法：

```
var result:String? = example("老王")
let list = "查找结果: "
if let tempResult = result {
    let message = list + tempResult
    println(message)
}
```

if let 的意思是如果 result 有值，那么解包它，并且把它赋给一个临时变量 tempResult，并且执行下面大括号中的代码，否则跳过大括号中的代码。

因为 tempResult 是一个新的常量，所以不必使用 "!" 来获取它的值。

可以简化这个过程：

```
let list = "查找结果: "
if let result = example("老王") {
    let message = list + result
    println(message)
}
```

把 result 的定义放到 if 中，这里 result 不是可选型，所以在下面的大括号中也无须再使用"!"。如果它是 nil，那么大括号中的代码就不会执行。Swift 1.2 版本简化了多个可选绑定的嵌套写法，在之前的版本中，如果要进行多个可选绑定的判断则需要写成嵌套的格式：

```
if let a = b{
    if let c = d{
    ...
    }
}
```

1.2 版本之后，可以把所有的可选绑定放到一个 if-let 中，使用逗号间隔，格式如下：

```
if let a = b,c = d,...{

}
```

3.1.5 可选链

有一个类 Student，里面有两个属性 name 和 age，它们的类型是可选型。把上面示例中 example 方法的返回值由 String 改为返回一个 Student 类型，在查找时不再使用名字，而是使用代号 "xm" 和 "xg"：

```
class Student {
    var name: String?
    var age: Int?
}
func example(code: String) -> Student? {
    if (code == "xm") {
        let xiaoming: Student = Student()
        xiaoming.name = "小明"
        xiaoming.age = 12
        return xiaoming
    } else if (code == "xg") {
        let xiaogang: Student = Student()
        xiaogang.name = "小刚"
        xiaogang.age = 13
        return xiaogang
    }
    return nil
}
```

现在计算一下小明距离成年还有多少年：

```
if let student = example("xm") {
    if let age = student.age {
        let years = 18 - age
        println(years)
    }
}
```

因为 example 的返回值是可选值，所以使用可选绑定来判断。但是 Student 的 age 属性也是可选值，因此又用了一个可选绑定来判断空值。

上面的代码运行没有问题，但是使用了两个可选绑定，因此可以使用一个 if let 来化简。针对这种可选型结果中仍有可选型的情况，可以把上面的代码改成可选链的操作，这个特性允许我们把多个可选类型用 "?" 连接，做法如下：

```
if let age = example("xm")?.age {
    let years = 18 - age
    println(years)
}
```

3.2　AnyObject

3.2.1　AnyObject 简介

为了方便理解，可以认为 AnyObject 是某种类型，虽然它并不是。AnyObject 的存在是为了兼容现有的 OC 和 IOS 的代码，但并不会经常使用它来构建读者自己的数据结构。

Swift 是强类型语言，并有类型推断的特性。AnyObject 是一个指向对象的指针，也就是说，它是一个类的实例，但它是一个指向未知类的指针。我们需要关注的是在哪些场合来使用它，Stroyboard 中会出现 AnyObject，还有在某些函数的参数中可以见到 AnyObject。下面这些例子可能需要读者有过相应的 iOS 开发经验才能看懂，读者可以在学习了后面的内容后再来理解，比如下面这些示例都是 AnyObject 类型的属性：

```
var destinationViewController: AnyObject//使用 Segue 进行跳转的时候指示目标控制器
var toolbarItems:[AnyObject]//工具栏按钮
```

还有下面这些常用的方法中，AnyObject 可以作为方法的参数类型：

```
func prepareForSegue(segue: UIStoryboardSegue, sender: AnyObject?)//segue 实
//现跳转
func addConstraints(constraints:[AnyObject])
func appendDigit(sender:AnyObject)//按钮添加 action 的时候 sender 默认是 AnyObject
//类型的
```

甚至可以作为方法的返回值：

```
class func buttonWithType(buttonType: UIButtonType) -> AnyObject
```

3.2.2　AnyObject 的使用

因为 AnyObject 是一种未知类型的指针，所以不能向它发送任何消息。为了使用它，需要把它转换成一种我们知道的类型，这也是使用 AnyObject 的唯一方法。

我们可以定义一个已知类型的变量，然后使用"变量 = AnyObject 转换后的东西"。这也就解释了为什么使用 destinationViewController 的时候总是这样的格式：

```
let source = segue. destinationiewController as! CommentViewController
                                    //注意 1.2 版本之后使用"as!"
```

如果不确定 destinationViewController 的类型，则可以使用可选绑定：

```
if let source = segue. destinationiewController as? CommentViewController{..}
                                        //注意可选绑定使用 "as?"
```

如果只是判断的话则可以使用 "is" 语句：

```
if segue. destinationiewController is CommentViewController{…}
```

如果遇到的是一个 AnyObject 类型的数组（在开发中总会遇到这种问题，这是 iOS 的一些遗留问题造成的，好在从 iOS9 开始苹果清理了很多遗留的 AnyObject 类型），比如上面介绍的 toolbarItems。我们要确认数组中的每个元素都是我们想要的类型，那么必须使用一个遍历，下面的示例中提供了两种遍历方法：

```
for item in toolbarItems {
    if let toolbarItem = item as? UIBarButtonItem {
        //操作 toolbarItem，此时它的类型是 UIBarButton
    }
}
```

或者

```
for toolbarItem in toolbarItems as! [UIBarButtonItem]{

    //操作 toolbarItem，此时它的类型是 UIBarButton

}
```

这里不能用 as？，因为在一个 nil 中做循环没有意义，所以最好确认数组中的元素是我们想要的类型。

另外一个例子是在 Storyboard 中拖曳生成 action 时，如果保留 sender 为 AnyObject 会怎样呢？

```
@IBAction func appendDigit(sender:AnyObject){
    if let mysender = sender as? UIButton{
    //再进行对按钮的操作，使用 mysender
    }
}
```

如上例所示，使用 as 转换它也可以起到相同的效果，但是较为烦琐。这就是为什么要保证如果是一个按钮触发了 action，那么 sender 的类型就必须是一个 UIButton 的缘故了。假如有多个控件使用同一个 action，那么需要判断出 sender 的类型并给出不同的做法，这时就要求 sender 的类型是 AnyObject。虽然理论上可以这么做，但是这样的做法十分罕见。

在 iOS8 中，UIButton 可以使用 buttonWithType 方法新建一个 button 对象的时候返回的其实是一个 AnyObject：

```
let button:AnyObject = UIButton.buttonWithType(.System)
```

使用这种写法：button as! UIButton，然后就可以使用 UIButton 的方法和属性了，不过在 iOS9 你已经找不到 buttonWithType 方法了，它被 Type 参数的构造器所取代，显然这种改动是合理的，避免使用 AnyObject。

3.3 几个数组相关的实用方法

在第 2 章我们接触到了 Swift 中功能强大的数组和 Swift 的闭包特性，有了这些基础知识，本节来学习数组中的几个非常酷的方法，合理利用这些方法可以提高代码质量和开发效率。在 Swift 1.2 版本中，有些方法可以以函数的形式调用，函数的第一个参数是某个数组。同时也可以使用数组的实例来调用这些函数的同名方法，这样可以省略函数的第一个参数，第一个参数默认为实例本身。在 Swift 2.0 之后，取消了函数的用法，现在要使用这些方法必须使用数组的实例去调用。

3.3.1 filter 方法

filter 方法可以过滤数组中不重要的元素，返回余下的元素所组成的数组。下面展示 Swift 1.2 版本中 filter 作为函数的用法，filter 有两个参数，第一个是需要过滤的数组，第二个是一个过滤条件的闭包，用法如下：

```
let array = [1,2,3,4]
for i in filter(array,{$0 > 2}){//实际相当于 for i in[3,4],最后输出 3 和 4
   println(i)
}
```

而 Swift2.0 之后，filter 已不再作为函数，而是变成了集合类型的方法，用法如下：

```
let array = [1,2,3,4]
let filteredArray = array.filter{$0 > 2}
for i in filteredArray{//实际相当于 for i in[3,4],最后输出 3 和 4
   print(i)
}
```

所以为了兼容所有版本，作者的建议是，无论使用哪个版本的 Swift，都使用实例方法的形式，下面介绍的几个方法也是同样的道理。

3.3.2 map 方法

map 方法将原来数组中的元素映射到一个新的数组中：

```
let array = [1,2,3,4]
let mappedArray = array.map{$0 * 10}
```

```
for i in mappedArray{//会输出10、20、30、40
    println(i)
}
```

　　甚至数组的元素类型与原数组的类型都可以不一样。我们可以把一个 Int 类型映射成一个 String 类型的新数组，这都归功于 Swift 强大的闭包特性：

```
let mappedArray:[String] = array.map{"\($0)"}
for i in mappedArray { //输出的是字符串类型的1、2、3、4
    println(i)
}
```

　　在工程中，我们常常会定义自己的类，有时候需要单独获取这些类的某个属性。习惯做法是用循环语句取出数组中的所有类的实例，然后把这些属性存到一个新的数组中，有了 map 函数后代码会变得非常简单。

　　例如，我们自己定义了一个学生类，它有两个属性：名字和年龄，通过构造器给这两个属性赋值：

```
class Student {
    var name:String
    var age:Int
    init(name:String,age:Int) {
    self.name = name
    self.age = age
    }
}
```

　　现在新建一个 Student 类型的数组，里面放了四个学生的实例：

```
var studentList:[Student] = [Student(name: "小明", age: 12),Student(name: "小刚", age: 13),Student(name: "李雷", age: 12),Student(name: "韩梅梅", age: 11)]
```

　　现在需要获取所有学生的名字，使用 map 函数：

```
var nameList = studentList.map{$0.name}
```

　　验证 nameList 中的元素：

```
for name in nameList {
    println(name)
}
```

　　结果如图 3.1 所示。

图 3.1　使用 map 函数捕获类中的属性

3.3.3　reduce 方法

reduce 方法可以把数组变成一个元素。首先需要指定一个初始值，然后在闭包中写一个 reduce 的规则，接着 reduce 方法就会开始递归地对数组中的元素进行闭包中的运算，直到运算出最后一个结果，将这个结果输出。示例如下：

```
var array = [1,2,3,4]
var num:Int = array.reduce(0){$0 + $1}
println(num)// 输出 10
```

上例定义了一个求和的 reduce，括号中的 0 是初始值，不影响最后的结果。设定一个初始值是因为有些 reduce 操作需要一个初始值。

3.3.4　sort 方法

在 Swift 中不必再去记忆那些复杂的排序方法，使用 sort 函数可以很轻松地实现排序，例如：

```
var array = [1,3,4,2]
array.sort{$0 < $1}//array 现在为[1,2,3,4]
```

sort 方法接受一个函数作为参数，这个参数是一个决定两个元素谁放在前面的函数型参数，默认是使用小于号的比较。通常会把排序函数写成一个闭包，例如默认的 sort 方法就是array.sort{$0<$1}。闭包会被不停地调用，在内部它采用的是快速排序或者其他任意的排序方法，我们不需要关心。需要注意的是，在 Swift 1.2 中，这个方法没有返回值，是一种就地排序，会改变原数组的元素顺序，如上例所示。在 Swift 2.0 之后，这个方法不再是就地排序，会通过返回值返回排序后的新数组：

```
let array = [1,3,4,2]
let sortedArray = array.sort{$0 < $1}//array 仍为[1,3,4,2]
//sortedArray 的值为[1,2,3,4]
```

3.3.5　contains 方法

如果给定的数组中存在特定的元素，则 contains 方法就会返回 true，否则返回 false。在 Swift 1.2 中虽然这个函数的第一个参数是数组本身，但是这个函数并没有被整合到数组中，我们只能以使用函数的形式使用它，示例如下：

```
var array = [1,3,4,2]
println(contains(array, 1))//输出 true
println(contains(array, 5))//输出 false
```

在 Swift 2.0 中，你可以使用和其他方法同样的方式用一个数组的实例来调用这个方法了：

```
var array = [1,3,4,2]
print(array.contains(1))//输出 true
```

3.3.6　find 方法

使用 find 方法可以在数组中寻找特定的元素。如果元素存在则返回该元素第一次出现的下标，如果不存在则返回 nil。很明显这个方法的返回值是个可选型，在 Swift 1.2 版本中，这个方法也没有被整合到数组中，你只能使用下面的函数格式来调用它：

```
var array = [1,2,3,3]
println(find(array, 3)!)//输出 2
```

Swift 2.0 之后，find 被移除了，如果要实现 find 的功能，则需要使用实例方法 indexOf。类似的方法还有很多，在 Swift 2.0 之后移除了这些实例方法所对应的函数式用法， 避免了 API 的混乱。

3.4　Objective – C 兼容性

在 Swift 诞生之前，进行 iOS 开发时一直使用的是 Objective-C 这门语言（后面均简称 OC）。OC 和 Swift 在互相调用时需要一个桥接。

iOS 中的 API 基本都是在许多年前由 OC 写成的，现在通过桥接的方法在 Swift 中也可以用，甚至看不出区别，非常自然。但是一些特殊的类型，在两种语言进行桥接的时候需要特别注意。

首先是 NSString 类型，这是 String 类型以前的形式，在 iOS 中它与 Swift 中的 String 类型是可以相互转换的。在之前的版本中它们没有区别，在需要 String 类型的地方可以直接传一个 NSString 类型的值。但是在 Swift 1.2 版本以后，弱化了 String 和 NSString 类型的桥接。因此现在如果要实现 String 和 NSString 类型的互传，则需要借助构造器。比如把一个 String 类型的值传给一个 NSString 类型的变量：

```
var someString:String = "11"
var someNSString:NSString = NSString(string:someString)//注意构造器中有参数名
// "string"
```

把一个 NSString 类型的值传给一个 String 类型的变量：

```
var someNSString:NSString = "11"
var someString:String = String(someNSString)//无参数名
```

或者使用 as 转型之后再使用。比如之前讲过 length 这个属性是 NSString 类型的，在没有重音等符号的字符串中，字素和字符是一样的，可以使用这个属性：

```
var str:String = "123"
let length = (str as NSString).length//返回 3
```

Swift 2.0 之后，再次对 String 和 NSString 进行了调整，详情请参考本书 3.9 节。

数组的老版本 NSArray，桥接到 Swift 就是 AnyObject 类型的数组 Array<AnyObject>。所以只要在 iOS 的 API 中看到 AnyObject 类型的数组，就说明它们以前都是 NSArray。

NSDictionary 在 Swift 中被桥接成键是 NSObject 类型、值是 AnyObject 类型的字典 Dictionary<NSObject,AnyObject>。这里简单介绍一下 NSObject 类，在 OC 中 NSObject 类是所有类的基类，但是在 Swift 中并没有这种类。由于 NSObject 类有一些在 iOS 中的高级特性，因此 Swift 类也可以继承自 NSObject 类。在 iOS 中最好让所有类都继承自 NSObject 类。

字典的桥接规则令人有些迷惑，因为我们常用的键值 String、Int 等根本就不是对象，更不可能是 NSObject 类，但是依旧可以使用。这是因为数值类型都已被桥接到 NSObject 类的子类中。

Int、Float、Double、Bool 都是从 NSNumber 桥接过来的，NSNumber 是 OC 中所有关于数值的对象。Int、Float、Double 这些和 C 语言中的 int、float、double 也是桥接好的，所以如果 API 中有个一个 C 语言的 int 参数，那么它是可以接受 Swift 中一个 Int 的。

绝大多数时候我们看不到 OC 和 Swift 这种桥接，因为它们都是自动的。作为 iOS 开发的双枪，了解它们之间的联系很有必要。

3.5 ARC 自动引用计数

本节将介绍 Swift 内存管理的相关知识。前面我们已经了解了 Swift 中的引用类型（类）和值类型（枚举、结构体），引用类型存储在"堆"上，而值类型存储在"栈"上。Swift 管理引用类型采用自动引用计数（ARC）的管理方法，虽然 ARC 是自动的，但是我们需要了解 ARC 的原理。而值类型是由处理器来管理的，不需要程序员来管理。

3.5.1 ARC 原理

每次创建一个类的实例时，ARC 都会分配一块内存空间用来存储类的实例信息，包括类的描述和属性的值。当这个实例不再被使用时，ARC 会自动释放实例所占用的内存空间，一旦释放就不能再访问这个实例的属性和方法。为了避免使用中的实例被释放，ARC 会跟踪并计算每一个实例被多少属性、常量和变量所引用，直到引用数为 0 时才释放实例的内存空间，这种机制因此得名"自动引用计数"。引用有强引用和弱引用之分，这是为了保证在某些循环引用的情况下可以打破循环，本书后面会介绍。为了保证实例在被属性、常量和变量引用时不会被释放，这种引用被设定为强引用。下面展示一个 ARC 的示例。

沿用我们之前的 Student 类，在构造器和析构器中分别写一个打印语句，用来标示实例的创建和销毁：

```
class Student {
    var name:String
    var age:Int
    init(name:String,age:Int) {
        self.name = name
        self.age = age
        println("创建了一个实例")
    }
    deinit{
        println("销毁了一个实例")
    }
}
```

然后声明两个变量，把它们的类型声明为 Student 的可选型，现在它们还没有被赋值：

```
var xiaoming:Student?
var xiaogang:Student?
```

通过构造器创建一个 Student 的实例，然后把这个实例赋值给第一个变量：

```
xiaoming = Student(name: "小明", age: 12)
```

此时运行程序输出结果如图 3.2 所示。

创建了一个实例

图 3.2　Student 实例的引用计数+1

这次让第二个变量也引用这个实例：

```
xiaogang = xiaoming
```

现在这个实例的引用计数为 2。下面通过给变量赋值 nil 来断开引用，首先断开一个变量的引用：

```
xiaogang = nil
```

现在 Student 实例的引用计数已变为 1，中控台上的打印信息仍旧是"创建了一个实例"，说明这个实例依旧存在于内存中，接着断开第二个变量的引用：

```
xiaoming = nil
```

现在没有任何属性或者常变量引用这个实例了，可以看到中控台打印信息如图 3.3 所示。

```
创建了一个实例
销毁了一个实例
```

图 3.3　引用计数为 0 时销毁实例

这个类的实例调用了析构器，代表它被销毁了，释放出了实例所占用的内存空间。

3.5.2　循环强引用

如果两个类互相持有对方的强引用，就会出现循环强引用的情况。比如上例的学生类，如果还存在一个班级类，即学生类有一个属性叫学生所属的班级，并引用了一个班级；而班级类中有一个属性是班长，它引用了一个学生类。它们都是可选型，因为班长可能暂时缺任，而新生可能还没有分班。

```
class Student {
    var name:String
    var theClass:Classes?
    init(name:String,theClass:Classes){
        self.name = name
        self.theClass = theClass
    }
}

class Classes {
    var name:String
    var classMonitor:Student?
    init(name:String,classMonitor:Student){
        self.name = name
        self.classMonitor = classMonitor
    }
}
```

这就构造了一个学生类小明和一个班级三年二班，而小明恰好是三年二班的班长。这时麻烦出现了，根据 ARC 规则，出现强引用循环：

```
var sneb:Classes = Classes(name: "三年二班", classMonitor: xiaoming)
var xiaoming:Student = Student(name: "小明", theClass:sneb)
```

或许你会尝试用前面的方法把这两个变量置为 nil：

```
sneb = nil
```

```
xiaoming = nil
```

置为 nil 后，此时没有任何一个析构器被调用，强引用循环阻止了实例被销毁，从而造成了内存泄漏。

3.5.3　弱引用与无主引用

我们需要打破这种棘手的强引用循环，Swift 提供了两种解决途径：弱引用和无主引用。弱引用和无主引用可以使循环中的一个实例引用另一个实例时不使用强引用。对生命周期中会变为 nil 的实例采用弱引用，对初始化之后再也不会变为 nil 的实例采用无主引用。

声明一个弱引用的关键字为"weak"，在 iOS 开发中经常会看到"weak"。现在我们把前面例子中班级的属性班长声明为一个弱引用：

```
class Classes {
    var name:String
    weak var classMonitor:Student?
    init(name:String,classMonitor:Student) {
        self.name = name
        self.classMonitor = classMonitor
    }
}
```

因为班长随时可能换人，一旦某个学生转学就需要任命一个新的班长。现在如果小明转学了，则小明在班级中的信息就会被注销：

```
xiaoming = nil
```

因为班长对 xiaoming 的引用为弱引用，不会算作引用计数，所以此时实例 xiaoming 的引用计数为 0，调用析构器释放内存空间，现在读者可以自由释放 sneb 这个实例的空间了：

```
sneb = nil
```

无主引用和弱引用类似，不同点是无主引用是永远有值的，可以使用关键字"unowned"声明这是一个无主引用。如果我们要求班长的位置永远不能空缺，那么上例中的属性就需要被声明成无主引用：

```
class Classes {
    var name:String
    unowned var classMonitor:Student?
    init(name:String,classMonitor:Student) {
        self.name = name
```

```
        self.classMonitor = classMonitor
    }
}
```

由于闭包也是引用类型的，当你把闭包作为类的属性的时候，闭包与类之间也会出现强引用循环的情况，代码如下：

```
class Example {
    var num = 10
    lazy var method:(Int) -> Int = {
        (i:Int) in
        return self.num + i
    }
}
```

method 是一个闭包类型的参数，在类的定义中被初始化为与类的属性 num 进行加法运算。与基本类型的属性一样，Example 类对 method 闭包是强引用的，通常称这种引用为"持有"，同时闭包的定义中又需要 num 属性参与运算，此时闭包会通过 self 属性"持有"类本身，这样产生了一个强引用循环。将闭包作为类的属性是一种非常常见的做法，相比于定义一个方法，定义一个闭包类型的属性可以随时修改闭包中的执行内容，以此达到复用的效果，减少一个类中的代码量。

要解决闭包引起的强引用循环，Swift 中引入了"捕获列表"的概念，在闭包的参数列表中将闭包体中涉及到的所有被"持有"对象声明为"无主引用"或者"弱引用"，以逗号隔开，格式如下：

```
class Example {
    var num = 10
    lazy var method:(Int) -> Int = {
        [unowned self,…] (i:Int) in
        return self.num + i
    }
}
```

3.6 带下标的遍历

在 iOS 开发中经常需要遍历集合类型中的元素，比如 Array、Dictionary，有时不但需要获得元素，还需要知道元素在集合中的位置。对 Array 来说，位置与 Array 的下标同义。而 Dictionary 是无序的，无法直接通过整数下标来获取元素的值。如果需要使用整数下标来存取 Dcitionary 的键值，则需要创建一个以元组（key，Value）为元素的 Array 来暂存 Dictionary，这里我们只讨论 Array 中带下标的遍历。从 OC 时代起，带下标的遍历始终是 iOS 开发中的一个痛点，苹果的工程师一直在努力让带下标的遍历变得更简单易用，并针对带下标的遍历推出了多个 API。得益于 Tuple

（元组）的引入，在 Swift 中带下标的遍历得到了真正的简化。本节将首先从 OC 时代谈起，最后介绍 Swift 中的全新方法。

3.6.1　C 语言风格的 for 循环

无论是在 OC 还是在 Swift 中，都可以使用 C 风格的 for 循环，让我们来回顾一下：

```
let anArray = [1,2,3,4,5]
for(var i:Int = 0; i<anArray.count;i++) {
    let temp = anArray[i]
   // 操作 temp 且下标用 i 表示
}
```

使用 C 语言风格的 for 循环效率并不高，作为一个 Swift 开发者我们也并不习惯这样的写法，毕竟连分号都已经渐渐淡出视野了。

3.6.2　快速遍历

我们熟悉的 for-in 循环也叫作快速遍历，是 OC 2.0 中引入的 API。for-in 循环被称为快速遍历是有原因的，for-in 循环不仅语法简单，而且效率很高。与 C 语言中的 for 循环不同，快速遍历中无法获取当前遍历的下标，需要使用辅助结构来保存当前的下标，代码如下：

```
let anArray = [1,2,3,4,5]
var i = 0//辅助结构记录下标
for temp in anArray {
   // 操作元素 temp 和下标 i
   i++
}
```

3.6.3　enumerateObjectsUsingBlock

熟悉 OC 开发的读者一定对这个方法不陌生，在 OC 中引入 Block 特性之后引入了这个方法处理下标遍历，这个方法在很大程度上简化了下标遍历的操作，时至今日，enumerateObjectsUsingBlock 依旧被广泛使用并且被推举为高性能的方法。在 Swift 世界中，enumerateObjectsUsingBlock 不再是开发者的宠儿，你会发现这个方法只能被 NSArray 类型调用，而不能被 Array 调用。

3.6.4　enumerate

最后来介绍本节的主角：enumerate。enumerate 是一个非常易用的 API，专门用来处理带下标的遍历，Swift 2.0 中的 enumerate 用法如下：

```
let anArray = [1,2,3,4,5]
for (i,temp) in anArray.enumerate() {
    //操作元素 temp 和下标 i
}
```

在 Array 对象上调用 enumerate 方法会返回一个 EnumerateSequence 类型，EnumerateSequence 中的每一个元素都是原 Array 的下标与 Array 中的元素封装成的元组，现在直接对 EnumerateSequence 进行快速遍历就可以轻松得到下标与元素。

3.7　方法参数的语法甜头

在介绍 Swift 的方法时曾讲过方法的重载特性，除此之外，Swift 中的方法还有其他一些特性，掌握这些特性可以写出更高效的代码。

3.7.1　可变参数

可变参数的特性提升了方法的弹性，你可以指定参数的类型而不必关心参数的数量，比如下面这个拼接字符串的函数：

```
func combineStr(strs:String...) -> String {
    var allStr = ""
    for str in strs {
        allStr += str
    }
    return allStr
}
```

```
combineStr("a","b","c")          "abc"
combineStr("a","b","c","d")      "abcd"
```

图 3.4　可变参数示例

combineStr 函数的执行效果如图 3.4 所示。

只有参数列表中的最后一个参数才能作为可变参数。要声明某个参数为可变参数需要在形参的定义后加上...，此时在方法的实现中被声明为可变参数的参数会被封装为一个同名的数组，可以用快速排序的方法遍历得到所有的可变参数进行操作。

3.7.2　柯里化

除某个参数的数量可变之外，在 Swift 中方法甚至可以有多套参数列表。在调用时传入第一个参数列表中的参数，此时该方法的返回值是一个接受剩下参数列表的方法，这个特性叫作柯里化。
比如产品经理说我们需要一个判定产品质量是否合格的方法，但是不同地区的合格标准不同，此
时程序员大概会根据不同地区的标准写多个方法：

```
//A 地区
func check4A(product:Int) -> Bool {
    let standard = 50
    if product > standard {
        return true
    }
     return false
}

//B 地区
func check4B(product:Int) -> Bool {
    let standard = 40
    if product > standard {
        return true
    }
    return false
}

//C 地区
func check4C(product:Int) -> Bool {
    let standard = 45
    if product > standard {
        return true
    }
    return false
}
```

如果还有 D、E、F 等地区，那么程序员还需要继续去定义新的方法，这显然是令人烦躁的。
此时程序员会想能否把所有的指标集中到一个方法中去处理，此时方法需要两个参数：

```
func check(area:String,product:Int) -> Bool {
    var standard = 0
    switch area {
    case "A":
        standard = 50
    case "B":
        standard = 40
    case "C":
        standard = 45
    default:
```

```
      break
   }
   if product > standard {
      return true
   }
   return false
}
```

即每次要调用此方法时都需要输入两个参数，而且一旦有新的地区加入时，无论程序员当前在开发系统的哪个模块，都需要找到这个方法，然后在其中添加一个 case，此时的程序员一定是崩溃的。在有了柯里化之后，程序员可以这样来声明这个方法：

```
func check(standard:Int)(product:Int)->Bool{

   if product > standard
   {
      return true
   }
   return false
}
```

此时如果要添加一个针对 A 地区的方法，则使用下面的语句：

```
let check4A = check(50)//返回一个 Int -> Bool 类型的方法
```

使用柯里化创建的 check4A 与最开始的实例中的 check4A 是相同的，示例的演示效果如图 3.5 所示。

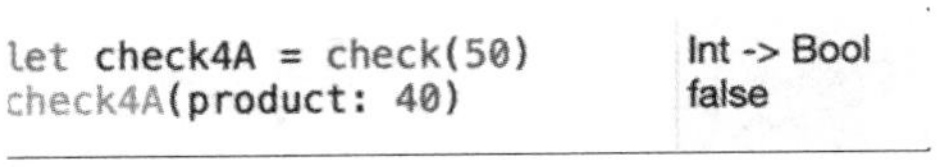

```
let check4A = check(50)        Int -> Bool
check4A(product: 40)           false
```

图 3.5　使用柯里化的效果

如果还需增加一个针对 B 地区的方法，则使用相同的写法：

```
let check4B = check(40)
```

此时掌握了柯里化的程序员满意地笑了。

3.8　闭包的"延迟调用"特性

在第 2 章中曾介绍过方法和闭包的概念，方法作为"一等公民"可以作为另一个方法的参数，方法也可以嵌套。在大部分情况下可以把方法和闭包同等看待，不过相比方法，闭包还有"延迟调用"的特性，并且这种"延迟调用"的特性在某些情况下可以提升代码的效率。本节将为读者揭示其中的奥秘。

使用"延迟调用"的一个很好的时机是：某个方法的参数都是 Bool 类型的，该方法对其参数列表中的参数进行逻辑判断，而其中某个参数是另一个方法的返回值。很不巧该方法的计算非常耗时，你可能希望先让其他参数参与到逻辑判断中，如果可以提前得到结果就不需要再关心这个耗时的方法的返回值了，也就是说，达到某种"延时调用"的效果。下面展示不使用闭包的方法：

```
func methodA() -> Bool {
    print("执行了方法 A")
    return true
}

func methodB(flag:Bool,method:Bool) -> Bool {
    return flag && method
}

methodB(false, method: methodA())
```

虽然&&操作符在判断 flag 为 false 时就提前返回了，但是在传入参数的时候方法 methodA 已经执行了，你会看到打印出了"执行了方法 A"。现在改用闭包作为参数，修改 methodB 的代码：

```
func methodB(flag:Bool,method:()-> Bool) -> Bool {
    return flag && method()
}
```

调用的时候改为：

```
methodB(false, method: methodA)
```

此时不再打印"执行了方法 A"。如果想要保持和使用方法时相同的 API，则可以借用@autoclosure，这个关键字的作用是把复杂的闭包格式封装成简单的方法格式：

```
func methodB(flag:Bool,@autoclosure method:()->Bool) -> Bool
{
return flag && method()
}
```

现在调用 methodB 的时候你会发现方法列表如图 3.6 所示。

图 3.6　使用@autoclosure 之后的参数列表

虽然在方法 methodB 的实现中参数 method 的值是一个闭包，但是使用@autoclosure 之后，用户在使用该 API 的时候不知道这种细节，用户既可以直接传入一个 Bool 类型的值：

```
methodB(false, method: true)
```

也可以传入某个耗时的方法的返回值：

```
methodB(false, method: methodA())
```

在使用 API 的时候用户感受不到什么不同，但其实系统的性能得到了很好的提升。iOS 系统中进行逻辑判断的系统方法很多地方都使用了@autoclosure，包括示例中的&&操作符，感兴趣的读者可以去查看&&的 API。

3.9　Swift 2.0 新特性详解

苹果在 WWDC2015 上发布了 Swift 2.0 版本，经过多个 Xcode7 Beta 版本的磨砺之后，很幸运在本书截稿前迎来了 Xcode7 正式版，本节将介绍基于 Xcode 7.0 正式版的 Swift 2.0 中的新特性。首先从一些常用语句的更名说起。

3.9.1　println 简化为 print

在 Swift 之前的版本中，println 一直是我们非常熟悉的函数，本书的很多示例也使用 println 打印输出结果，它的作用是输出并换行，而原本的 print 函数是输出而不换行。虽然这两个函数分工明确，但其实我们很少使用 print。在 swift 2.0 版本中，println 函数已经不存在了，所有的打印函数都统一用 print，除换行与不换行上的差异外，新的 print 为我们带来了更多的选择。使用 print(items: Any...)是默认换行的，参数 items 是可变参数，如果传入多个参数，则每个参数之间都会用一个空格隔开，比如下面的示例代码：

```
print("1","2")
print("3","4")
```

打印结果是：

1 2

3 4

你可以对 items 中的参数指定分隔符和终止符，使用另一个重载的 print 方法：

```
print("a","b","c", separator: "*", terminator: "end")
```

打印结果是:

a*b*cend

　　注意:带有分隔符和终止符的 print 方法是不换行的,如果在上面的语句后面再加上一个普通的 print:

```
print("a","b","c", separator: "*", terminator: "end")
print("111")
```

打印结果是:

a*b*cend111

3.9.2　do-while 更名为 repeat-while

　　我们所熟悉的 C 语言风格的控制流 do-while 在 Swift 2.0 中已经更名为 repeat-while 了,现在的用法如下:

```
repeat{
//操作
}while(判断条件)
```

　　do 关键字在 Swift 2.0 中被用在了错误处理中,本节稍后介绍。除了对一些旧内容的更改之外,Swift 2.0 中还有很多新家伙。

3.9.3　where 关键字

　　在 Swift 2.0 中,where 关键字可以出现在更多的场合中进行过滤,类似于 SQL 语言的 where,where 使得代码更加精简、耦合度更高。在 Swift 2.0 之前,如果你要对某个整数数组中所有大于 20 的元素进行操作,则需要遍历整个数组,然后在循环体中使用 if 判断元素的值,结构如下:

```
for a in anArray {
    if a > 20 {
    //对 a 执行某种操作
    }
}
```

　　在 Swift 2.0 中,使用 where 的写法如下:

```
for a in anArray where a > 20 {
    //对 a 执行某种操作
}
```

3.9.4　if-case 结构

Swift 中的 switch 十分强大，switch 的 case 中可以使用 Range 进行范围的判断。在 Swift 2.0 中引入了 if-case 结构，现在你可以在 if 中使用 case 搭配 Range 了。比如之前想要判断某个数是否在某个范围时需要这样写：

```
var a = 50
if a >= 0 && a <= 100 {
    //对 a 执行操作
}
```

在 Swift 2.0 中可以使用 if-case 结构简化如下：

```
if case 0...100 = a {
    //对 a 进行操作
}
```

3.9.5　guard 关键字

在 swift 2.0 中引入了 guard 关键字，guard 是一个用来进行判断的关键字，与 if 类似，不过与 if-else 结构不同的是，guard-else 结构先处理不符合 guard 中的判断条件的情况，最后处理条件为真时的操作。guard 的引入是因为当需要判断多个条件的时候 if-else 结构只能通过嵌套的办法排列所有的判断条件，比如下面的例子：

```
struct someone {
    var sex:String?
    var live:String?
}

func myGirlfriend(one:someone) {
    if let sex = one.sex where sex == "女的" {
        if let live = one.live where live == "活的" {
            print("OK")
        } else {
            print("ERROR:我要活的")
        }
    } else {
        print("ERROR:我是直的")
    }
}
```

从例子中可以看到，可选绑定和 where 配合得也很好，只是在所有需要进行判断的条件中都需要写出 if 和 else 的情况，如果不巧你是个对 Girlfriend 很挑剔的人，那么你的 someone 中会有很多的条件，这时候 if-else 结构会变得很复杂，而你可能只关心能不能输出那个 "OK"。现在用 guard 关键字来重写上面的代码：

```
func myGirlfriend(one:someone) {
    guard let sex = one.sex where sex == "女的" else {
        print("ERROR:我是直的")
        return
    }
    guard let live = one.live where live == "活的" else {
        print("ERROR:我要活的")
        return
    }
    print("OK")
}
```

可以看到在使用 guard 之后，把嵌套的结构改成了顺序执行的结构，先处理所有不符合条件的情况，最后执行所有条件都符合时的情况。每一个 guard–else 体都不会 fall through，所以你需要使用 return 或者 break。

3.9.6　错误处理

Swift 语言并不提倡开发者使用指针，由于一些历史原因，尤其是 Cocoa 库中的某些方法需要传入指针类型的参数，其中最常见的就是传入一个 NSError 指针。在任何一个系统中针对那些可能执行失败的方法时都需要处理错误，使用历史遗留的 NSError 显然不是一个很好的策略，因此在 Swift 2.0 中引入了适合 Swift 语言的错误处理机制。

提到可能执行失败的方法大概很多读者都想到了网络通信中的方法，以最简单的同步 get 方法 NSURLConnection.sendSynchronousRequest 为例，从 OC 时代到 swift 1.2 版本中，这个方法的使用方法一直如下：

```
//创建 url
let url:NSURL! = NSURL(string: "http://www.weather.com.cn/adat/sk/101010100.html")
//创建请求对象
let urlRequest:NSURLRequest = NSURLRequest(URL:url,cachePolicy:
NSURLRequestCachePolicy.UseProtocolCachePolicy, timeoutInterval: 10)
//创建响应对象
var response:NSURLResponse?
```

```
//创建错误对象
 var error:NSError?
//发出请求
 let data:NSData? = NSURLConnection.sendSynchronousRequest(urlRequest,
returningResponse: &response, error: &error)
   if error != nil {
       //处理错误


   } else {
       //操作数据


   }
```

在 Swift 2.0 中这个方法的用法变成了下面的格式：

```
//创建 url
 let url:NSURL! = NSURL(string: "http://www.weather.com.cn/adat/sk/101010100.
html")
  //创建请求对象
 let urlRequest:NSURLRequest = NSURLRequest(URL: url, cachePolicy:
NSURLRequestCachePolicy.UseProtocolCachePolicy, timeoutInterval: 10)
  //创建响应对象
 var response:NSURLResponse?
  //发出请求
 do{  let data:NSData? = try NSURLConnection.sendSynchronousRequest(urlRequest,
returningResponse: &response)
  //操作数据
   }
 catch {
       //处理错误


   }
```

可以看到在调用有可能抛出错误的方法时，把方法调用和不报错情况下需要的操作放在 do{}
之中，在大括号中调用的方法前面加上 try 关键字，如果某个方法的定义中参数列表后面有个 throws，
则代表这个方法会抛出错误，你需要使用 try 关键字来匹配。在 do{}后面使用 catch{}单独处理错
误且使用这样的格式时，正确的处理和错误的处理是分离的，非常清晰。在 catch{}中不需要显式
地指定错误对象，在 catch 中你会默认捕获一个错误对象：error。另外在 iOS 9 示例中使用的方法
NSURLConnection.sendSynchronousRequest 已经被废弃了，替换为 NSURLSession 中的新方法，和
print 一样，苹果在努力化简 iOS 中的 API。本书在第 6 章介绍网络通信的时候会着重讲解全新的

网络通信 API。

　　Swift 2.0 中与错误处理相关的内容有：errorType、throws、throw、do、try、catch 和 defer，如果你需要自定义一个使用错误模型的方法，请看下面的示例。

　　比如现在要开发一款成绩录入系统，首先要制定一个包含可以预见的错误的枚举，这个枚举的原始值是 ErrorType 类型的，ErrorType 是 Swift 2.0 中所有错误的类型，可以被 catch 捕获到。针对成绩录入系统中的两个错误：成绩大于 100、成绩小于 0，创建如下错误模型：

```swift
enum ScoreError:ErrorType {
    case tooLow
    case tooHigh
}
```

　　然后创建一个负责成绩录入的类 ScoreTool，在其中增加一个录入成绩的方法 addScore：

```swift
class ScoreTool {
    var scores = [Int]()
    func addScore(score:Int) throws {
        guard score > 0 else {
            throw ScoreError.tooLow
        }
        guard score <= 100 else {
            throw ScoreError.tooHigh
        }
        //模拟录入成绩的操作
        scores.append(score)
    }
}
```

　　在声明这个方法的时候加上了关键字 thorws，表明方法会抛出错误，在其他类中使用这个方法时需要根据不同的错误类型指定相应的处理模型：

```swift
let tool = ScoreTool()
var someScore  = 50
do {
    try tool.addScore(someScore)
    print("录入成功")
}
catch ScoreError.tooLow {
    print("成绩不能低于 0 分")
}
catch ScoreError.tooHigh {
```

```
    print("成绩不能高于100分")
}
catch{
    print(error)
}
```

在 playground 中你可以试着修改 someScore 的值然后查看打印结果。最后来说说 defer 关键字，在错误处理中，声明在 defer{}中的代码无论是否抛出错误都会被执行，使用 defer 时把 defer{}放在方法体的最前面，修改上面的例子：

```
func addScore(score:Int) throws {
    defer {
        print("进入成绩录入系统")
    }
    guard score > 0 else {
        throw ScoreError.tooLow
    }
    guard score <= 100 else {
        throw ScoreError.tooHigh
    }
    //录入成绩的操作
    scores.append(score)
}
```

此时总是会打印"进入成绩录入系统"。

3.9.7 LLVM 与泛型特化

我们都知道 Swift 的创造者同时也是 LLVM 的开发者，在关注语言特性的时候可能不会知道 LLVM 也在发生着惊人的进化。LLVM 编译将 C 和 Objective-C 的代码放到一个低级容器中，然后编译成机器代码。在 Swift 中 LLVM 做着同样的事情，编译成汇编代码在整个编译阶段，因此在运行时 Swift 有着无与伦比的运行速度。

泛型一直是 Swift 的一个重要特性，然而在运行时泛型不是特别安全。在 Swift 2.0 之前如果要使用一个泛型你可能会思考是否为了安全性放弃泛型的易用性，现在依靠进化的 LLVM，在编译期即可检查整个项目，从而提高了安全性。在使用泛型特化某个泛型的时候，比如下面的例子，写一个简单的泛型函数：

```
func and<T>(first:T,_ second:T) {
    print(first,second, separator: "+", terminator: " ")
}
```

当你传入不同类型的参数的时候：

```
and(3, 5)
and("a", "b")
```

LLVM 在编译时会把 and 函数特化为：

```
func and(first:Int,_ second:Int) {
print(first,second, separator: "+", terminator: " ")
}
```

以及

```
func and(first:String,_ second:String) {
print(first,second, separator: "+", terminator: " ")
}
```

在运行时没有了类型检查可以获得更快的运行速度。

3.9.8　Protocol Extensions

Swift 2.0 现在被称为"面向协议编程"的语言了，这是由于 Swift 2.0 中引入的对协议的扩展的特性，这个特性可能会真正变革 iOS 程序员的编程习惯。因为 Swift 是单类继承，而且结构体和枚举还不能被继承，这就为很多有用信息的传递造成了一定的麻烦。扩展协议的好处是类、结构体和枚举都可以遵守不止一个协议，并且遵守协议不会增加类的状态。使用协议扩展是一个很有意思的事情，请看下面的例子。

定义两个协议 Coder 和 Swifter：

```
protocol Coder {
    var haveFun:Bool{ get set }
    var ownMoney:Bool{ get set }
}
protocol Swifter {
    var codingLevel:Int{ get set }
}
```

现在有三个公司的程序员，用三个结构体来表示，定义如下：

```
struct CoderFromA:Coder {
    var name:String
    var haveFun:Bool
    var ownMoney:Bool
```

```
    }

    struct CoderFromB:Coder,Swifter {
        var name:String
        var haveFun = true
        var ownMoney = true
        var codingLevel = 3
    }

    struct CoderFromC:Coder,Swifter {
        var name:String
        var haveFun = true
        var ownMoney = true
        var codingLevel = 5
    }
```

所有的程序员都关心自己是否快乐、是否有钱，所以每个结构体都遵守协议 Coder。A 公司的程序员不是 Swift 程序员，而 B 公司和 C 公司的程序员都是 Swift 程序员，每个公司的 Swift 程序员的编程能力等级不同。观察上述代码可以发现，Swift 程序员都是快乐且富有的，因此结构体 CoderFromB 和 CoderFromC 中会有冗余的部分，这是由不同协议的 Swifer 与 Coder 间的因果关系所引起的。虽然我们知道这个事实，但是由于规则的关系我们不得不重复地去赋值 haveFun 和 ownMoney 属性。现在使用 Swift 2.0 中的协议扩展，形式如下：

```
extension Coder where Self:Swifter {
    var haveFun:Bool{ return true }
    var ownMoney:Bool{ return true }
}
```

现在同时遵守 Coder 和 Swifter 时，协议 Coder 中的属性 haveFun 和 ownMoney 会有默认值，你可以删除 CoderFromB 和 CoderFromC 中 haveFun 和 ownMoney 的声明试试有什么变化。在 Swift 2.0 中增加了协议扩展的特性之后，系统的很多 API 使用协议扩展进行了重写，比如协议 CollectionType，感兴趣的读者可以研究一下。

3.9.9　API 的可用性检查

iOS 系统有着很好的用户黏性，每次系统更新带来的新版本 API 总能为开发者带来很多的便利，但是考虑到有很多用户停留在旧版本的系统中，作为一个合格的开发者对 API 进行可用性检查是一门必需的功课。Swift 2.0 中引入了全新的可用性检查特性，对于版本敏感的 API，会在定义的头部加入以关键字@available 开头的描述性文字，这个关键字描述了该 API 的版本可用性，并且针对不同版本中的替换方案有详细的描述,比如我们之前提到的 NSURLConnection.sendSynchronousRequest 方法,现在你查看它的 API 的时候会看到如下信息:

```
@available(iOS, introduced=2.0, deprecated=9.0, message="Use [NSURLSession
dataTaskWithRequest:completionHandler:] (see NSURLSession.h")
```

比如 NSURLComponents 是在 iOS 7 之后引入的特性,那么在 Swift 2.0 版本之前判断 NSURLComponents 的可用性时,使用下面的方法:

```
if NSClassFromString("NSURLComponents") != nil {
    //iOS7 及以上版本的方案
} else {
    //iOS7 以下的方案
}
```

NSURLComponents 是 iOS 7 中引入的特性,NSClassFromString 这个方法是运行时的内容,很明显并不符合 Swift 的风格,与@available 相呼应,在 Swift 2.0 中使用#available 来检查可用性:

```
guard #available(iOS 9.0,*) else {
    //iOS9 版本以下的方案
    return
}
```

3.9.10　String 与 NSString 言归于好

Swift 2.0 中的一个非常重要的特性那就是 String 与 NSString 又能亲密无间地互相传递了。要知道由于苹果对于 String 中字符与字素问题上的严肃态度,在 Swift 1.2 中彻底废弃了 String 和 NSString 的互传,一个声明为 NSString 的参数,要想传入 String,必须要经过类型转换为 NSString(string:String)才行。这让 Swift 在使用 OC 语言编写的第三方 API 时非常的麻烦。谢天谢地,在 Swift 2.0 中 String 经过了一番改造重新登场,String 与 NSString 也言归于好了,现在你可以无缝地使用这两种类型,在需要传入 NSString 类型的地方可以直接传入 String:

```
func someMethod(nsstr:NSString) {
    print(nsstr)
}
let str = "abc"
someMethod(str)
```

Swift 2.0 中,String 的 API 也有一些需要说明的新特性。首先是 advance 的化简,现在这个 API 使用起来更合逻辑:

```
let index = str.startIndex.advancedBy(2)
```

其次，我们之前介绍过 String 的基本单位是字素（Character），苹果在 Swift 的官方微博中发布博文解释过 String 并不是一个集合类型,但是现在你可以通过 String 的属性 characters 获得 String 的集合版本。characters 的类型是 String.CharacterView,这个类型是 String 中所有字素组成的集合，String 中所有的下标操作现在都是基于 String.CharacterView 的。比如，String 的 startIndex 指示字符串的第一个字素，而 endIndex 是一个隐藏的表示字符串尾部的标识，你不能在下标中使用 endIndex，如果要获得字符串的最后一个字素，需使用下面的写法：

```
str[str.endIndex.predecessor()]
```

predecessor()返回的是当前 Index 的前一个下标，相应的还有 successor()返回后一个下标，所有的下标类型都是 String.CharacterView.Index 类型的。

有了集合类型版本的 String，现在你不但可以获取 String 的长度：

```
str.characters.count
```

还能对一个 String 中的字素进行遍历操作：

```
for character in str.characters {
    print(character)
}
```

3.9.11 总结

从本节内容可以看出，读者完全不用对 Swift 2.0 感到恐慌，虽然 Swift 2.0 的内容很丰富，但是这种丰富更多地体现在对方法的精简统一和新特性的挖掘上。苹果对 Swift 语言的迭代表现得十分严谨，这一点非常值得称赞，读者在掌握了 Swift 1.2 的语后法完全可以轻松上手 Swift 2.0。Swift 2.0 带给笔者很多的思考，每一个细节的改动都是苹果工程师不懈努力的精神成果，需要更多的时间去深入体会。本节内容篇幅有限，无法涵盖 Swift 2.0 的全部精华，希望读者自己在开发过程中多思考多学习，从下一章开始将进入实战环节。

第 4 章
iOS 开发中的 MVC 模式

前面几章介绍了Swift的语法，本章将正式进入实战部分。在本章中你将一览iOS开发的全貌，首先介绍 iOS 开发中的 MVC 模式，接着通过一个计算器的小项目带领读者学习如何使用 Xcode 进行开发。计算器项目就像汉字中的"永"字，非常适合新手练习。除了 MVC 模式，在本章的学习中你还将初次接触到如自动布局、UI 控件等非常实用的 iOS 开发中的重要内容。

4.1 iOS 系统初探

iOS 系统采用层的概念来划分系统的技术实现，每一层都由各自的框架组成，iOS 由下至上可以分为四层：核心 OS、核心服务层、媒体层和 Cocoa Touch 层，如图 4.1 所示。

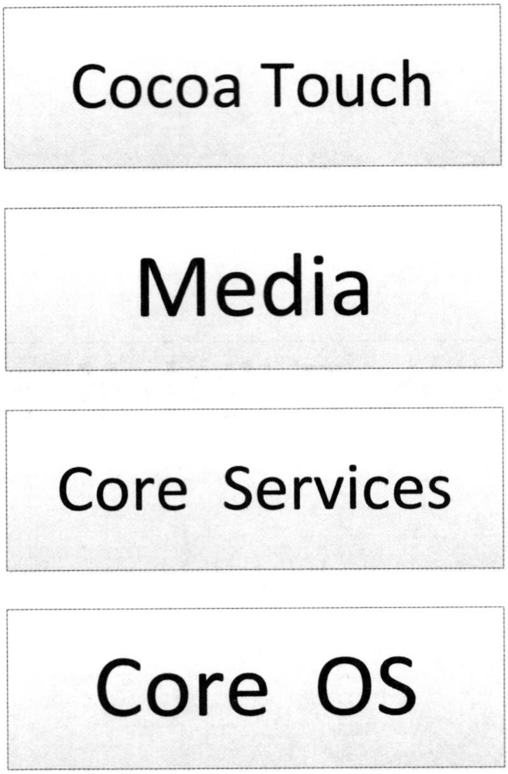

图 4.1　iOS 系统层次结构

4.1.1　核心 OS（Core OS）层

核心 OS 层在最下层，iOS 是一个基于 UNIX 的操作系统，并且它大量借鉴了 Mac OS X 的内核部分。作为一个 iOS 开发者，对 Mac OS X 肯定不陌生。iOS 针对移动设备对电池等硬件进行了系统的优化，但它仍可被看成一个 UNIX 系统。在底层的核心 OS 层通常进行线程操作、复杂的数学运算、硬件加密等工作，很少访问这一层的框架。核心 OS 层靠近底层硬件，保证其正常工作。

4.1.2　核心服务（Core Services）层

在这一层中你可以使用大量的面向对象的技术，这层不包括 UI，通常是通过使用面向对象访问硬件或者网络的。核心层中的框架包含了之前我们见过的 Foundation 框架（提供了数组、字典的操作）、Core Data 框架（用来持久化本地数据）、Address Book（用来访问和操作地址簿），等等。

4.1.3　媒体（Media）层

媒体层提供了图像的处理、播放和编辑复杂的音视频等，还有为游戏开发准备的框架。这一层中常用的框架有 ImageIO 框架（导入和导出图像数据和图像元数据）、CoreAudio（音频处理）、CoreImage（高级图像和视频处理）、OpenGLES（用于游戏开发）等。

4.1.4　Cocoa Touch 层

这一层包含了我们常用的一些控件。最常用的是 UIKit 框架，我们可以使用 UIKit 框架提供的各种控件构建华丽的页面。此外还包括 MapKit（用来在程序中操作地图）、MessageUI（用来编辑短信页面）等常用的框架，还可以实现访问相机、选择图片等功能。

4.2　MVC 模式

4.2.1　MVC 简介

MVC 全名是 Model View Controller，是模型（Model）、视图（View）、控制器（Controller）的缩写，是一种软件设计典范，用一种业务逻辑、数据、界面显示分离的方法组织代码，将业务逻辑聚集到一个部件里面，在改进和个性化定制界面及用户交互的同时，不需要重新编写业务逻辑。MVC 模式贯穿了整个 iOS 开发过程，理解并掌握 iOS 中的 MVC 模式是进行 iOS 工程开发的第一步。

4.2.2　iOS 中的 MVC

在 iOS 工程中，控制器（C）必须完全掌握模型（M），因为控制器的职责就是展示模型给用户，所以控制器拥有完全的访问权限，如图 4.2 所示。注意，这是单向箭头。

同样的，控制器（C）也可以控制视图（V），因为控制器要向视图发送命令，告诉视图显示什么信息。在控制器中有一个属性指向视图，这个属性的名字是 Outlet，如图 4.3 所示。

但是一定要注意，模型（M）和视图（V）之间永远不能直接通信！因为模型是完全独立于 UI 的。如图 4.4 所示。

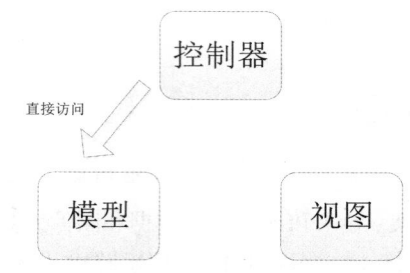

图 4.2　控制器直接访问模型

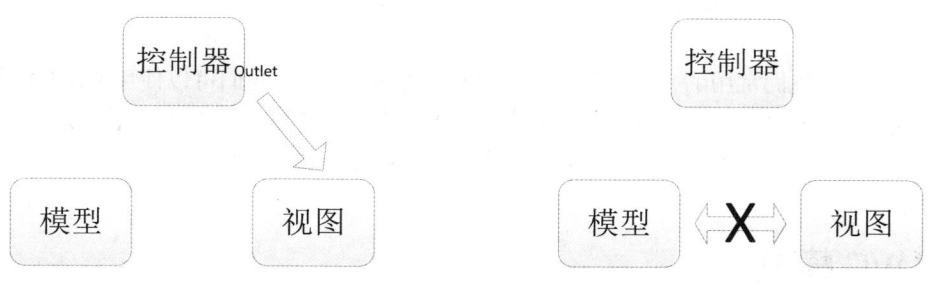

图 4.3　控制器支配视图　　　　图 4.4　模型和视图间不能直接交互

　　视图（V）可以向控制器（C）发送信息。但是它们之间是一种盲通信，视图与控制器之间建立通信的方式如下：控制器生成一个 target，然后视图使用 action 向控制器反馈信息。比如我们单击一个按钮会触发某个 action，target 会捕捉并解析这个 action。页面并不知道控制它的是一个什么样的控制器，它只知道页面上产生了动作，并反馈给控制器，这是一种盲目的、简单的、结构化的通信方式。如图 4.5 所示。

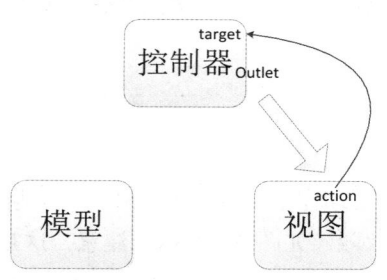

图 4.5　target 与 action

　　但是，系统的操作中经常会遇到复杂的操作，比如拖动屏幕是一个已经发生了的动作（did），按住屏幕准备拖动它是一个将要发生的动作（will）。will 和 did 是 iOS 系统中经常遇到的两种情况，希望这两个不同的动作能有不同的处理。遇到这样复杂的动作时，视图的做法是把这些问题抛给它的代理，代理依旧是控制器中的东西，这些代理将回答当视图发生 will、did 这些情况时该怎么做。在 iOS 开发中，代理的使用十分常见。

另外需要明确的一点是：视图不应该持有它所展示的数据，数据不能作为它的属性。比如你的相册中有几百张照片，在打开相册的时候所看到的照片信息其实都在模型层，有专门的控制器来负责筛选需要的照片，然后从模型中取到并在视图层中展示。

有时候一次性展示的照片并不多，当我们滑动屏幕期望能获取更多照片时系统是如何反应的呢？这涉及另外一种代理，通常称它为数据源（DataSource）。数据源并不去处理诸如 will、did 这样的情况，它负责回答有多少照片，并把数量返回给视图，此时视图根据数据源提供的信息开辟内存空间，如图 4-6 所示。

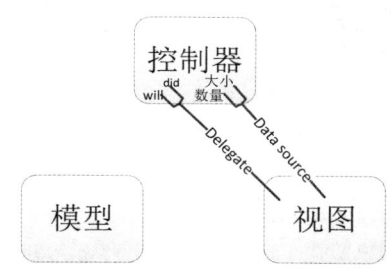

图 4.6　Ddelegate 与 DataSource

那么模型可以和控制器通信么？显然不行，但是如果数据改变了如何通知控制器呢？依旧使用盲通信的方法，我们把模型想象成一个电台，它通过广播的方式告知别人自己的变化，这种广播是定向的，iOS 把这种技术叫作 Notification 和 Key Value Observing（KVO），如图 4.7 所示。一旦处理这个模型中数据的相关控制器接收到了模型变化的消息，它就会直接向模型索取它的变化信息。

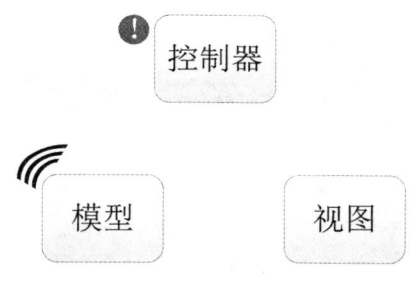

图 4.7　模型的广播

综上所述，控制器的作用就是给视图解释并格式化模型提供的数据。在复杂的工程中有不止一个 MVC，多个 MVC 协同工作组合出复杂的功能。

4.3　新建一个 Swift 工程

前面几章的代码演示都是在 playground 中进行的，playground 是个很不错的家伙，但是并不能在它上面进行 iOS 工程的开发，下面我们来建立一个正式的工程。

首先打开 Xcode，如图 4.8 所示，单击框中的部分新建一个工程。可以通过右侧的工程目录栏快速打开之前建立的工程或者文件。

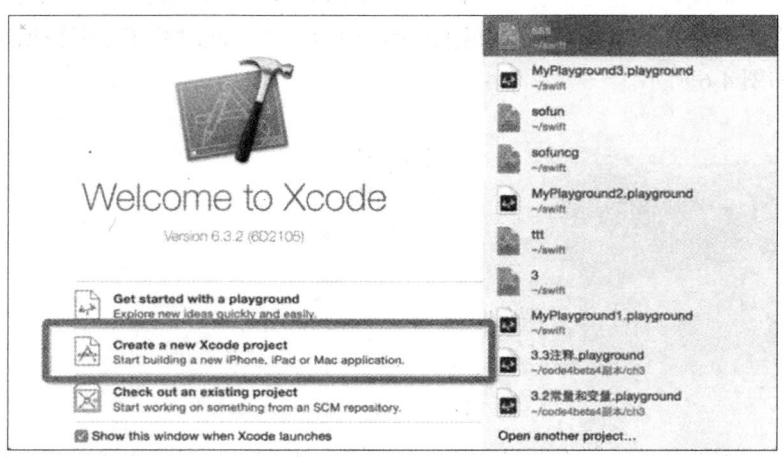

图 4.8　Xcode 功能界面

之后会进入如图 4.9 所示的界面，可以看到 Xcode 不仅可用于 iOS 程序的开发，还可以用来开发 Mac OS X 程序。由于本书是针对 iOS 开发的，所以在选择新建工程时全部选择 iOS 的工程。

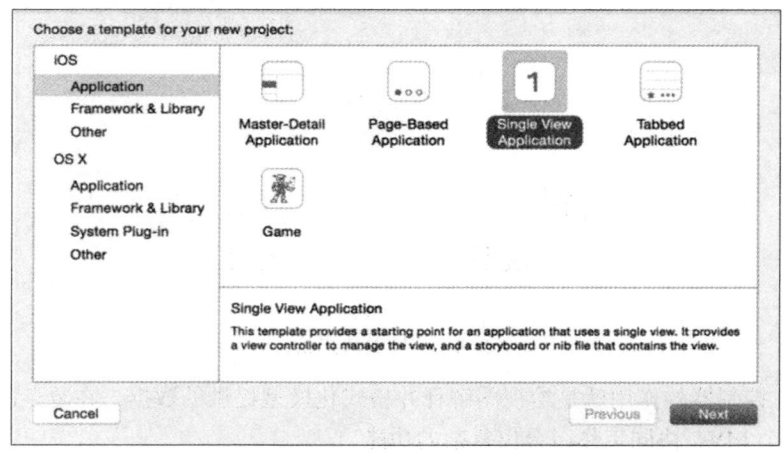

图 4.9　新建一个 iOS 工程

在左侧工具栏选择 Application，这时右边会显示可供选择的 Application 列表。在 Application 列表中有很多工程类别可供选择，我们选择"Single View Application"工程模板。这是一个空的工程模板。其他的工程模板是一些便捷工程，在新建工程的时候为我们提前准备了一些基础的控件，这些控件都可以在"Single View Application"工程模板中手动添加，这种做法更灵活。因此通常都选择新建一个"Single View Application"，然后单击"Next"按钮，进入如图 4.10 所示的界面。

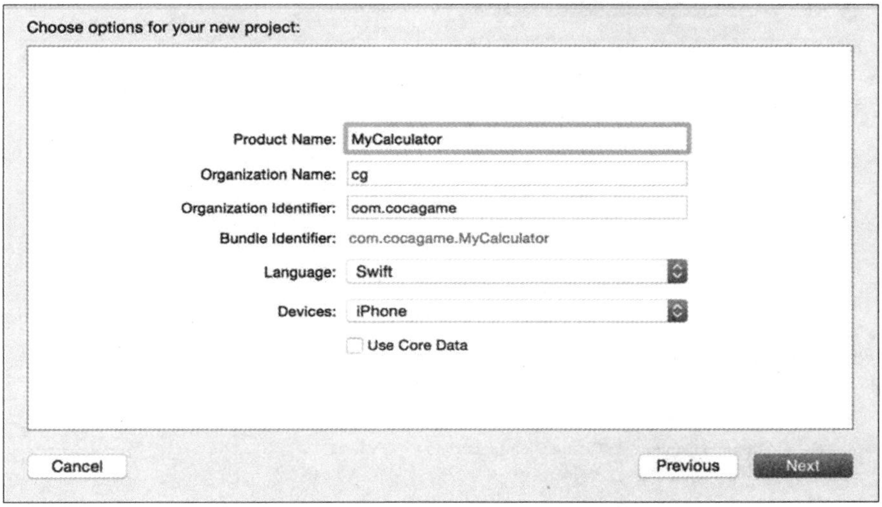

图 4.10　定制工程细节

Product Name 代表工程的名字，本章会使用一个计算器项目来展示 MVC 模式，所以我们命名为 MyCalculator。Organization Name 可以自由命名。Organization Identifier 通常使用个人主页的反写以保证全球唯一性。Language 和 Devices 是下拉菜单，Language 为我们提供了 Swift 和 Objective –C 两种语言，这里选择 Swift。Devices 是选择工程所适应的设备，你可以选择 iPhone、iPad 或者 Universal（通用），这里选择 iPhone。最下面有一个 Use Core Data 的选择框，Core Data 是一个本地的数据持久化框架，将在后面介绍。由于本章的项目不需要数据持久化，所以不勾选这个选项。填写完毕后，单击"Next"按钮，进入如图 4.11 所示页面。

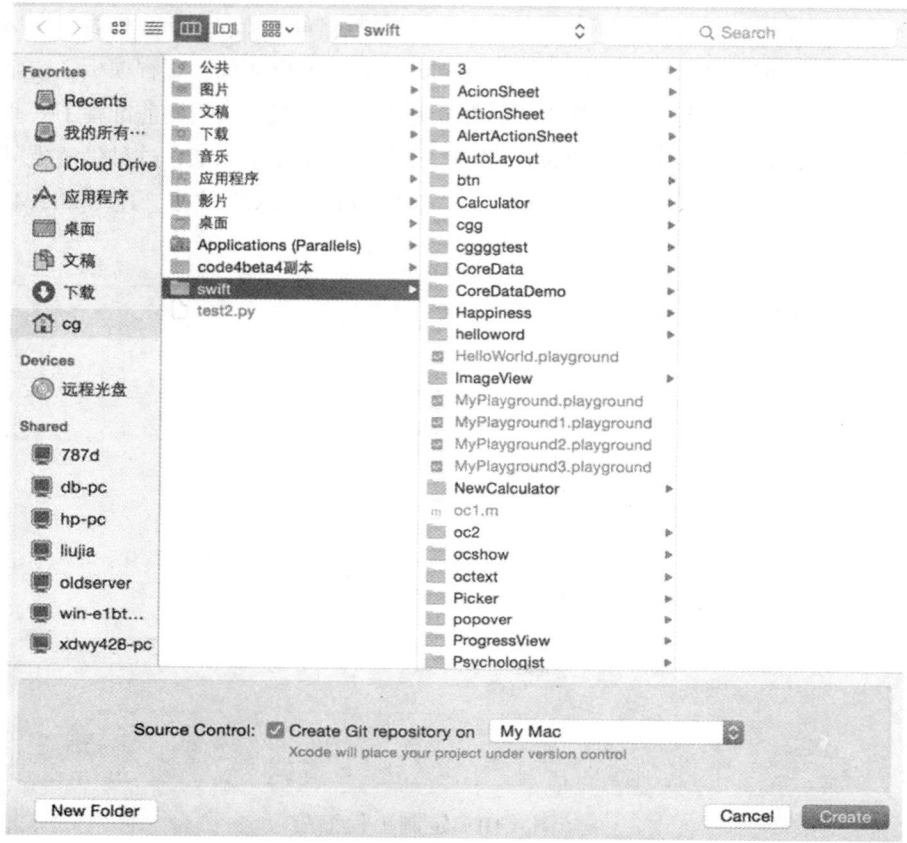

图 4.11　选择保存目录

在这个界面中选择工程的保存目录，然后单击"Create"按钮，这样一个完整的工程新建好了。接着进入 Xcode 的工程界面，首先来看页面左上角的工程目录，如图 4.12 所示。

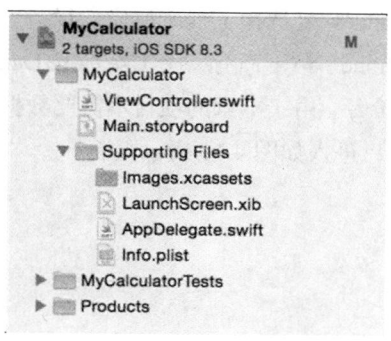

图 4.12　工程目录

按住左键，把 Images.xcassets、LaunchScreen.xib 和 AppDelegate.swift 拖到 Supporting Files 目录中，在这个项目中暂时用不到这三个文件。这三个文件的作用如下：

- Images.xcassets 文件夹：用来存放工程中的图片。
- LaunchScreen.xib：设置 App 的启动界面。
- AppDelegate.swift：管理 App 的生命周期。

现在剩下的两个文件 ViewController.swift 就是 MVC 中的 C（控制器），Main.storyboard 就是 MVC 中的 V（视图）。在 Main.storyboard 中，我们可以进行页面的布局，通常使用拖曳的方法，而不是通过代码设定控件的位置和属性。ViewController 的作用是控制程序，比如我们可以控制单击某个按钮跳转到哪个页面，设置摇动手机会输出什么样的信息，等等。

4.4　认识 Interface Builder

单击 Main.storyboard 会打开 Interface Builder 界面，如图 4.13 所示。

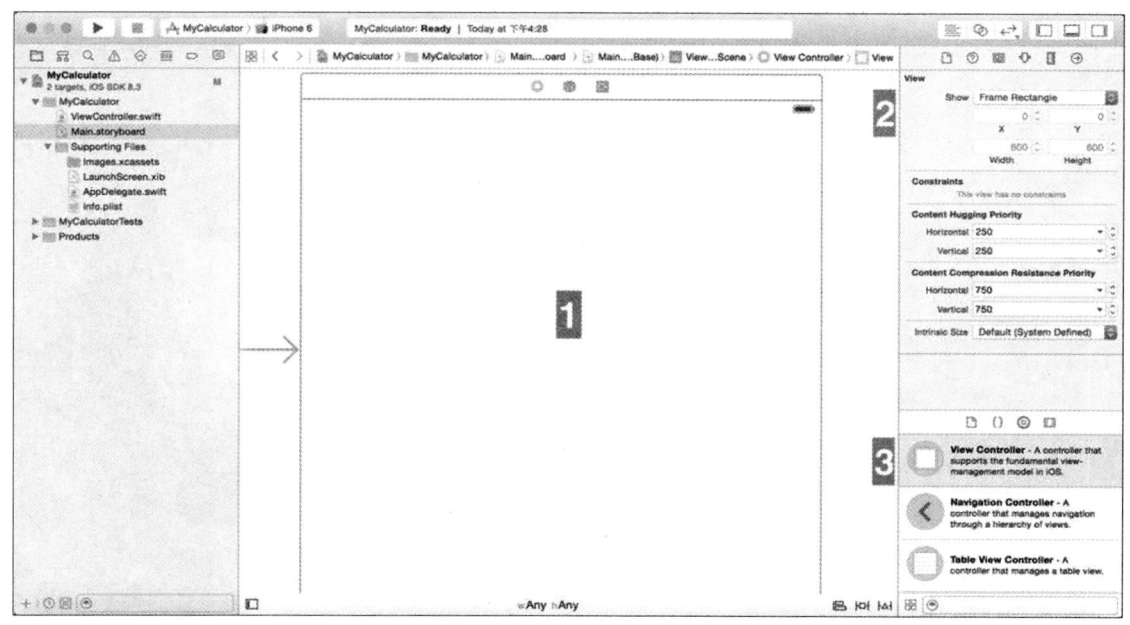

图 4.13　Interface Builder 界面

从 Xcode4 之后，Interface Builder 已经被集成到 Xcode 中，更加便于开发。屏幕正中的像一个手机屏幕的白色区域我们称之为场景（scenes），已用序号 1 标示。新工程中只有一个场景，当我们的工程变得复杂之后，会有很多的场景，一个场景代表一个完整显示的手机屏幕。右侧叫作 Utilities（工具）区域。序号 2 所标示的区域叫作检查器区域，这一部分所显示的内容取决于在顶部的导航栏所选中的检查器，当前被选中的检查器会显示为蓝色。序号 3 所标示的区域叫作对象库，你可以从其中拖曳你需要的控制器或者控件到场景中，可以通过对象库下方的搜索框来快速筛选需要的对象。

下面来快速认识一下每个检查器的功能。

1. 文件检查器：通常无须修改文件检查器中的内容，但是需要注意框中的选项。Auto Layout（自动布局）是一个非常强大的自动布局控件，主要针对 iPhone6 等大屏设备，通常和下面的选项 Size Classes 配合使用。如果取消勾选的话，就会看到 storyboard 中的场景变小了，这时它的尺寸已经被固定了，如图 4.14 所示。随着 iPhone 设置屏幕尺寸的不断增加，作为一个合格的 iOS 开发者，掌握自动布局是必需的，笔者会在后面的章节详细介绍自动布局的用法。

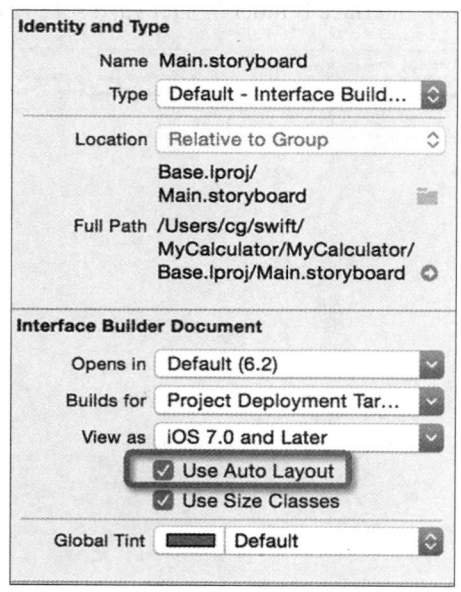

图 4.14　文件检查器

注意：由于屏幕尺寸的限制，检查器的截图只展示了上半部分的功能，实际使用时只需在检查器栏通过上下滑动就能找到完整的功能。

2. 快速帮助检查器：当把鼠标悬停在某个控件或是代码中的某个类的时候，快速检查器会显示详细的信息，不需要查找文档就可以快速了解你想了解的内容。另外，在简介后面还提供了很多有用的链接，可以点击进去进行深入的学习，如图 4.15 所示。

3. 身份检查器：在 storyboard 中选中相应的场景后，可以选择场景中的控制器，在之后将视图中的控件与控制器的代码关联时，可在框中所标示的 Class 下拉菜单中选择合适的控制器，声明某个视图被代码中的哪个控制器所控制，如图 4.16 所示。

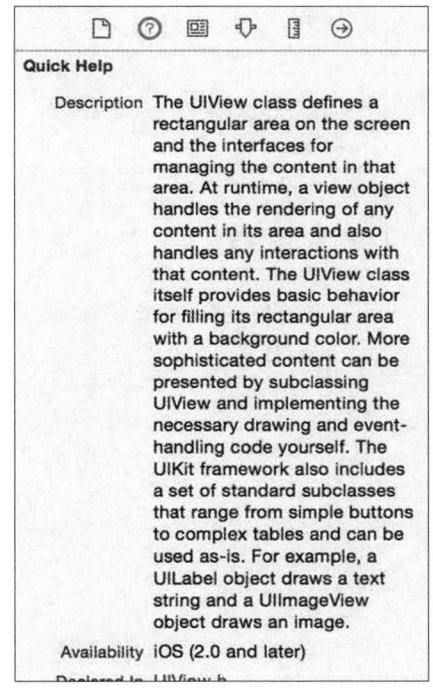

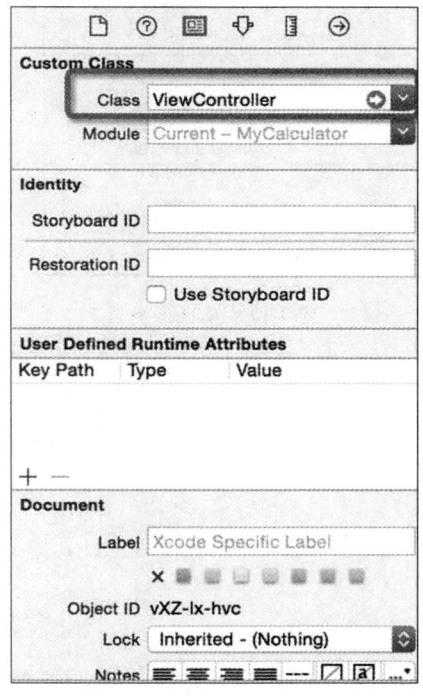

图 4.15　快速帮助检查器　　　　　　　图 4.16　身份检查器

4. 属性检查器：这是一个面向对象的非常重要的检查器，当选中不同的东西时，用户看到的界面也会改变。例如，视图中有一个按钮，你可以在按钮检查器中设置按钮的颜色、字体、内容等一系列内容，如图 4.17 所示。

5. 尺寸检查器：可以在属性检查器中设置控件的起始位置和宽高，如图 4.18 所示。

6. 连接检查器：在 storyboard 中我们会使用很多的连线操作，可以在连接检查器中找到这些连线，效果和右击控件相同，如图 4.19 所示。

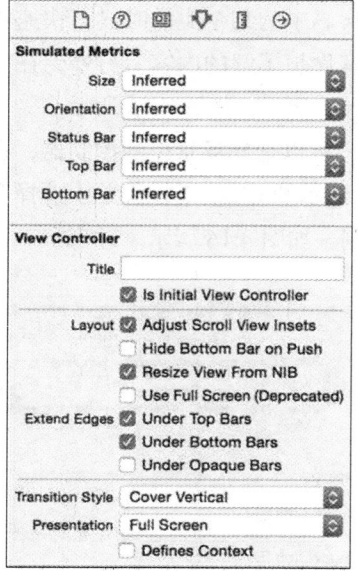

图 4.17　属性检查器

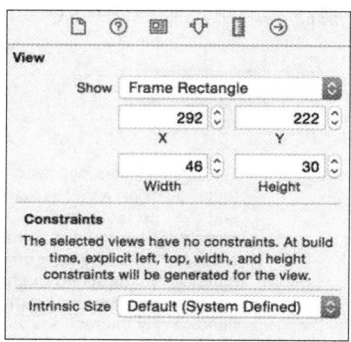

图 4.18　尺寸检查器

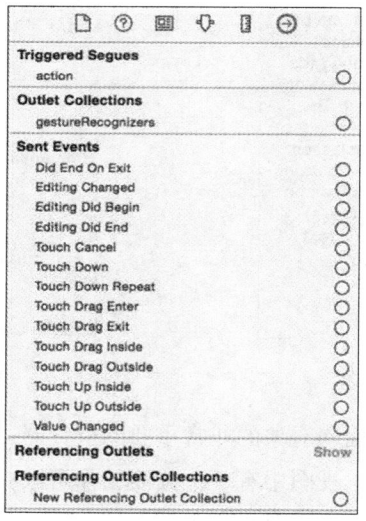

图 4.19　连接检查器

4.5　构建计算器界面

　　本节开始进入计算器项目的工程开发，在开发过程中会继续深入讲解 Xcode 的用法。在前面我们打开了工程的 Main.stroyboard 文件，现在在这个页面中构建计算器的界面。

4.5.1　使用对象库中的对象

对象库中有很多对象，按钮、标签、文本框这些属于控件。此外还可以从对象库中拖出一个控制器，比如最基础的 ViewController，展示在页面上就是一个空的场景。还可以添加手势，然后在控制器中处理这些手势，手势是不会显示在运行界面上的。总之，对象库的功能非常的强大。

首先从对象库中拖曳一个标签（UILabel）控件，用来做数字的输出窗口，如图 4.20 所示。在对象库中选择 Label，然后按住左键拖动到场景中的相应位置，这里拖曳到左上角，注意停放的时候有两条蓝线，这是自动布局的辅助线，让 Label 与这两条蓝线对齐，然后松手。现在可以看到 Label 出现在场景中了。以后需要任意控件时都可以仿照这种做法，在对象库中找到然后拖动到场景中的合适位置，并且合理利用辅助线。对象周围的小方块表示当前对象被选中，显然这个 Label 有点小，我们希望它能充满整个横向的屏幕，所以在选中对象后，像在 Word 中修改一个图形的大小那样拉长这个对象，让它的右侧对齐场景右侧的蓝线，这个 Label 看起来也有点矮，纵向向下拉长一些，这个过程很简单，此处不再演示。

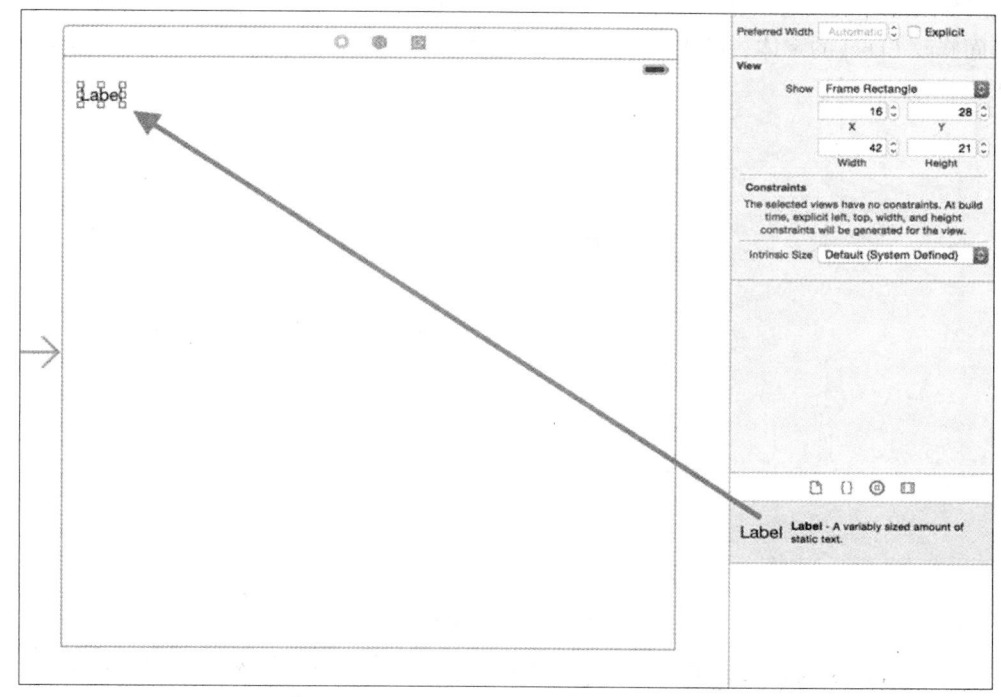

图 4.20　拖曳生成一个 Label

4.5.2　使用检查器设置对象

　　双击对象可以修改对象的当前值，因为通常计算器的初始值都是 0，所以我们把 Label 中的值修改为 0。选中 Label，打开右侧的属性检查器，会看到在检查器界面最上面显示当前选中的对象，在 Alignment（校准）条目中调整文字为右对齐，如图 4.21 所示。

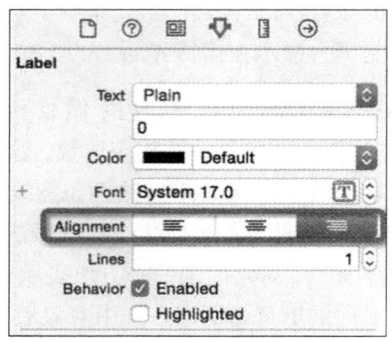

图 4.21　调整文字为右对齐

　　然后修改字体的大小，在 Font 条目中进行修改。单击"T"标识，将打开二级条目，读者可以在里面修改 Label 的字体、样式和大小。我们把大小改为 30，现在在 storyboard 中看到的样子如图 4.22 所示。

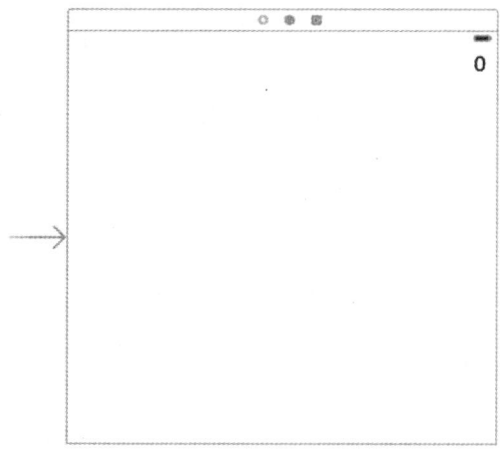

图 4.22　场景展示

　　场景左边的箭头表示在运行程序时这个场景是用户看到的第一个场景。因为我们新建了一个 single view application，所以只有一个场景，这个默认的场景就是第一个场景。当你的程序中有多个场景时，可以通过调整左侧箭头的指向，让它指向启动后展示的默认场景，有两种方法：

- 直接拖动箭头指向新的场景。
- 如图 4.23 所示，选中需要作为启动场景的控制器（场景顶部的黄色按钮代表场景控制器），然后打开属性检查器勾选条目"is Initial View Controller"。

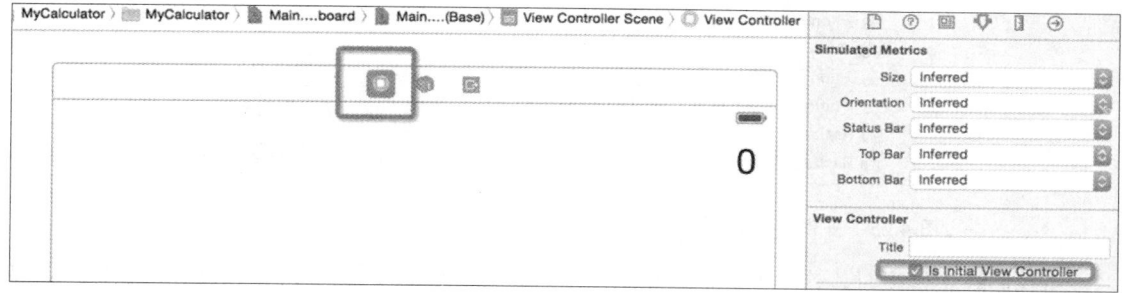

图 4.23　选择初始场景

注意：一定要记得设置初始场景，如果忘记的话，当运行工程时你只能看到一片黑色。

4.5.3　尝试运行程序

现在来尝试运行。Xcode 提供了媲美真机的模拟器，有多种机型可供选择。在 Xcode 的左上角可以找到运行的选项，如图 4.24 所示。

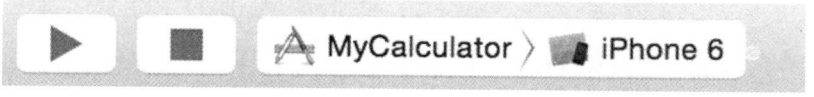

图 4.24　Xcode 的运行选项

第一个图标是运行图标，第二个是终止运行，第三个是在下拉菜单中选择机型，如图 4.25 所示。如果你连接了真机，则可以选择第一个条目在真机上运行，其他都是模拟器，不但有 iPhone，还有 iPad。

我们选择 iPhone 6 模拟器，然后单击运行按钮，或者使用快捷键"command+R"。可以看到出现了一个 iPhone 6 的模拟器，在 Deck（也就是屏幕下方的工具栏）中也出现了一个模拟器的图标，如图 4.26 所示。

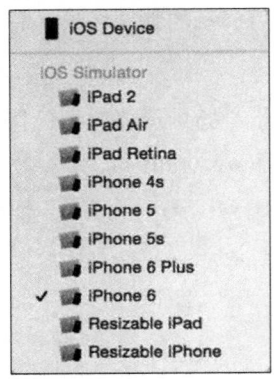

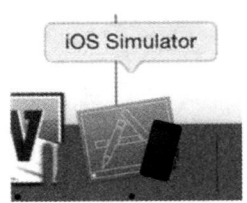

图 4.25　可供选择的模拟器　　　　　　图 4.26　Deck 上的模拟器图标

　　当我们终止程序时，这个模拟器会显示之前所有运行过的工程。可以通过点击来快速运行某个工程，就像在真正的手机中一样。

　　运行时我们发现一个问题，就是手机屏幕上空空如也，看不到那个 0，如图 4.27 所示。

图 4.27　运行界面

　　不用担心，这是因为我们在 storyboard 中开启了自动布局，所以看到的场景是正方形的。但是 iPhone 6 的屏幕是长方形的，由于设置了 Label 中文字为右对齐，所以那个 0 其实在屏幕外面。要想解决这个问题，就要使用自动布局技术。本书将在后面的章节中介绍自动布局，而前面的章节中只是慢慢渗透自动布局的知识。

4.5.4　添加约束

　　为了使场景中的对象适应不同尺寸的屏幕，需要给对象添加约束。约束的作用是当屏幕被压扁时告知对象该如何处理，不管是水平方向的压扁还是垂直方向的压扁。对于 Label，我们希望无论何种尺寸的设备都能横向填满它的屏幕，所以需要约束 Label 的左右边距。做法是按住 Control 键选中 Label，然后拖曳到边界上，弹出如图 4.28 所示的边界约束选项。

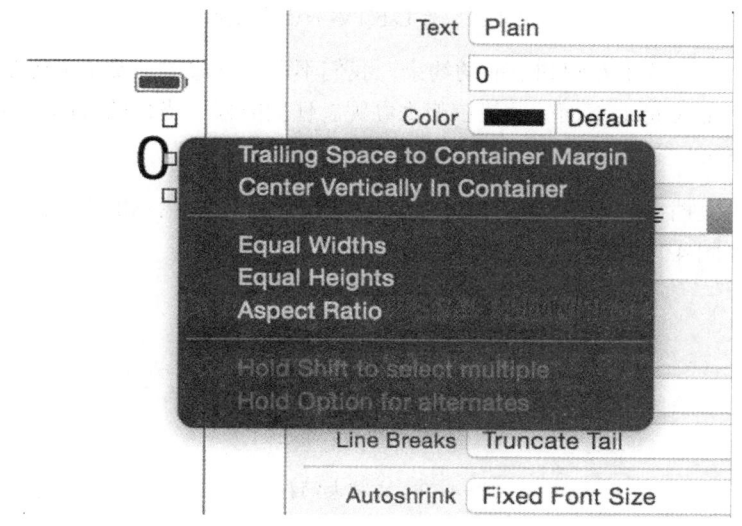

图 4.28　边界约束选项

这几个选项的含义如下：

- ■　Trailing Space to Container Margin：自己选定到边界的距离；
- ■　Center Vertically In Container：控件居中；
- ■　Equal Widths：等同于页面的宽；
- ■　Equal Heights：等同于页面的高；
- ■　Aspect Ratio：适应比例。

这里需要使用的是第一个选项，选中，效果如图 4.29 所示。

这个时候出现的黄线和橙线表示我们已经开始遵守这个控件的约束规则了，只不过现在还没有指定足够多的规则，需要继续指定约束。

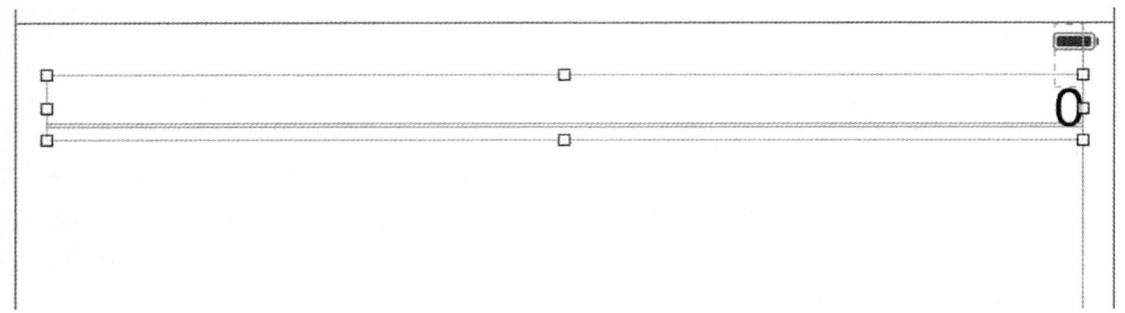

图 4.29　为 Label 添加边界约束

使用同样的方法，选中左侧和上面的约束。我们不设定下边距，希望下边距可以根据屏幕的长短弹性变化。但是 Label 下面的黄线该怎么办呢？任何时候，当你的视图中有黄线时都可以通过下面的方法来解决。

第一步　单击文档大纲按钮，在 Xcode 界面的左下方，它所指示的内容是和页面中的控件互相关联的，图标如图 4.30 所示。

图 4.30　文档大纲按钮

第二步　在左侧滑出的新的工具栏中看到有一个黄色的小图标，这个图标表示当前页面中有需要明确的约束，如图 4.31 所示。

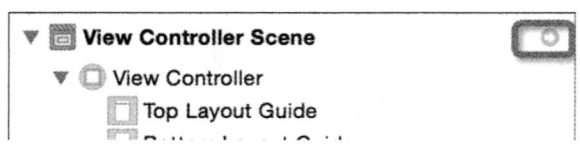

图 4.31　文档大纲中的约束警告

第三步　单击这个黄色小图标，会触发新的滑动效果，在新的工具栏中指出了当前黄线警告的原因。光标移上去之后会触发右侧的 Label 被选中，它提示我们选择的字体的高度是 36，但是刚才拉伸 Label 的尺寸之后它的高度现在是 38。虚线表示 Label 下边框可能想要出现在这个位置，但是我们手动拖动时会有一两个像素的差距，这时候单击黄色小图标，会弹出三个处理方案，如图 4.32 所示。

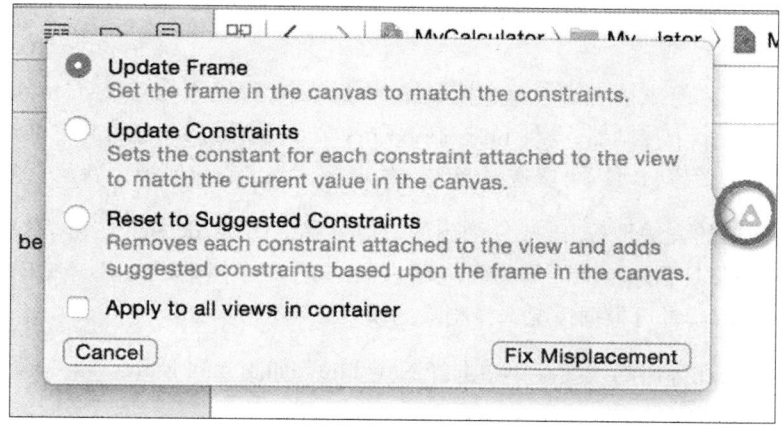

图 4.32　消除约束警告的三个选项

- Update Fram：使用 Update Fram 会更新当前选中的元素在父视图中的位置，以符合约束。

- Update Constraints：强制约束它的高度，但通常我们并不希望这样，所以这个方法很少用到。

- Reset to Suggested Constraints：在这里也许会起到作用，它会把约束与蓝线重合。

大部分情况下我们都会选择 Update Frame，把它放到它该放到的位置，它能够让你预览约束是否合适。我们选中它，单击 Fix Misplacement 按钮，可以看到左侧的问题列表已经被清空。返回文档大纲时黄色的警告已经不存在了。再次运行会看到如图 4.33 所示的效果，0 出现在了屏幕上。

可以通过 commend+方向键的快捷键组合旋转屏幕，可以看到 0 的位置始终在右上角，证明我们的约束已开始起作用。

之前讲过，视图中的成员需要与控制器进行交互，在 iOS 开发中经常使用拖曳的方法关联控制器中的代码和视图中的对象。通常在设置好一个对象的约束之后，下一步就是把它与控制器关联起来。

图 4.33　增加约束的运行效果

119

4.5.5　关联代码

在创建工程时，系统默认生成了一个控制器，也就是工程组中的 ViewController.swift。由于在工程中通常会有很多个控制器，不同的控制器命名均与控制器的功能有关。而这个自带的控制器的名字很容易让人疑惑，所以可以选择修改它的名字，或者直接删掉，新建一个控制器。

删掉这个控制器的方法是右击它，在弹出的快捷菜单中选择"delete"按钮。这里有两个选项："Remove Reference"是删除与文件的关联，文件还在文件夹中但是不会出现在工程中；"Move to Trash"是彻底删除，读者可根据情况选择删除的模式。

右击工程目录，在弹出的快捷菜单中选择 New File，如图 4.34 所示。

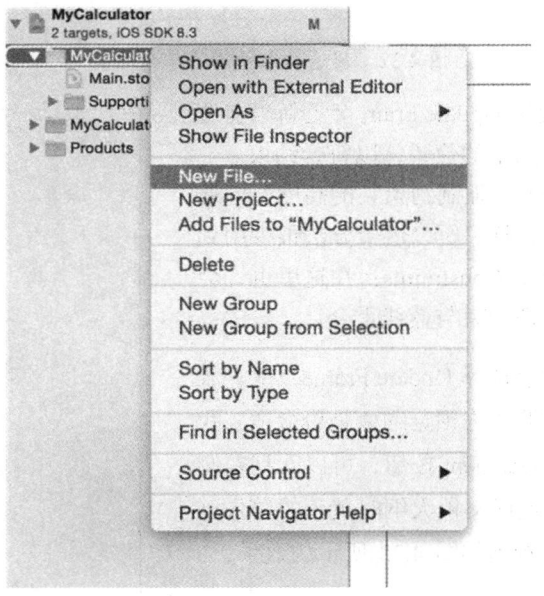

图 4.34　在工程中新建文件

接着会进入如图 4.35 所示的页面，新建一个控制器和新建文件不同，我们选择第一个"Cocoa Touch Class"。

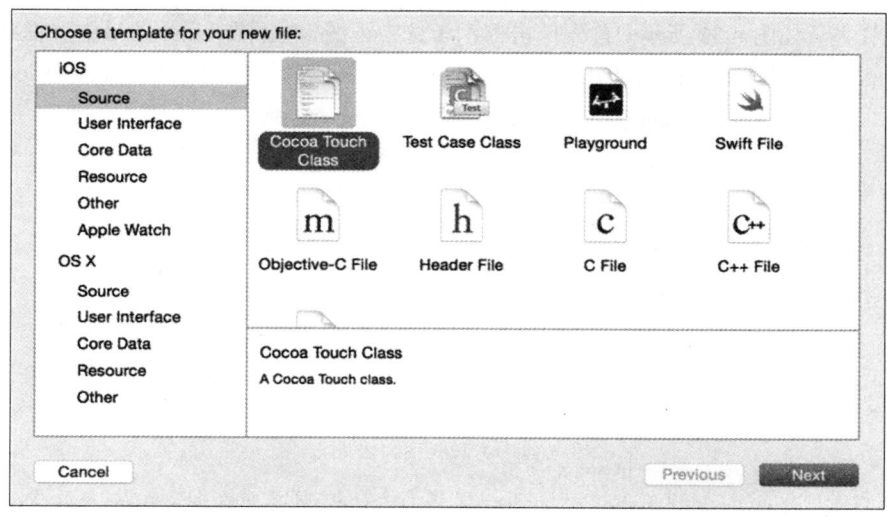

图 4.35　新建一个 Cocoa Touch Class

接着会打开如图 4.36 所示的界面。第一栏中需要输入控制器的名字，我们使用
"CalculatorViewController"；在第二栏中需要选择控制器的父类，这里选用默认的 UIViewController；
在语言栏中选择 Swift。单击"Next"按钮进入保存页面，保存到工程当中的相应组中，然后单击
创建按钮就会得到这个新的控制器。

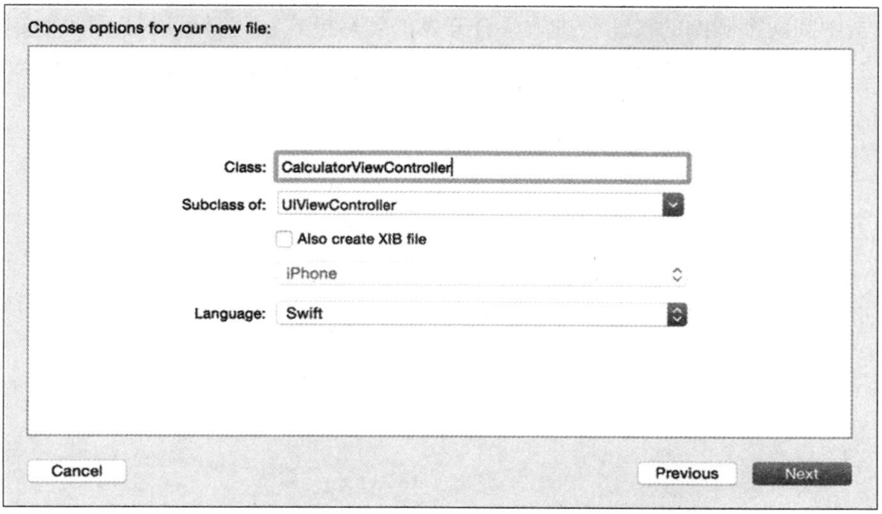

图 4.36　新建一个 UIViewController 的子类

还记得之前介绍检查器时介绍的身份检查器么，现在回到 storyboard 中选中场景，然后打开

它的身份选择器，如图 4.37 所示。首先单击标示 1 选中视图，然后在 class 条目中选择我们刚刚建立的 CalculatorViewController，如标示 2 所示。这样这个场景就被控制器 CalculatorViewController 管理了。

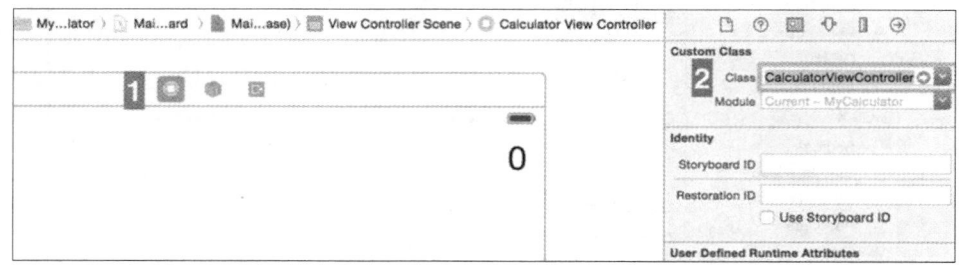

图 4.37　关联视图与控制器

　　现在我们需要把页面上的 Label 添加到控制器中，让控制器来管理。首先来看 Xcode 右上角的一排按钮，如图 4.38 所示。

图 4.38　编辑器切换与隐藏工具栏

　　前三个按钮与开发视图有关，默认的是常规的编辑模式，此模式下 Xcode 中只显示一个打开的文件。单击中间两个圆圈的按钮会进入联合开发的编辑模式，此时可以打开两个文件以方便拖曳。如图 4.39 所示，我们在左边打开 storyboard，右边打开 CalculatorViewController 文件。

图 4.39　联合编辑器

如果屏幕太小的话则可以通过右边的三个按钮隐藏上侧、下侧和右侧的工具栏，在需要操作工具栏的时候再打开。

第三个编辑器打开后是 XML 文件，我们很少使用。

在联合编辑器中，单击工程栏目中的文件会在左侧打开。如果想在右侧打开文件，则按住 option 键再单击文件。这是我们第一次打开一个控制器的代码，CalculatorViewontroller 里面的代码很简单，有两个自带的方法，这些方法涉及控制器所控制的视图的生命周期，我们会经常在 viewDidLoad 方法中写代码。但是这是我们的第一个工程，工程中无须涉及太多生命周期的东西，所以删掉这两个方法的代码。

打开联合编辑器之后，就可以关联控制器和页面了。在 storyboard 中，按住 control 拖动需要关联的控件，就像添加约束那样，此时会出现一条蓝线，拖动蓝线跨过联合编辑器的中线到控制器的代码上，注意要放到控制器类中，不要放到某个方法中，然后松手就会出现如图 4.40 所示的小框。

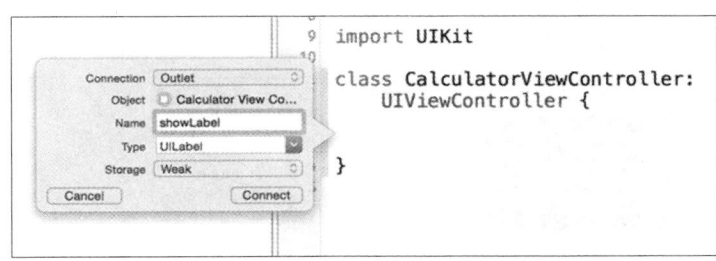

图 4.40　关联控件与控制器

第一个条目 Connection 有两个选项：Outlet 是单纯的展示，比如我们正在使用的 Label 这类控件；另外一个选项 Action 表示控件会触发某些动作，比如 Button 这类控件。可以同时生成一个控件的 Outlet 和 Action，前者用来设定一个实例属性，后者用来设定一个方法。这里我们的 Label 只是用来显示计算器的数字，所以选择 Outlet。在 Name 一栏设定名字，这个名字是任意的，但是为了提高代码的可读性，Outlet 的名字最好能一目了然地表达控件的功能，Action 的名字要说清楚方法的作用。单击 Connect 按钮会得到下面这行代码：

```
@IBOutlet weak var showLabel: UILabel!
```

@IBOutlet 不是 Swift 的关键字，它表示这是 Xcode 相关的东西。这里的 weak 在之前讲解 ARC 的时候已经介绍过了，这是一个弱引用，Outlet 都是弱引用。回到这条语句本身，var 定义了一个属性 showLabel，它的类型是 UILabel。以 UI 开头的类型都是页面相关的类型，我们建立的控制器类所引入的都是 UIKit 框架，所以可以在控制器中建立所有的 UI 类型的实例。

注意：这行代码前面有一个小圆圈，这个小圆圈是实心时表示这个 Outlet 跟页面上的对象已经关联起来了。当在小圆圈上悬停的时候，页面上相关联的内容会显示出来，如图 4.41 所示。

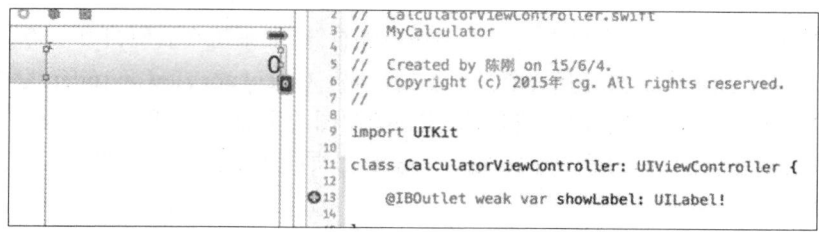

图 4.41　显示关联

上面的 Outlet 代码是系统生成的，当然也可以用手写代码的方式来添加一个 Outlet。在控制器中手动输入一个Outlet 的代码，然后去页面上右击想要关联的控件，得到如图 4.42 所示的工具栏。在 Referencing Outlet 条目下单击指定小圆圈，拖动到我们写好的 Outlet 代码上松手，同样可以建立关联。效果与前面的做法相同。

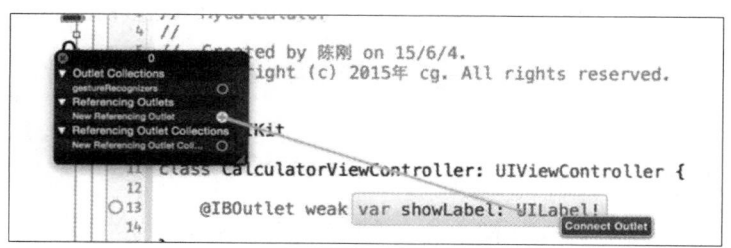

图 4.42　关联手写的 Outlet

关联好之后再次右击控件即可查看关联。如果要修改关联，则单击图 4.43 中的"×"，之后就可以做新的关联了。

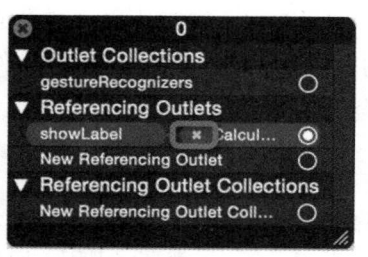

图 4.43　取消关联

在有了显示屏的 Outlet 之后，我们继续添加计算器的按键。

4.5.6　完善按键

现在我们继续添加计算器的键盘。由于这些对象都是按钮，因此使用对象库中的 Button 对象。Button 有很多类型，可以用在不同的情况下，这里我们选择最基本的按钮，如图 4.44 所示。

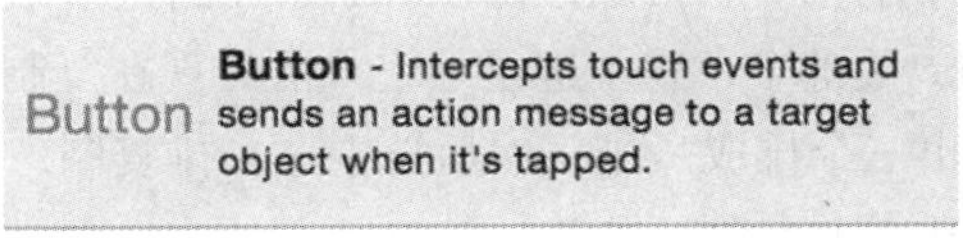

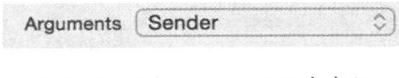

图 4.44　Button 对象

拖曳一个 Button 到场景中，设置它的默认值为 1，调整它的字体和尺寸。尺寸可以通过尺寸检查器来修改，字号定为 24，尺寸为 64*64。当 1 被按下时，我们希望 Label 展示它的值，也就是显示 1。为了完成这个功能，我们需要借助于控制器。使用同样的办法关联按钮控件和控制器，只不过这次的 Connection 选择 Action，因为按下这个按钮会触发一个显示数字的方法。这个方法的具体功能是，单击 1 就会在 Label 原有的数字后面附带一个 1，所有的数字按键都具有相同的方法，所以这个方法必须具有复用性，给这个方法取名为 appendDigit。在消息发送前我们需要知道单击的是哪一个按钮，好在 Swift 在方法中可以选择是否有参数，如图 4.45 所示。

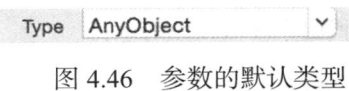

图 4.45　选择 Action 是否有参数

你可以选择没有参数或者 sender，sender 的意思就是把这个按钮本身当作参数。参数的默认类型是 AnyObject，如图 4.46 所示。

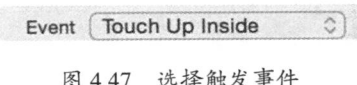

图 4.46　参数的默认类型

我们之前介绍过 AnyObject 的用法，如果使用 OC 语言，那么默认的类型是 id，需要修改这个类型为 UIButton，否则就在代码中进行判断。笔者建议在选择类型时就选定 UIButton，不然一旦忘记判断类型，单击按钮系统就会中断。

Event 条目用来选择触发按钮 Action 的事件，如图 4.47 所示。默认的是 Touch Up Inside，即按下按钮再松开，这是一个标准的单击事件，我们选择这个默认的事件。还有其他类型的事件，用在某些特殊情况，在第 5 章介绍 UIKit 的控件时会详细说明。

Event　Touch Up Inside

图 4.47　选择触发事件

在设置好之后，单击 Connect 就会创建一个 Action，代码如下：

```
@IBAction func appendDigit(sender: UIButton) {
}
```

@IBOutlet 创建的是实例属性，所以跟在 IBOutlet 后面的是一个 var 关键字。而我们建立的 @IBAction 后面关联的是 func 关键字，表示这是一个方法。现在复制按键并把它们用蓝线对齐。复制时有个小技巧，即复制出三个排成一排，然后选中这一排复制，这样可以提高效率。根据标准的数字键盘我们需要 0 到 9 这十个数字按键。

有趣的是，当复制按钮时，会连按钮关联的 Action 一同复制，在联合编辑器中，当单击 Action 前面的小圆圈时，会看到如图 4.48 所示的页面。

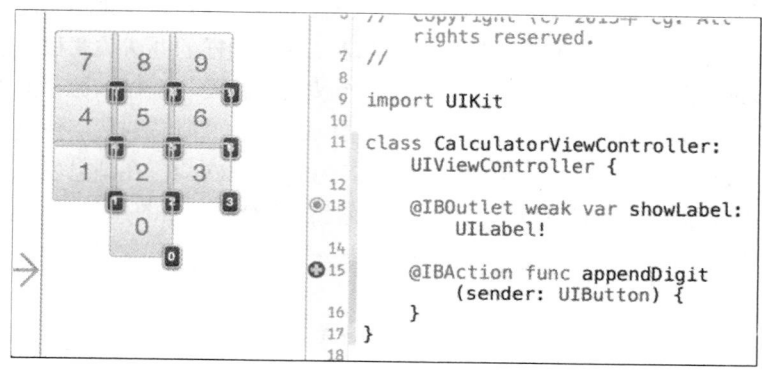

图 4.48　复制按钮

这是一种非常好的关联。如果想要知道按下的按钮的数值，就可以访问按钮的属性来获取这个值。在 appendDigit 中增加如下代码来获取按钮的值：

```
@IBAction func appendDigit(sender: UIButton) {
    let digit = sender.currentTitle!
}
```

> 注意：currentTitle 返回的类型是 String?，我们需要把这个值解包。

现在临时常量 digit 中就保存了此刻单击的按钮的数值，这就是我们构建一个工程界面的方式，下节将完成完整的界面，并实现逻辑运算。

4.6　实现计算器逻辑

4.5 节中我们实现了数字键盘，在本节我们将完善功能键，并且添加运算功能，让计算器能真正工作。

4.6.1　补全键盘

首先添加功能按键，按照图 4.49 所示的布局排列，这个计算器只实现简单的二元运算，注意对齐蓝线。

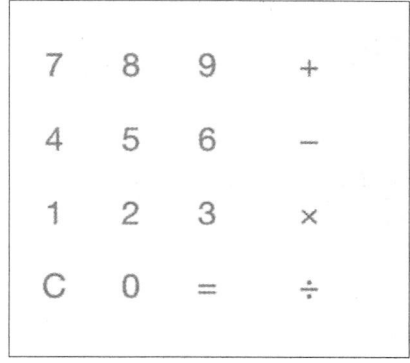

图 4.49　完整的计算器键盘

右侧的加减乘除符号可打开顶部工具栏中 Edit 的最后一栏 Emoji&Symbols，选择"数学符号"，就可以找到这些符号，如图 4.50 所示。

图 4.50　齐全的数学符号

这些新的按钮如果是新建的则没关系，如果是复制数字按键的话则会一并复制与控制器的关联。记得右键点开取消它们之间的关联，否则单击"+"按钮时，"+"会被打印到显示屏上。

我们新加了加减乘除四个二元运算、一个等号按钮用于输出结果和一个清除按钮 C，现在分别给它们增加关联，这些关联全部是 Action。加减乘除可以使用同一个 Action 关联，就像数字按键那样，其他两个按钮使用单独的关联。现在整个页面上的元素代码已经全部和控制器关联起来了，控制器代码如下：

```
class CalculatorViewController: UIViewController {

    @IBOutlet weak var showLabel: UILabel!

    @IBAction func appendDigit(sender: UIButton) {//数字按键
        let digit = sender.currentTitle!
    }
    @IBAction func operate(sender: UIButton) {//二元操作
    }

    @IBAction func equal() {//求值运算
    }

    @IBAction func clear() {//清空显示屏
    }

}
```

看上去非常的整洁，之后我们会利用这些生成的代码完成计算器的功能，在此之前再次给页面上的按钮增加约束，使它们能够合理地填充页面空间。

4.6.2　给键盘添加约束

有时候有些约束仅仅靠页面的辅助线不足以完成，好在 Xcode 提供了足够丰富的手段，在 Interface Builder 的右下角有三个按钮，如图 4.51 所示。

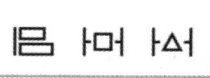

图 4.51　约束按钮

这三个按钮是专门用来处理约束的，单击第一个按钮，显示如图 4.52 所示。

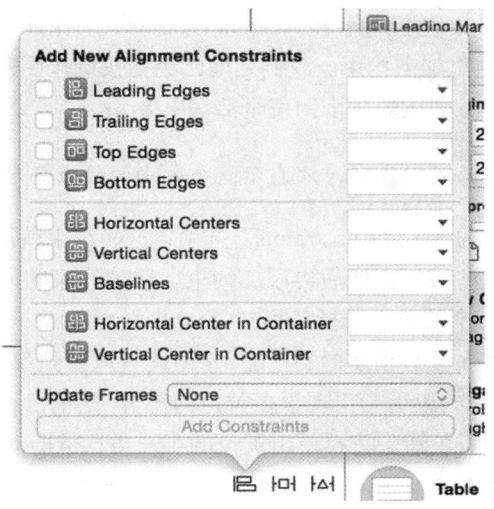

图 4.52　排列功能按钮

　　第一个按钮主要是设置一些排列上的规则，比如左对齐、右对齐、居中，等等，这个功能不适用于当前的情况。

　　我们选中界面上的所有的数字键，然后单击工具栏上的第二个按钮，如图 4.53 所示。

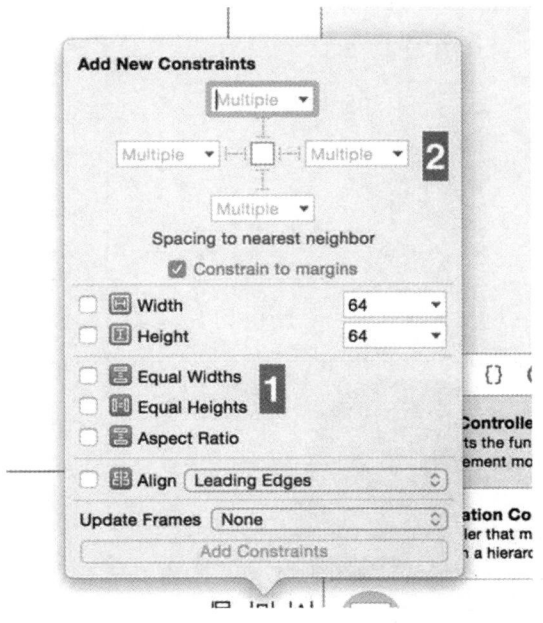

图 4.53　添加约束

首先勾选 1 区域的"Equal Widths"和"Equal Heights"，保证所有的按钮都是等高等宽的。然后注意 2 区域，可以在这里加上约束。我们之前已经把按键按照蓝线对齐了，iOS 默认对齐的间距是 8 个像素点，所以把 2 区域的 4 个约束全部写上 8。

注意：只有当虚线变成实线时，才表示这个方向的约束会起作用。

全部设置好后单击下方的"Add Constraints"选项，这些约束就加上了。如果有报错的话，那么把约束取消，重新对齐这些按钮，然后再添加约束。取消约束的方法是选中需要取消约束的对象，如单击图 4.51 中的第三个按钮，选择条目"Clear Constraints"。自动布局看上去很麻烦，但是多设备适配是每个 iOS 程序员必须掌握的技能，希望读者从易到难，在自己的开发中多学多用，慢慢掌握这些知识。在添加完约束后会出现很多黄色的警告，之前已经介绍过如何消除这些警告，打开文档大纲，单击向右的黄色箭头，再单击黄色的小三角，依旧使用 Update Frame。因为这次的警告很多，所以勾选底部的"Apply to all views in container"，这样系统会对所有的约束警告应用相同的策略，如图 4.54 所示。

之后会发现按钮变大了，充满了整个场景。在不同机型（iPhone 6 和 iPhone 5）的模拟器上运行效果分别如图 4.55 和图 4.56 所示。

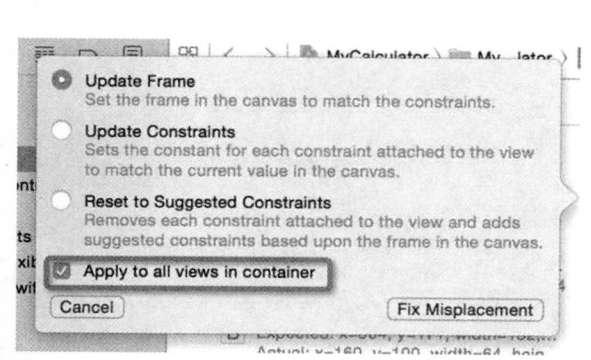

图 4.54　一次性消除所有的警告

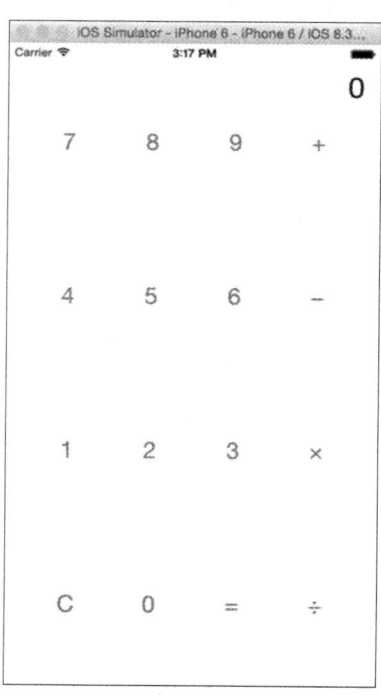

图 4.55　iPhone 6 上的运行效果

图 4.56　iPhone 5 上的运行效果

　　这就是自动布局的神奇之处。界面收拾妥当之后，我们来实现运算逻辑。现在可以暂且不看界面，打开控制器 CalculatorViewController，仔细思考一下本计算器需要实现的功能：我们按下数字键的时候当前按键的数字会加到显示屏上数字序列的末尾，按下"C"键可以清屏，单击加减乘除按钮后，需再次输入第二个参与运算的数字，单击"＝"键输出运算结果，运算结果可以直接作为下一次运算的运算数。

4.6.3　实现数字显示功能

　　首先来实现数字的显示功能。回顾一下 CalculatorViewController 类中现有的代码：

```
import UIKit

class CalculatorViewController: UIViewController {

    @IBOutlet weak var showLabel: UILabel!

    @IBAction func appendDigit(sender: UIButton) {//数字按键
```

```
        let digit = sender.currentTitle!
    }
    @IBAction func operate(sender: UIButton) {//二元操作

    }

    @IBAction func equal() {//求值运算

    }

    @IBAction func clear() {//清空显示屏

    }

}
```

appendDigit 这个方法是单击按键触发的 Action 方法。我们已经使用局部变量 digit 来获取按键的数值，现在需要把这个 digit 显示到 label 的末尾。UILabel 类型有一个属性 text，表示 label 的当前值，所以在 Label 末尾增加内容可使用如下语句：

```
showLabel.text = showLabel.text! + digit
```

注意：虽然 digit 的内容是数字，但它是 String 类型的。

现在的问题是输入的数字前面总是 0，这不符合我们的使用习惯，我们需要加个判断：当 Label 的首字母是 0 时省略这个 0，并且首字母为 0 时按下 0 键也不会起作用。为此我们增加一个充当监视哨的属性 notZero 来判断当前显示屏上显示的内容是否是 0（注意这个属性是全局的），然后利用属性 notZero 来做判断：

```
var notZero = false
@IBAction func appendDigit(sender: UIButton) {//数字按键
    let digit = sender.currentTitle!
    if notZero { //显示屏中已经显示了不为 0 的数，新添加的数字增加到当前数字的末尾
        showLabel.text = showLabel.text! + digit
    } else if notZero == false && digit == "0" {
        //当前显示屏中显示的是 0，再单击 0 键不做任何处理
    } else { //当前显示屏中显示的是 0，单击非 0 键直接替换 0
        showLabel.text = digit
        notZero = true
    }
}
```

测试一下，显示屏的显示满足我们的需要，现在加入 C 键的功能。很简单，只要把 Label 中的值置为 0，然后把状态 notZero 置为 false 即可。

```
@IBAction func clear() {//清空显示屏
```

```
    showLabel.text = "0"
    notZero = false
}
```

4.6.4 实现运算逻辑

现在我们已经获取了当前的运算数，运算数保存在 showLabel.text 中。在单击运算符按钮之后，需要把当前的运算数保存起来，然后输入第二个运算符。单击"="键后运算的结果可以作为下一次运算的第一个运算数，由此可见，使用一个元组 result 来保存预算数和运算结果是个不错的选择，这样就不用使用多个属性来保存值。

```
var result:(Double,Double,String) = (0,0,+)
```

这个元组有初始值，运算数为 0，运算符为"+"，元组中的运算数成员类型都是 Double 型，而 showLabel.text 的值解包后是 String 类型，为了能把 showLabel.text 的值写入 result 元组中，这里引入了一个计算属性来负责类型转换。

```
var labelValue:Double {
    get {
        return NSNumberFormatter().numberFromString(showLabel.text!)!.doubleValue
    }
    set {
        showLabel.text = "\(newValue)"
    }
}
```

在这个计算属性的 get 方法中，使用了一个 OC 中的类 NSNumberFormatter，用来捕获 showLabel.text 的值，然后转换成 Double 类型并返回。在 set 方法中，给这个计算属性赋一个 Double 类型的值，它会把这个值转换成一个 String 类型的值，然后传给 showLabel.text。这里展示了一个使用计算属性的情况。现在我们实现二元运算要使用运算数的时候，可以直接访问 labelValue，而不访问 showLabel.text。

搞定了 Label 之后，我们来处理二元运算。所有二元运算按钮都和 operate 这个方法关联着，有加减乘除四种运算，需要在 operate 中捕获按钮的运算。与之前捕获数字键使用相同的方法，使用一个临时量来保存：

```
let operation = sender.currentTitle!
```

在单击运算符按钮之后，需要把当前的运算数和运算符存到元组 result 之中：

```
@IBAction func operate(sender: UIButton) {//二元操作
```

```
    let operation = sender.currentTitle!
    result.0 = labelValue
    result.2 = operation
    labelValue = 0//把 label 置空
    notZero = false
}
```

在输入完运算符后，继续输入第二个运算数，之后单击"="键调用 equal 方法，求出结果。所以在调用 equal 时，把第二个运算符保存在 result 元组中，使用一个 switch 分流 result 中保存的运算符，进行二元运算。

注意：这里 case 里的符号依旧是从 edit 工具栏中选择的符号，以保证 switch 在判断 case 时的正确性。

```
@IBAction func equal() {//求值运算
    result.1 = labelValue
    println("\(result)运算结果为")
    switch result.2{
    case "+":
    result.0 = result.0 + result.1
    case "-":
    result.0 = result.0 - result.1
    case "×":
    result.0 = result.0 * result.1
    case "÷":
    result.0 = result.0 / result.1
    default:break
    }
    println(result.0)
    labelValue = result.0
}
```

在运算结束时，打印 result 元组和二元运算结果，以验证计算器的运算。现在运行程序，测试各种运算，计算器在运算结束后可以把结果直接作为下一次运算的第一个运算数。我们选择依次执行加减乘除四种运算，中控台打印结果如图 4.57 所示。

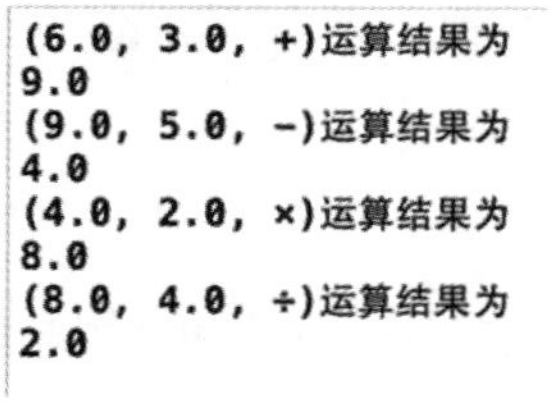

```
(6.0, 3.0, +)运算结果为
9.0
(9.0, 5.0, -)运算结果为
4.0
(4.0, 2.0, ×)运算结果为
8.0
(8.0, 4.0, +)运算结果为
2.0
```

图 4.57　运算结果

4.7　修改计算器为 MVC 模式

在 4.6 节中我们完成了计算器这个小项目的功能，不过先别沾沾自喜，让我们回顾一下 CalculatorViewController 中的代码。请注意方法 equal 中的这段代码：

```
@IBAction func equal() {//求值运算
        result.1 = labelValue
        println("\(result)运算结果为")
        switch result.2 {
        case "+":
        result.0 = result.0 + result.1
        case "-":
        result.0 = result.0 - result.1
        case "×":
        result.0 = result.0 * result.1
        case "÷":
        result.0 = result.0 / result.1
        default:break
        }
        println(result.0)
        labelValue = result.0
    }
```

当单击页面上的“=”键时，会调用 equal 方法。这个方法的主要用途是进行二元运算得出结果。根据我们所掌握的 MVC 知识，控制器的作用是向视图解释模型。显然 equal 中的运算和控制器如何展示视图没有关系，这部分代码的作用是求出我们所需要的数据。所以应该分离这段代码，作为 MVC 中的 M。在计算器这个项目中，equal 方法中的代码已经足够简单，这样做看起来会让我们的工程变得复杂。但是大型项目中代码量非常庞大，遵守 MVC 模式可以大大提高代码的可读性，避免某个控制器中有太多的代码，便于维护。所以本书的第一个项目除了教会读者使用Xcode进行 Swift 工程开发之外，也希望读者在开发过程中遵守 MVC 模式，写出高质量的代码。

新建一个 Swift 文件，如图 4.58 所示，取名为 CalculatorModel。

这是一个最基础的 Swift 文件，不包含任何视图层的内容。也就是说，这个文件中不包含 UIkit 框架。打开 CalculatorModel 文件，代码很简单，除注释外只有一行：

```
import Foundation
```

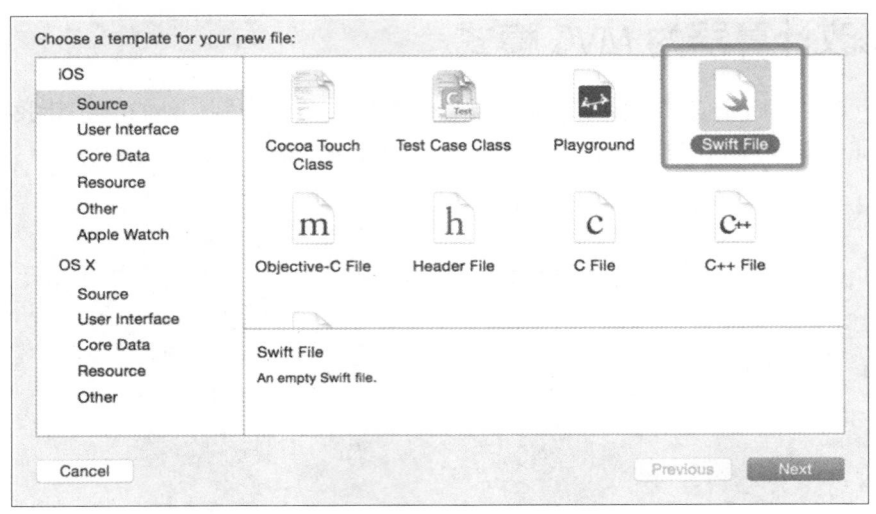

图 4.58   新建一个 Swift 文件

注意：永远都不要在模型中导入 UIKit。我们在其中构建我们自己的类，不需要继承其他类：

```
class CalculatorModel {

}
```

然后在 CalculatorModel 中添加一个方法来实现二元运算，并且保存结果以替代 equal 方法中的代码。由于运算数和运算符都已保存在 result 元组中，所以我们把模型中的新方法 evaluate 中的参数和返回值的类型都设置为与元组 result 类型相同的元组：

```
func evaluate(temp:(Double,Double,String)) -> (Double,Double,String) {
    }
```

现在来完成这个方法，会发现这个方法的实现和 equal 方法非常相似：

```
func evaluate(var temp:(Double,Double,String)) -> (Double,Double,String){
    switch temp.2{
    case "+":
        temp.0 = temp.0 + temp.1
    case "-":
        temp.0 = temp.0 - temp.1
    case "×":
        temp.0 = temp.0 * temp.1
    case "÷":
```

```
        temp.0 = temp.0 / temp.1
    default:break
    }
    return temp

}
```

需要注意的是，方法的参数 temp 前加上了关键字"var"，这是因为方法的参数默认都是常量。在声明时，参数前都有一个隐藏的"let"，如果不在参数前加上"var"关键字把它声明为一个变量，则任何方法体中对参数值的修改都会被编译器禁止。在模型中，我们只需要这一个方法就足够了，接下来要做的是修改控制器中的代码。回到 CalculatorViewController 代码中，首先在控制器中获取模型的实例：

```
var cm = CalculatorModel()
```

接着修改 equal 方法为下面的代码：

```
@IBAction func equal() {//求值运算
    result.1 = labelValue
    println("\(result)运算结果为")
    result = cm.evaluate(result)
    println(result.0)
    labelValue = result.0
}
```

现在我们的控制器中就只有与页面相关的代码了，看起来非常简洁明了。

4.8　NSNotification

4.8.1　NSNotification 简介

之前在讲解 MVC 模式时提过，模型的改变是通过广播的形式，然后控制器选择监听自己所关心的模型发出的广播，找出模型中的变化。这些变化其中之一就是 NSNotification，它是一种模型到控制器的通信。对于新手来说，理解和使用 NSNotification 可能有些困难，其实这部分内容属于 MVC 模式的附加内容，读者可以在熟练掌握本书的其他内容后再仔细研究 NSNotification。

iOS 提供了一个类叫作 NSNotificationCenter，它有一个类方法叫作 defaultCenter。读者可以使用这个方法创建一个消息中心，只需发送消息给它，然后指定你关心的 NSNotification，就可以捕捉这个广播——使用 addObserver 或者 addObserverForName 方法。系统有很多自带的 NSNotification，读者也可以自己定制 NSNotification，使用 postNotification 方法。下面来展示一个示例。

有时候我们会需要调用系统的键盘来输入一些文字，如果页面上靠下面的位置有一些内容的话会被这个键盘给挡住。如果不希望这部分内容被挡住的话，可以使用 NSNotification 来帮忙。滑出键盘的时候系统会产生一个提示键盘出现的 NSNotification，并将其在程序中广播，我们只需在页面的控制器中捕获这个 NSNotification，然后挪动那些不希望被挡住的内容的位置即可。

新建一个工程，页面设计得简单一点，在上部放置一个 Text Field 控件，底部放置一个 Label，如图 4.59 所示。

它是一个文本框，可以编辑。现在运行程序，当单击它时会从屏幕底部滑出系统的键盘，此时的效果如图 4.60 所示。

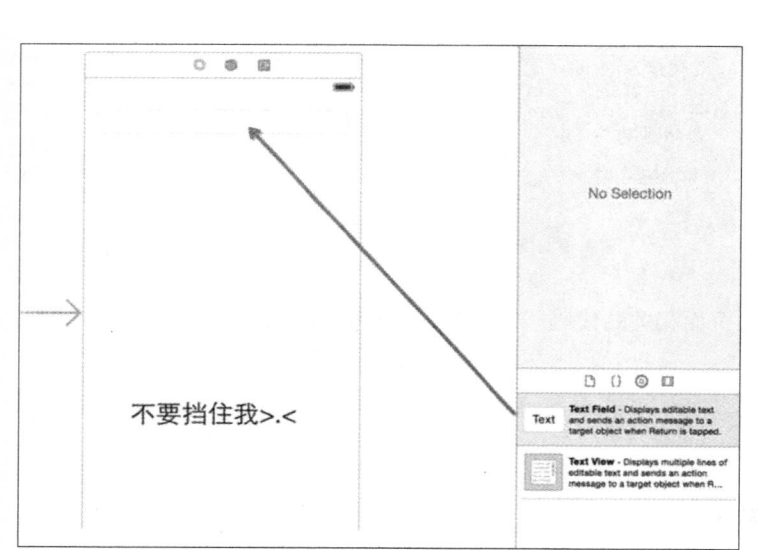

图 4.59　Text Field 控件

图 4.60　Label 被挡住了

如图 4.60 所示，Label 被键盘给挡住了。我们需要借助 NSNotification 来解决这个问题。

4.8.2　addObserver 方法

把文本框和标签同控制器的代码关联起来：

```
@IBOutlet weak var label: UILabel!
```

```
@IBOutlet weak var textField: UITextField!
```

然后在 ViewDidLoad 方法中获取消息中心，消息中心是一个单例：

```
let center = NSNotificationCenter.defaultCenter()
```

接着向消息中心添加一个广播的接收者，这里使用了 addObserver 这个方法：

```
center.addObserver(self, selector: "move:", name: UIKeyboardDidShowNotification,
object: nil)
```

addObserver 这个方法的定义如下：

```
func addObserver(observer: AnyObject, selector aSelector: Selector, name aName:
String?, object anObject: AnyObject?)
```

第一个参数 observer 的作用是指定广播的接收者，我们就在当前的控制器中接收广播，所以使用 self。

第二个外部参数名为 selector 的参数是"选择子"，作用是在 observer 中选择一个响应这个广播的方法。

　　注意：该"选择子"的格式为"方法名："，冒号代表方法有参数，默认传入的是一个 NSNotification 类型的参数。

这里需要说明的一点是，"选择子"这个概念在 OC 中非常常用，但是在 Swift 中用得不多。选择子中放入的是一个方法，Swift 也可以定义选择子。使用一个 Selector 的构造器，比如上面的方法中传入的是 "move:"，可以提前定义好这个"选择子"，然后在需要传入"选择子"类型的地方传入：

```
var move = Selector("move:")
center.addObserver(self, selector: move, name: UIKeyboardDidShowNotification,
object: nil)
```

在 Swift 中"选择子"的类型是 SEL。

第三个外部参数名为 name 的参数是选择广播的名字，可以从所有被添加到消息中心的 NSNotification 中选择，包括系统自带的和自己添加的。此处需要捕获键盘出现时系统发出的广播，因此选择 UIKeyboardDidShowNotification。

第四个外部参数名为 object 的参数表示 observer 发送的信息，这里不需要，所以选择 nil。

接下来定义 move 方法，记得它的参数是 NSNotification 类型。

```
func move(notification:NSNotification) {
```

```
    if let theValue = notification.userInfo?[UIKeyboardFrameEndUserInfoKey] as?
NSValue {
        println(theValue)
    }
    println(label.frame)
    label.frame.origin.y -= 200
    println(label.frame)
}
```

NSNotification 里面有几个属性，我们需要关注的是 userInfo。userInfo 是一个字典，而且是一个 OC 风格的字典。keys 是 NSObject 类型的，values 是 AnyObject 类型的。可以取出 userInfo 中需要的键对应的值的信息，由于这个值是 AnyObject 类型的，所以需要根据经验把它转成它原本的类型。例如，如果知道需要的广播内容是 url，则在获取信息时就转成 NSURL。在 move 方法中不需要使用 notification 中的值，所以仅仅打印了它的值。

我们真正想做的是把 label 挪个位置。label.frame.origin.y 代表了 label 的 Y 坐标，后面会详细讲解绘图、坐标等内容，这里只需要知道它的作用即可。修改 Y 坐标的作用是 label 会向上移动 200 像素的距离。下面来运行，单击文本框，如图 4.61 所示。看，label 跑到上面来了！

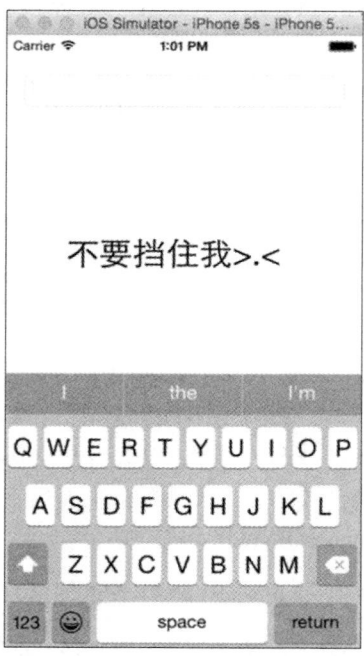

图 4.61　Label 随键盘发生移动

此时中控台显示如图 4.62 所示。

```
NSRect: {{0, 315}, {320, 253}}
(54.0, 364.0, 212.0, 80.0)
(54.0, 164.0, 212.0, 80.0)
```

图 4.62　中控台信息

第一行显示 NSNotification 中从 userInfo 中取出的信息，指示的是键盘的位置信息，这是个 NSRect 类型的。第二行和第三行是 label 在移动前和移动后的位置信息，是 CGRect 类型的。第二个值表示 Y 坐标，可以看到在移动后它减少了 200。在键盘输入完毕时，可以修改 label 的 Y 坐标将它放回原处。

4.8.3　addObserverForName 方法

同样的功能我们还可以使用 addObserverForName 方法来实现，这个方法在参数的类别上与 addObserver 方法有差别，下面来看 addObserverForName 的定义：

```
func addObserverForName(name: String?, object obj: AnyObject?, queue:
NSOperationQueue?, usingBlock block: (NSNotification!) -> Void) -> NSObjectProtocol
```

第一个参数 name 和 addObserver 中的 name 参数作用相同，用来指示需要捕获的 NSNotification 的名字。

第二个外部参数名为 object 的参数的作用是指定广播的发送者。有时相同名字的广播是由不同的控制器发出的，这个参数为 nil，代表监听所有广播发送者发出的指定的广播。

第三个参数 queue 指示需要处理 NSNotification 的队列。这是多线程的知识，会在后面的章节讲到，这里只需简单了解即可。

最后一个参数是一个闭包，在闭包中我们执行相关的代码。

使用 addObserverForName 替换 addObserver 的做法如下，此时不再需要 move 方法，可以把处理直接写到闭包中：

```
center.addObserverForName(UIKeyboardDidShowNotification, object: nil, queue:
NSOperationQueue.mainQueue()) {
    notification in
    if let theValue = notification.userInfo?[UIKeyboardFrameEndUserInfoKey] as?
NSValue {
        println(theValue)
```

```
    }
    println(self.label.frame)
    self.label.frame.origin.y -= 200
    println(self.label.frame)
}
```

只需这一个方法就搞定了，效果是相同的。使用 addObserverForName 方法还是 addObserver 方法可根据自己的需要来定。

4.8.4　postNotification 方法

在上例中我们使用了系统自带的 NSNotification，其实我们还可以根据自身情况定制 NSNotification。同样，首先需要获取消息中心：

```
let center = NSNotificationCenter.defaultCenter()
```

然后新建一个 NSNotification：

```
let notification = NSNotification(name: "someNSNotification", object: self,
userInfo: ["someKey":someValue])
```

name 参数就是我们 NSNotification 的名字；object 参数指示该广播的发送者；第三个参数就是 NSNotification 的 userInfo，可以在其中加入想要广播的信息。在设定好 NSNotification 后，使用 postNotification 方法将这个广播加入到消息中心中：

```
center.postNotification(notification)
```

现在在其他控制器中捕获 NSNotification 时就可以看到新建的这个 NSNotification 了。

第 5 章

掌控 UIKit

UIKit 就像游戏中的豪华大礼包一样，既丰富了 iOS 系统的控件，又可以帮助用户更好地与系统交互。在之前的计算器项目中，使用的控件 UILabel 和 UIButton 都是 UIKit 框架的内容。要知道手机用户都是一群"喜新厌旧"的人，如何编写一个布局合理又极具吸引力的 APP 页面是每个 iOS 程序员需要深思的问题。本章在介绍 UIKit 中各种控件的用法时，笔者还会渗透一些 UI 设计模式的知识，避免读者做出错误的设计。有兴趣的读者可以去翻阅一些专门讲解移动 UI 设计模式的书籍。为了避免在自动布局上浪费过多时间，在控件的示例中将取消自动布局，运行时使用 iPhone 5S 的模拟器，在本章的最后部分专门安排了自动布局的讲解。

5.1 本地化

在 iOS 开发中，本地化是非常重要的一环。我们开发的 APP 主要用户都是中国人，所以界面的语言也是中文。有些控件，比如前面接触到的 Label、Button 等，可以自己设置控件上显示的文字；但是有些控件只能使用系统提供的样式。Xcode 是一个全英文的开发工具，当选择了这些系统提供的样式之后，运行程序会发现在页面上显示的也是英文，这让很多新手颇为头痛。其实 Xcode

提供了非常强大的多语言支持,只需根据该 APP 的使用地区进行本地化操作即可,具体方法如下。

打开新建的工程，在工程目录的 Supporting Files 组中找到并打开文件 Info.plist，修改 Localization native development region 条目中的语言，默认的是 en，这里选择 China。这样就完成了本地化，如图 5.1 所示。

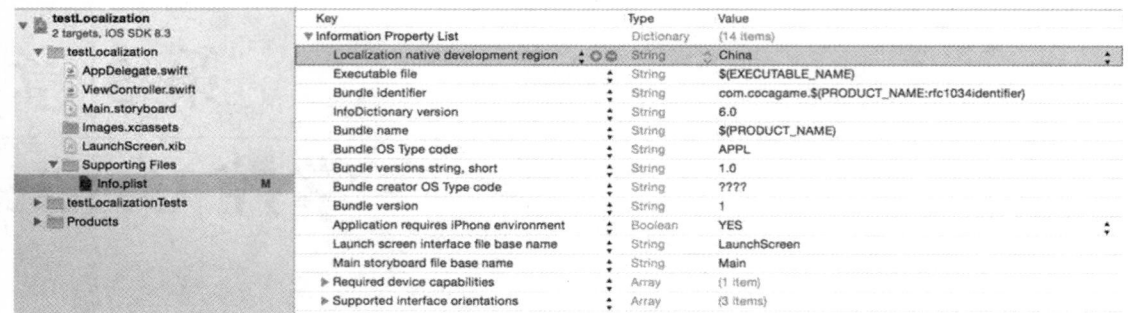

图 5.1　本地化操作

来看一下效果，比如现在有一个导航栏上的按钮控件，在 Xcode 中选择它的样式为"Edit"，如图 5.2 所示。

图 5.2　按钮控件在 Xcode 中的样式

现在不需要做任何改动，运行程序，在模拟器上看到的是如图 5.3 所示的页面，已经自动转成了中文。

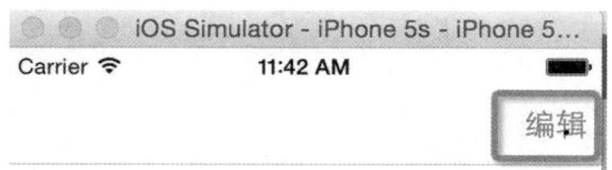

图 5.3　模拟器中的样式

所以，在进行工程开发，尤其是大型的工程项目开发之前，应首先进行本地化操作。

5.2　视图（View）

　　iOS 中的所有控件都是 UIView 的子类，首先来认识一下 UIView。在 Xcode 的对象库搜索栏中输入 View，向下翻动找到如图 5.4 所示的对象 View，它就是一个最基础的 UIView 类。对象库中的控件对应了 UIKit 框架中以 UI 为首字母的类型，比如我们之前接触到的 Button 控件的类型是 UIButton，Label 控件的类型是 UILabel。

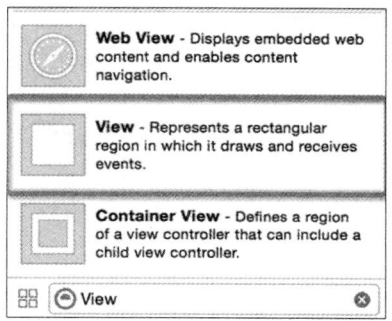

图 5.4　对象库中的 View

　　拖动一个 View 到场景中，在 View 的尺寸检查器中修改它的尺寸为 200*200，在属性检查器中修改它的背景颜色为 Light Gray Color，如图 5.5 所示。

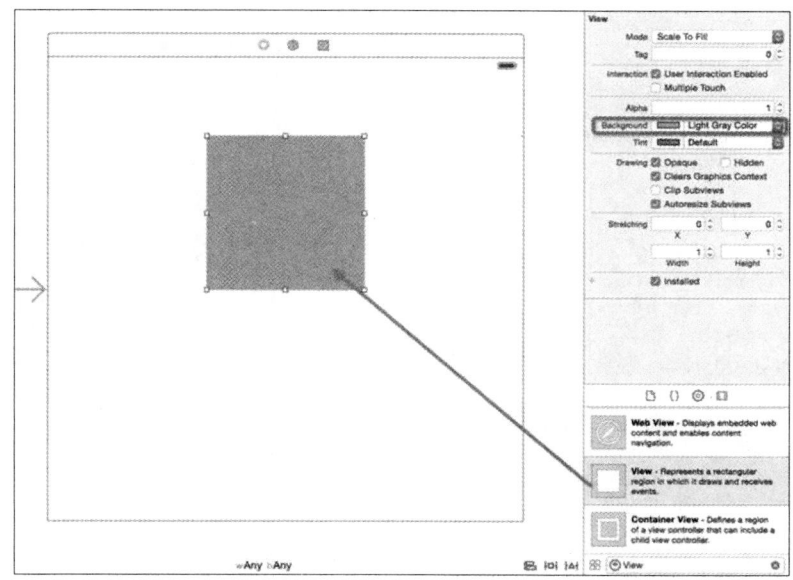

图 5.5　拖动生成一个 View

可以看到，在场景中一个 View 表示一个矩形的区域。可以在这个区域上进行绘图或者处理触摸的操作，在后面的章节会讲解绘图与手势操作。打开文档大纲，如图 5.6 所示，可以看到刚才新增 View 的层次结构，它被放在另一个 View 中。其实在场景中布置的每一个控件都会被放到这个 View 中。当新建一个场景，不论是最基础的 View Controller，还是便捷场景 Table View Controller、Collection View Controller，上面都会有一个默认的 View。

View 是有层次的，一个 View 只能有一个 SuperView（父视图），但是可以有多个 SubView（子视图）。可以获取一个 View 的 SuperView，通过属性 superview，其返回值是可选的；或者获取一个 View 的所有 SubView，通过属性 subviews，其返回值是一个数组

注意：在 iOS8 中 subViews 数组中的元素类型是 AnyObject，这是 Swift 从 OC 过渡时的妥协策略。但这个数组里面的实际对象是 UIView，可以转型后使用它们。在 iOS9 中该数组的类型已经被修正为[UIView]了。

视图的层次结构通常不需要使用代码，可以直接从 Storyboard 中拖曳叠放，就像刚才打开文档大纲看到的，根据叠放次序来表示层级关系。可以在文档大纲中拖动修改它们之间的层次关系，另外一个小技巧是当确定要把场景中的某些控件放到一个父视图中时，可以选中这些控件，然后单击顶部工具栏的 Editor，选择 Embed In，接着选择 View，如图 5.7 所示。

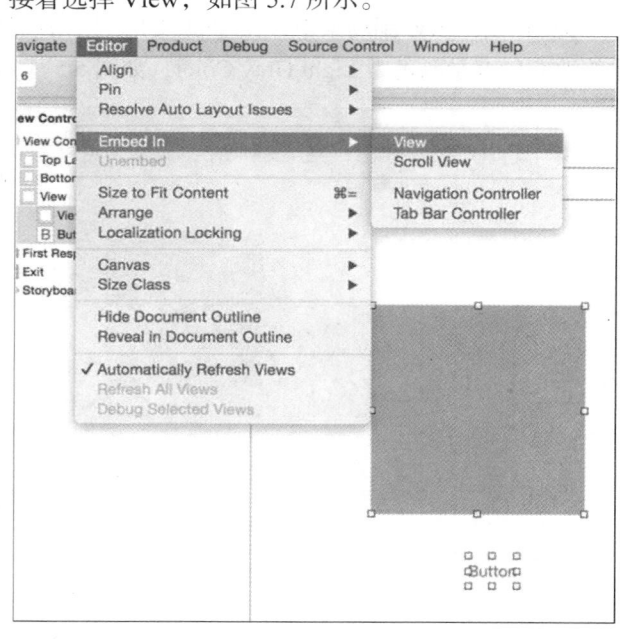

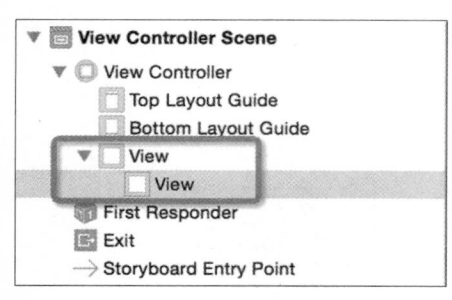

图 5.6 View 的层次　　　　　图 5.7 快速创建一个 SuperView

查看文档大纲，可以发现所选中的控件已经被放到一个新的 View 中，如图 5.8 所示，并且这

个 View 的尺寸是根据所选中的控件的尺寸自动调整的。

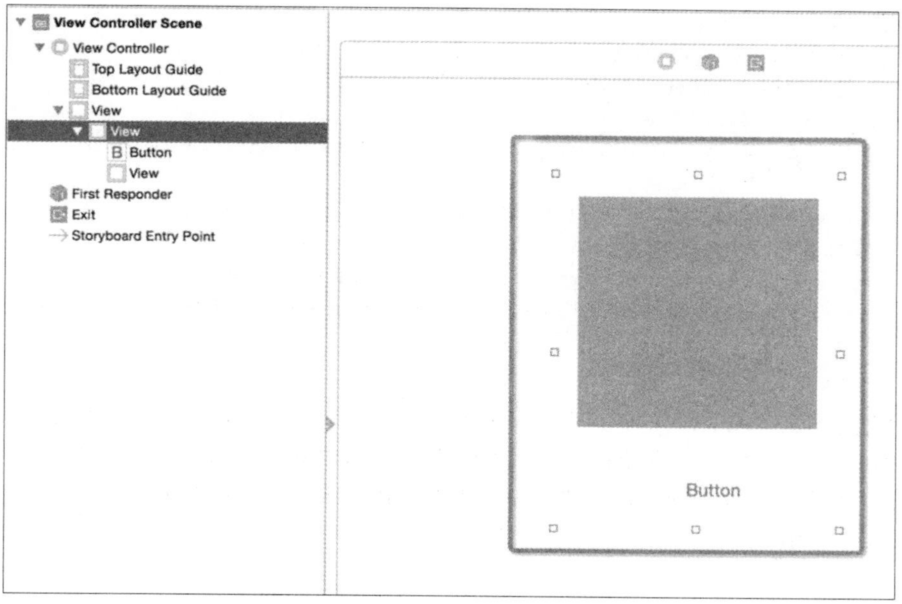

图 5.8　Superview 的尺寸

也可以通过代码来创建层级关系，通常有两种方法：一种是 addSubview，另一种是 removeFromSuperview，注意它们用法的区别。

```
superview.addSubview(someview)//把 someview 加到父视图 superview 中
someview.removeFromSuperview()//把 someview 从父视图中删除
```

View Controller 中有一个属性的名字叫作 view，它是在 Storyboard 场景中最高层次的 View，在代码中我们可以直接使用这个属性：

```
view.addSubview(someview)
```

UIView 的初始化方法有两种：

```
var someview = UIView(frame: CGRect)
var someview = UIView(coder: NSCoder)
```

参数 frame 是父视图中的 frame。这种构造方法是一种使用坐标系来定位的方法，CGRect 是 UI 开发中非常常用的一个坐标类，它指定了 X、Y 坐标和长宽，这样父视图就能知道我们新建的 View 想要放到哪里。另一个是使用 coder 的方式进行初始化，如果使用 Storyboard 拖曳生成一个视图，那么这个视图就是使用 init（coder：NSCoder）的方式实现的。我们不向页面中添加任何控件，使用纯代码的方式生成一个 View，viewController 中的代码如下：

```
import UIKit
class ViewController: UIViewController {
    override func viewDidLoad() {
        super.viewDidLoad()
        var someview = UIView(frame: CGRect(x: 30, y: 30, width: 100, height:
        100))//新建一个 view
        someview.backgroundColor = UIColor.blueColor()//默认的 view 是白色的，为
        了能看到，改变它的背景颜色为蓝色
        view.addSubview(someview)//把 someview 放到 viewcontroller 默认的顶级视图
        view 中，注意如果不把新建的视图放到某个父视图中的话，运行时是看不到的
    }
}
```

我们把这个新建的 View 代码放到 viewDidLoad 方法中执行。viewDidLoad 是控制器生命周期中的一个方法，我们将在下节介绍这些生命周期的方法。UIColor 是 iOS 的颜色类，用法如上面代码所示，颜色有很多。读者即可以选择系统自带的颜色，也可以通过取色器来取色。上述代码运行结果如图 5.9 所示。

图 5.9　新增 view

顺便说下 UIWindow，它是 UIView 的子类。在每一个设备的屏幕上都有一个 UIWindow，它在最高层，但我们不会向它发送任何消息，也不与它交互，只需关心 UIView 就行。

5.3 生命周期

5.3.1 APP 的生命周期

APP 也是有生命周期的，只不过由于良好的封装所以开发者不需要特别关心。在 Swift 工程中有一个 AppDelegate.swift 文件，这个文件描述并管理 APP 的生命周期。在 OC 工程中，由 main 文件来指示程序的起点；而在 Swift 中是没有 main 文件的，这个 main 文件被简化了。打开 AppDelegate.swift 文件，会看到在头部有一个标签：

```
@UIApplicationMain
```

这个 UIApplicationMain 标签是一个封装好的 main 函数，指示的是程序的起点。如果删掉这个标签，那么程序就无法启动。AppDelegate.swift 文件有什么作用呢？首先可以定义全局的常量。

比如有一个常量 name，值为"小明"，当把这个常量定义在 AppDelegate.swift 文件中后，其他文件就可以直接使用 name 中保存的值了。

其次，AppDelegate.swift 管理 APP 的生命周期，它是整个 APP 生命周期的代理。当 APP 处于生命周期中的不同状态时，会触发 AppDelegate.swift 中对应该生命周期状态的代理方法。要想读懂这些代理方法，首先需要认识一下 APP 的生命周期，如图5.10 所示。

在 APP 开始运行时，会进入前台。此时 APP 已经运行了，但是 UI 还没有展示到屏幕上，所以整个状态就是"不活跃状态"。此时触发了 AppDelegate 中的 application(application: UIApplication, didFinishLaunchingWithOptions launchOptions:

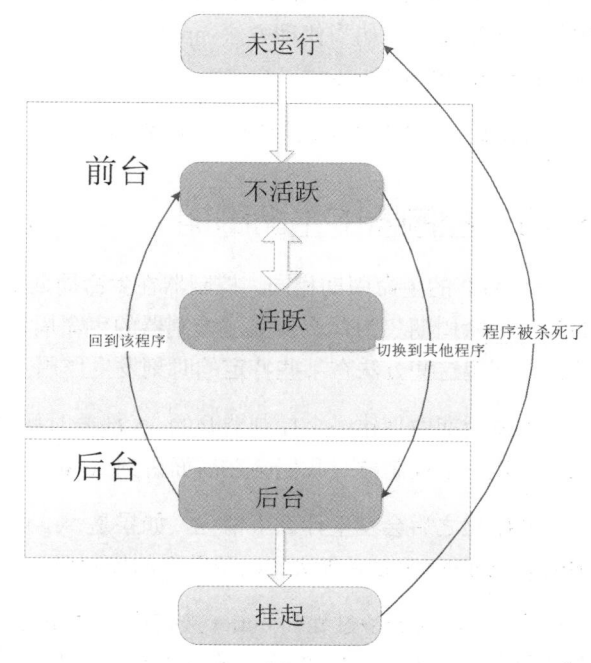

图 5.10 APP 的生命周期

[NSObject: AnyObject]?) ->Bool 方法。然后 APP 的 UI 会被展示到屏幕上，APP 进入"活跃状态"。在没有被打断的情况下，APP 会自然地从不活跃状态进入活跃状态，以供用户使用。如果在使用 APP 的时候有个电话打进来了，那么 APP 就会从"活跃状态"暂时进入"不活跃状态"，此时 AppDelegate 中的代理方法 applicationWillResignActive 就会被触发。电话结束后，APP 恢复正常使用，此时就由"不活跃状态"回到"活跃状态"，触发 AppDelegate 中的 applicationDidBecomeActive 方法。

当打开另一个 APP 时，之前的 APP 就会从"前台"进入到"后台"待命，触发 AppDelegate 中的代理方法 applicationDidEnterBackground。如果此时又继续使用了后台中的 APP，那么整个 APP 的状态会跳转到"前台"中的"不活跃状态"继而变成"活跃状态"，此时触发 AppDelegate 中的代理方法 applicationWillEnterForeground。如果不打算继续使用之前的 APP，则它很快就会从"后台"进入另一个状态"挂起"。一旦进入"挂起"状态就有可能被程序杀死，被程序杀死后就会变成彻底的"未运行"状态。在这种情况下，如果要保存之前 APP 中的数据，则需要使用最后一个代理方法 applicationWillTerminate。

值得一提的是，在第 4 章我们已经接触过了 NSNotification。在 APP 的生命周期状态发生改变时也会发出相应的 NSNotification 信息，以供有需要的控制器来接收，NSNotification 的格式与具体的方法相关，比如当代理方法 applicationDidBecomeActive 执行时，会广播 UIApplicationDid-BecomeActiveNotification。

以上就是 APP 的生命周期，下面介绍控制器的生命周期。

5.3.2 控制器的生命周期

和 APP 的生命周期相同，控制器在生命周期中会接收到一系列消息，这些消息伴随着控制器的整个生命周期。为什么要关注控制器的生命周期？这是因为我们经常在控制器的子类中复写方法，以期望这些方法在某些特定的时刻发生作用。

生命周期由创建一个控制器开始，大部分时候是通过 Storyboard 初始化的。通过 segue（过渡）也会创建一个控制器，我们会在后面讲到 segue。

初始化之后会发生什么事情呢？如果是 segue 到这个控制器的话，那么此时会执行原控制器中的 prepareForSegue 方法，以帮助新的控制器做好准备，然后控制器中的 outlet 会被初始化。

当 segue 的准备过程和 outlet 被初始化过程完成之后，控制器中的视图就开始载入。这个时候会调用一个方法 viewDidLoad，在 5.2 节中介绍过这个方法。这个方法中非常适合放置初始化视图的代码，因为一切都已就绪。如果复写了 viewDidLoad，那么第一件事是调用父类的方法：

super.viewDidLoad()。同样在控制器生命周期的其他相关方法中，首先记得调用父类的相应方法。在新建一个控制器的子类时会自动添加 viewDidLoad 方法，这个方法很适合新手使用，这也是系统自动添加这个方法的用意。

前面讲过一个叫作属性观察器的东西。在声明某个模型要显示的内容时，记得添加一个属性观察器。一旦模型发生了改变，你就可以在模型的属性观察器中更新用户界面，这是种非常好的做法。因为控制器已经被载入而且显示在屏幕上了，模型发生变化时必须去更新用户界面。但是当新创建了一个控制器的时候，同样需要更新用户界面。因为模型中的属性观察器并不会在 outlet 设置之前去更新用户界面。在 viewDidLoad 中，常做的一件事就是在页面初始化时设置用户界面，这个方法只会在控制器初始化的时候被调用一次。

下一个在生命周期中被调用的方法是 viewWillAppear。当控制器马上要显示到屏幕上时会调用这个方法。

viewWillAppear 有一个参数，这个参数表示这个控制器的出现是否带有动画效果。通常无须关心这个参数。如果通过 segue 新生成一个 MVC，则当 viewWillAppear 中的动画参数为 true，且切换到新的控制器时，这个新 MVC 的控制器会滑动到我们视野中，这个滑动的效果就是动画。viewWillAppear 在生命周期中可以被多次调用，因为控制器可能会多次出现或者消失在显示器上。例如，每一次滑动到一个别的控制器之后再回到原控制器，viewWillAppear 都会被调用。当调用 viewWillAppear 方法时，视图的边界已经被设置好了。

此外还有一个 viewDidAppear 方法，当控制器已经显示在屏幕上时，才会调用 viewDidAppear。与这两个方法相对，当控制器将要消失时，会调用方法 ViewWillDisappear 和 ViewDidAppear。

控制器可能会频繁地出现或者消失，而且旋转屏幕也会改变控制器的位置。当系统内存低的时候会提醒我们处理这些内存中的控制器，并且可以复写需要的方法来执行需要的代码。

5.4 Button（按钮）

本节将介绍 Button 控件，我们之前在计算器项目中已经接触过这个控件了。在 Xcode 的对象库中输入"Button"，会看到如图 5.11 所示的结果。

UIKit 中的按钮有很多种，这里我们使用的是第一个，也是最基本的按钮 Button。Bar Button Item 已被集合到了其他控件中，不能单独使用；Fixed Space Bar Button Item 也是如此。本书会在用到这两个控件的时候再详细讲解它们的用法，现在让我们把全部的注意力集中到 Button 上。

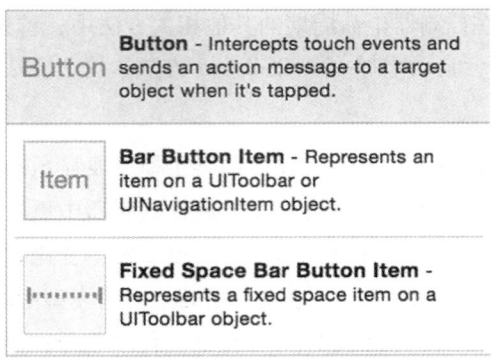

图 5.11　Button 控件

5.4.1　按钮属性检查器

在 Storyboard 中拖曳生成一个控件时，可以使用属性检查器来设置场景中控件的属性。如果是使用代码生成的控件的话，则在代码中给控件的属性赋值来改变控件的属性。按钮的属性检查器界面如图 5.12 所示。

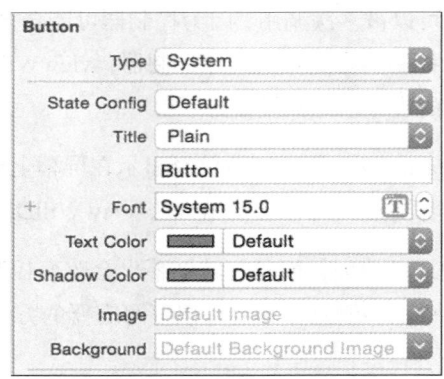

图 5.12　按钮的属性检查器

下面来看一下属性检查器上的内容。

- Type：按钮的样式，默认是 System，也就是透明背景蓝色字体的按钮样式。此外还有 Custom（自定义类型）、Detail Disclosure、Info light 和 Info Dark（都是一个包含！的圆形按钮）以及 Add Contact（中间是一个+的圆形按钮）。

- State Config：默认为 Default，此外还有 HightLiahted（触摸高亮）、Selected（选中状态）和 Disabled（禁用状态）。

- Title：默认为 Plain，Plain 模式下可以在下面设置按钮显示的文字。Attributed 模式较为少用。
- Font：设置按钮字体和字号。
- Text Color：设置文字的颜色。
- Shadow Color：设置文字的阴影颜色。
- Image：设置按钮的图片格式，在这里设置图片会让按钮的文字消失。
- Background：设置按钮的背景图片，保留文字。

此外还有 Shadow Offset（阴影偏移量）、Line Break（文本超长时的文字切割）和 Edge（按钮的边界）。如果要实现一个复杂的功能，则可以关注这些属性。

5.4.2　按钮的代码实现

除使用 Storyboard 外，还可以在代码中生成和设置一个按钮控件。下面在控制器的 ViewDidLoad 方法中新建两个按钮控件，以展示两种不同的新建方法。

首先可以使用构造器来生成一个按钮，通常选择参数 frame 构造器：

```
var button1 = UIButton(frame: CGRect(x: 50, y: 50, width: 200, height: 100))
```

frame 是 CGRect 类型的。CGRect 是 Swift 中的一个结构体，由两部分组成：origin 和 size。origin 包含 x 和 y，分别指示一个图形原点的 X 坐标和 Y 坐标；size 包含 width 和 height，分别指示图形的宽和高。有了这四个参数，就能确定按钮在页面中的位置和大小了。此外需要注意的是，CGRect 中的四个参数都是 CGFloat 类型的，不是普通的 Float。在新建一个 CGRect 类型的实例时，如果使用构造器的话，则需要显式地写出所有参数名。在熟悉了 CGRect 这个类型后，就可以使用一个封装好的函数 CGRectMake 来创建 CGRect 了。例如，上面的代码就可以写成：

```
var button1 = UIButton(frame: CGRectMake(50,50,200,100))
```

在需要大量操作图形坐标的情况下，使用这种方法格式要简单很多，可以提高效率。

第二种创建一个按钮控件的方法是选择一个按钮样式的方法：

```
var button2 = UIButton.buttonWithType(UIButtonType.Custom) as! UIButton
```

前面讲到过这个方法，这是 iOS8 中的写法。由于一些历史原因，这个类方法的返回类型是 AnyObject，在 iOS9 中使用时会提示你换成 UIButton(type:)这个构造器，效果相同。然后设置这个 Button 的 frame：

```
button2.frame = CGRectMake(100, 200, 200, 100)
```

在代码中你可以访问或者修改按钮的属性：

```
button1.setTitle("button1", forState: .Normal)//通过 set 方法
button2.setTitle("button2", forState: .Normal)
button1.backgroundColor = UIColor.greenColor()//通过赋值
button2.backgroundColor = UIColor.redColor()
view.addSubview(button1)
view.addSubview(button2)
```

注意：有些属性是通过 set 方法赋值的，而有些是可以直接赋值的，最后记得把按钮通过 addSubView 方法加到父视图中。

上面的代码运行效果如图 5.13 所示。

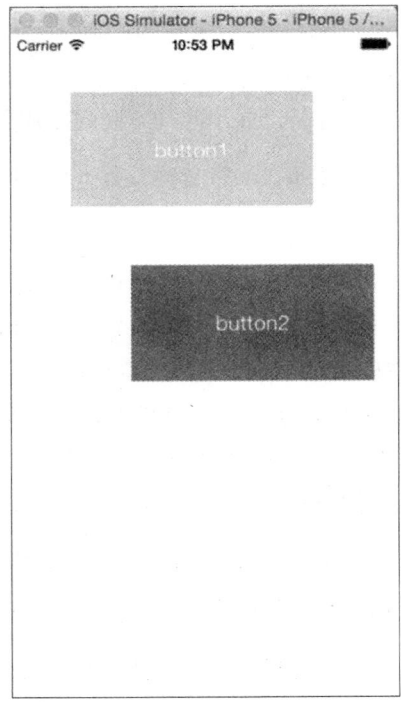

图 5.13　通过代码新建的按钮

UIButton 有很多方法和属性，读者可以查阅 UIButton 的定义，使用自己需要的方法和属性，为节约篇幅，不在此一一列举。另外需要注意的是，iOS 系统的按钮逐渐呈现无边框化的设计，在属性观察器中不能设置按钮的圆角。如果需要一个圆角矩形的按钮样式，则可以通过下面的代码设置：

```
button1.layer.cornerRadius = 15//数字越大，圆角越大
```

效果如图 5.14 所示。

图 5.14　圆角按钮

　　这个方法不仅可用于按钮的圆角设置，图片、文本框等都可以通过这种设置来实现圆角。下面来谈一些设计模式的东西，按钮的设计应该醒目直白，让人一目了然。不能把按钮的样式做的和一个文本框一样，这样会把用户搞糊涂。按钮应该美观有吸引力，让用户有点击的欲望。按钮看似简单，其实每个优秀的 APP 的按钮都暗藏玄机。

　　比如每天都点开数次的微信，微信底部的导航栏上有一排按钮，如图 5.15 所示。随着微信版本的更迭，这些按钮的样式也在发生着变化，很多时候我们的 APP 的样式会随着 iOS 系统风格的改变而改变。

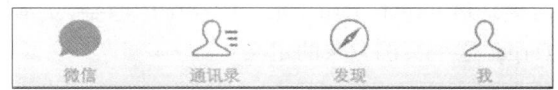

图 5.15　微信的底部导航栏按钮

　　这些按钮就是很好的设计典范。首先，按钮的样式足够简单又一目了然，图形搭配文字说明，具有良好的"隐喻"效果：一个聊天气泡代表聊天界面，"指南针"对应发现界面，一个小人的图形代表个人设置，即便是新手也能看出这些按钮的功能。其次，当前页面对应的按钮会有颜色的填充，使用户仅通过按钮就能明白自己当前所处的页面。另外，按钮虽好，但是不要在一张页面上使用过多的按钮，那样会陷入"按钮海"这种反模式之中。

5.4.3　为按钮添加事件

　　通常我们在一个地方设置一个按钮，是希望用户通过单击这个按钮实现一些相应的功能。在第 4 章我们已经实现了这个功能，让我们回顾一下。在第 4 章中我们打开联合编辑器，通过拖曳的方式把页面上的控件与控制器的代码相关联，生成一个 IBAction。实际就是用 IBAction 的方法为按钮添加了一个关联的事件，在 Event 条目中选择触发这个 Action 时，我们是如何单击按钮的？

默认的是 Touch Up Inside，也就是手指按下再抬起，并且手指依旧在按钮的范围内，这是一个标准的点击按钮的动作。此外还可以选择拖动按钮、长按按钮等方式触发按钮的 IBAction，读者可以根据实际需要进行选择。

除此之外，还可以通过纯代码的方式给按钮添加一个事件：

```
button1.addTarget(self, action: "show:", forControlEvents: UIControlEvents.
TouchUpInside)
```

show 方法的定义：

```
func show(button:UIButton) {
    if let words = button.titleLabel?.text {
    println(words)
    }
}
```

运行后点击按钮 button1，会在中控台打印如图 5.16 所示的信息。

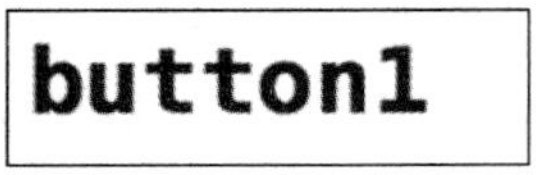

图 5.16　响应 addTarget 方法

在第 4 章讲解 MVC 时提到过 target，target 是控制器中的内容，控制器通过 target 可以与视图进行交互。来看一下 addTarget 这个实例方法的定义：

```
func addTarget(target: AnyObject?, action: Selector, forControlEvents controlEvents:
UIControlEvents)
```

可以看到 addTarget 依旧是一个 OC 风格的方法。第一个参数 target 指定响应的控制器，在本例中我们选择 self；第二个参数 action 是一个 Selector（选择子）类型，在第 4.8 节中提到过选择子。在 OC 中经常使用选择子，在 Swift 中选择子不再经常出现的一个很重要的原因是：在 OC 中是没有闭包的，我们需要使用选择子来传递上下文。比如上例中如果是拖曳生成一个 IBAction，那么这个 IBAction 会有一个本控件类型的参数。如果使用了 addTarget 方法来响应事件的话，其实也会隐式地在方法中获取控件本身，这个控件对象被传给了选择子中的方法。上例中的 show 方法在选择子中的格式为 "show："，冒号代表 show 方法有参数，而 show 方法的唯一参数正是 UIButton 类型的。因此，当我们点击按钮 button1 时，show 方法打印的就是按钮 button1 上的文字。

5.5　Label（标签）

本节介绍我们的又一个老朋友——Label（标签），Label 也是 iOS 中十分常用的一个控件，作用是显示不可编辑的文字，比如第 4 章中计算器的数字显示屏就是一个 Label。在对象库中输入 Label 就能找到 Label，如图 5.17 所示。

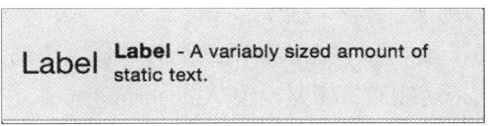

图 5.17　Label 控件

5.5.1　Label 的属性检查器

Label 的属性检查器如图 5.18 所示，你可以在上面完成对 Label 的大部分设置。

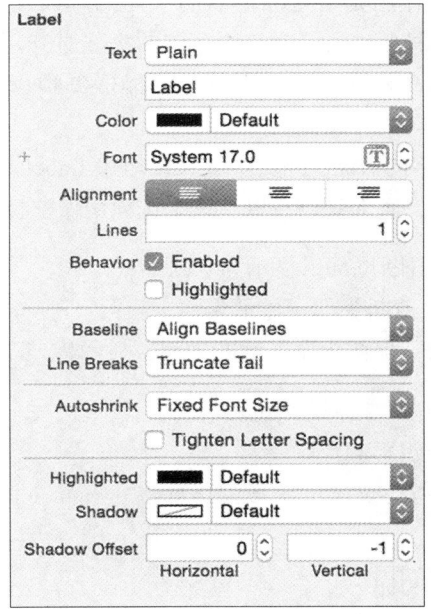

图 5.18　Label 的属性检查器

下面来认识下这些条目。

- Text：和 Button 一样，可以选择 Plain 或 Attributed，通常我们使用 Plain。在 Plain 模式下你可以在 Text 下面的输入框中输入 Label 默认显示的文字，当然这个文字在代码中是可以通过控制器进行更改的。
- Color：文字的颜色。
- Font：可以设置字体和字号。

- Alignment：设置文本的对齐方式，左对齐、居中还是右对齐。
- Lines：设置 Label 中文本的行数，默认值为 1。
- Behavior：有两个可选项，是否被激活（Enabled），这个选项默认选中；还有一个高亮显示（Highlighted），你可以根据需要决定是否勾选这个选项。
- Baseline：要使用这个功能通常需要设置 Autoshrink 选项，Autoshrink 的作用是当 Label 上的文本的长度超出 Label 的长度时，会自动伸缩字体的大小以适应文本的长度。在 Autoshrink 中有三个选项：Fixed Font Size（跟 Font 中我们设置的字体大小保持一致，其实就是不改变文字大小）、Minimum Font Scale（设置文字缩小的最小比例）、Minimum Font Size（设置文字缩小的最小字号）。在 Autoshrink 中设置了 Minimum Font Scale 或者 Minimum Font Size 之后，当文本长度超长时都会缩小字体，这个时候 Baseline 就会发生作用。Baseline 的作用是指定缩小后的字体的基线，比如你设置 Baseline 为 Align Baselines，那么字体缩小时底部会与原字体的底部对齐，这样看起来整个字体是矮下去的；如果设置为 Align Centers，缩小的字体会保持在 Label 的中间，这样看起来字体缩小的时候顶部和底部都向中心靠拢。
- Line Breaks：设置文字的截断，当文本太长以至于 Label 不能显示全部的字体时，超长的部分会显示为"…"，通常我们在以下三个选项中做选择。

  （1）Truncate Tail：截断尾部，显示为"…"；
  （2）Truncate Head：截断头部，显示为"…"；
  （3）Truncate Middle：保留头尾，截断中间，显示为"…"。

- Highlighted：设置高亮时文本的颜色。
- Shadow：设置文本的阴影颜色。
- Shadow Offset：设置标签文本的阴影偏移量。

5.5.2　Label 的代码实现

除了使用 IBOutlet 之外，我们还可以使用构造器在控制器中创建一个 Label 实例，依旧有 CGRect 和 NSCoder 两种参数的构造器，我们使用 CGRect 参数类型的构造器：

```
var label = UILabel(frame: CGRectMake(50, 50, 200, 100))
```

下面是一些 Label 常用的代码操作：

```
var label = UILabel(frame: CGRectMake(50, 50, 200, 100))
label.text = "showLabel"//设置标签文本
label.textColor = UIColor.redColor()//设置文本颜色
```

```
label.backgroundColor = UIColor.greenColor()//设置标签背景颜色
label.font = UIFont.systemFontOfSize(25)//设置字体大小
view.addSubview(label)//添加到父视图中
```

效果如图 5.19 所示。

图 5.19　代码实现的 Label

另外有一个小技巧要告诉大家，Label 的绝大部分属性都可以通过属性检查器来设置。如果你想要在代码中改变 Label 的某个属性，可以把鼠标悬停在属性检查器对应的条目上，这时 Xcode 会给出这个属性对应于代码中的哪个方法，只不过这种提示是 OC 风格的，如图 5.20 所示。如果想知道在代码中如何设置 Lines 这个属性，悬停鼠标，系统会提示可以使用 numberOfLines 这个方法。

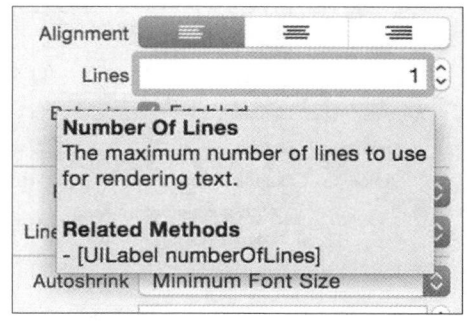

图 5.20　在检查器中查看帮助

5.6　TextField（文本框）

UItextField（文本框）和 Label 看起来很像，但是文本框是可以编辑的。iOS 中用到 TextField 的地方很多，比如搜索框、用户登录框等，都要用到 TextField。使用文本框要注意的一点是，在模拟器上面输入文字是可以使用电脑键盘的，而在真机上，用户只能使用虚拟键盘，所以要考虑虚拟键盘滑出时对页面的影响。本书在 4.8 节中已经展示了一个通过键盘的 NSNotification 广播来控制页面元素的示例，对 4.8 节有疑惑的读者，可以在学习完本节内容后，回顾 4.8 节的内容。

5.6.1　Text Field 的属性检查器

Text Field 的属性检查器如图 5.21 所示。

图 5.21　Text Field 的属性检查器

文本框中的文字大小、颜色等也是可以设置的，与在 Label 中一样，我们需要重点关注一些 Text Field 自己的属性。

■ Placeholder：占位符，当文本框中没有输入的时候会默认显示这里设置的文字，文字的样式是浅灰色的水印文字，通常用来提示用户该文本框中需要输入什么样的内容。当用户在文本框中输入文字之后，文本框中的占位符文字会消失。有趣的是，属性检查器中的文本框就是采用了 Placeholder 作为功能的提示，甚至 Placeholder 文本框本身显示的"Placeholder Text"就是一个 Placeholder 的效果。

- Background 和 Disabled：注意，不同于 Label，在 Text Field 中我们不再设置背景颜色，想想一个五颜六色的文本框简直有点滑稽，这不符合文本框的隐喻，文本框和标签应该让人一眼就能分辨出来。但是你可以使用图片作为 TextField 的背景以增强显示的效果。工程中的 Images.xcassets 文件夹是专门用来放置图片的，将需要的图标复制到这个文件夹中，在属性检查器中需要设置图片的地方的下拉菜单中就会出现该图片的名称，单击即可选中，非常方便。

- Border Style：选择文本框的样式，默认的样式为圆角矩形。注意，默认的样式下是不显示 Background 和 Disabled 中设定的图片的。

- Clear Button：设置清除输入的按钮，你可以设置 Never Appears（永不显示）、Appears while editing（在编辑文本的时候显示）、Appears unless editing（在非编辑状态下显示）、is always visible（一直显示）。下面还有一个 Clear when editing begins 选项，勾选之后每次单击文本框进行编辑的时候都会清空上一次输入的内容。

- Min Font Size：文本框被挤压时，文本框中字体的最小尺寸。

- Adjust to Fit：默认勾选，这个选项和 Min Font Size 配合使用，表示文字是否随着文本框压缩而变小。

- Capitalization：设置文本框是否自动转换大小写，默认的是 None（不转换）。另外还可以设置为 Words（单词首字母自动大写）、Sentence（句子首字母大写）、All Characters（所有字母大写），你可以根据实际需要来设置。

- Correction：是否校正拼写错误。

- Spell Checking：检查是否有拼写错误。

- Keyboard Type：键盘的样式，对于某些特定场合的文本框你可以选择对应的键盘来方便用户输入。

- Appearance：选择亮度。

- Return Key：选择返回键的样式，比如搜索栏里我们常用 "Search" 样式，而在地址栏则常用 "Go" 样式，根据自己的需要来选择。下面有两个可选项，Auto-enable Return Key 表示只有在文本框中有内容时才显示 Return 键，Secure Text Entry 表示输入加密。

5.6.2　Text Field 的代码实现

和其他控件一样，可以使用一个 UITextField 的构造器来构造 Text Field：

```
var textField = UITextField(frame: CGRectMake(20, 20, 200, 50))
```

我们需要关注的是在使用一个 Text Field 的时候如何处理虚拟键盘。每次我们单击文本框开始输入内容的时候，文本框会成为页面上的 first responder，这个时候虚拟键盘就会从底部滑出，配合我们的输入。这个 firstresponder 类似于网页开发中文本框获得的焦点。你可以使用方法 becomeFirstResponder 指定某个对象成为当前页面的 first responder。如果要让键盘消失，只需让文本框不再作为 first responder 即可，使用方法 resignFirstResponder。

另外 Text Field 是有代理的，在第 4 章我们讲解了代理的作用，代理本质上是一个协议，你可以指定当前的控制器遵循 UITextFieldDelegate，然后复写代理中的方法就可以实现相应的功能。比如当我们输入结束的时候，单击键盘上的 Return 键（当然，这个键的样式是可选的）会触发代理的方法 textFieldShouldReturn，通常会在这个方法中写上 sender.resignFirstResponder 以关闭虚拟键盘。

当编辑结束后，也就是前面说的 Text Field 不再是 first responder 时，会调用另一个代理方法 textFieldDidEndEditing。

UITextField 除输入文字外，还可以提供一些其他的控制，就像按钮一样，我们可以通过按钮来触发 target 和 action，同样也可以通过一个 UITextField 来触发一些 action 和 target，只不过触发的 events 和按钮相比是不同的。如果你试着建立一个 Text Field 的 IBAction 的话，默认的触发动作就是我们前面提到的 Editing Did End，如图 5.22 所示。与按钮的 Touch Up Inside 事件一样，当用户进行这个动作的时候，就会触发对应的 Action。

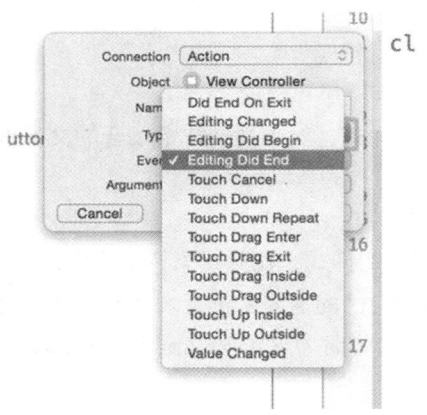

图 5.22　建立 Text Field 的 IBAction

5.6.3　键盘

就像我们之前提到的，在 Text Field 的使用中不可避免地会执行很多与虚拟键盘相关的操作，首先来介绍一下键盘是如何被调动的，下面是 UITextField 的定义：

```
class UITextField : UIControl, UITextInput, UIKeyInput, UITextInputTraits,
NSObjectProtocol, NSCoding
```

UITextField 的类遵循了协议 UITextInputTraits，键盘会滑出是因为文本框向 UITextInputTraits 协议发送了消息，所以不同于 Label 控件，在 UITextField 中你可以设置 UITextInputTraits 协议中的属性，这些属性全部是与键盘相关的。比如我们之前看到的属性检查器面板上的 Return 按钮的样式，密文输入等：

```
textField.returnKeyType = UIReturnKeyType.Google//设置Return按钮的样式为Google
textField.secureTextEntry = true//密文输入
```

键盘滑出时可能会遮挡页面上的其他视图，我们需要让这些视图适应键盘的位置（尤其是文本框本身），为达到这个目的，我们需要使用与键盘事件相关的 NSNotification。本书在 4.8 节中展示了一个简单的例子来处理视图的移动，现在我们来详细介绍与键盘相关的 NSNotification。在键盘出现或者消失的时候会广播消息，消息名称为：

- 键盘将要出现（UIKeyboardWillShowNotification）
- 键盘已经出现（UIKeyboardDidShowNotification）
- 键盘将要隐藏（UIKeyboardWillHideNotification）
- 键盘已经隐藏（UIKeyboardDidHideNotification）

你可以按照 4.8 节中的方法，选择合适的 NSNotification 进行操作。

5.7　Switch（开关）

本节提到的 Switch 不是 Swift 语法中的 Switch，而是 UIKit 中的控件 UISwitch（开关）。Switch 控件的开启和关闭状态分别如图 5.23 和图 5.24 所示。

图 5.23　开启状态的开关　　　　　　图 5.24　关闭状态的开关

和其他控件一样，从对象库中拖曳一个 UISwitch 控件到场景中即可创建一个开关，默认的样式如图 5.23 所示，是绿色背景白色滑块。你可以在属性观察器中修改开关的样式，开关的属性观察器如图 5.25 所示。

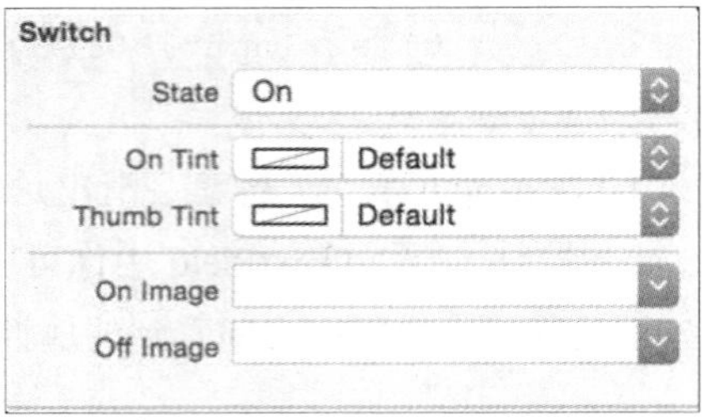

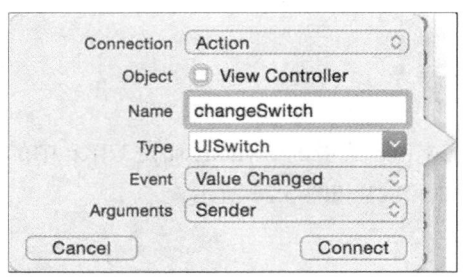

图 5.25　Switch 的属性检查器

- State：有 On 和 Off 两种状态，代表开关的默认状态是打开还是关闭。
- On Tint：开关打开时的背景颜色。
- Thumb Tint：滑块的颜色。

和按钮一样，除系统自带的样式外，你可以使用图片来展示一个开关开启或关闭时的样式。使用下面的 On Image 和 Off Image 两个选项。这为开关的样式带来了极大的灵活性。当然，这些属性你也可以使用代码来设置。

在 iOS 开发中，使用 Switch 控件的主要目的是更改其他控件或者视图的状态，下面我们通过一个例子来学习 Switch 的用法。

从对象库中拖曳一个 Switch 控件和一个 Label，关联控制器和控件，使用 Label 来展示开关的状态。Switch 的关联界面如图 5.26 所示。

图 5.26　Switch 的关联界面

由于滑动开关是一个动作，所以我们在 Connection 条目中选择 Action。注意，和 Button 不同的是，Switch 默认的 Event 是 Value Changed。在 iOS 中，控件与用户的交互方式有很多，比如点击某个 Button、点击某个 Switch，还有我们后面会讲到的滑动某个 Slider（滑动条）。系统会捕捉用户的这些动作并调用控制器中该控件对应的 Action。有些 Action 是通过传感器捕获的具体动作来触发的，比如触发一个按钮常用的 Touch Up Inside，而有些控件的形态会随着我们的动作发生明显的改变，比如说 Switch 的开和关、Slider 滑块的位置，这样的控件每一个形态都会有自身的某个状态与之对应，这类控件与控制器的交互中，Action 会随着控件状态的改变被调用。在 Switch 中，有一个很有趣的属性 "on"，它是 Bool 类型的，我们可以通过它的值来判断 Switch 的状态，在 Switch 的 IBAction 中使用 Label 来展示 Switch 的状态，代码如下：

```
@IBAction func changeSwitch(sender: UISwitch) {
    if sender.on {
        label.text = "打开"
    } else {
        label.text = "关闭"
    }
}
    @IBOutlet weak var label: UILabel!
```

效果如图 5.27 和图 5.28 所示。

图 5.27　Switch 开启状态　　　　图 5.28　Switch 关闭状态

5.8　Segmented Control（分段控件）

本节将介绍一个外型和 Button 很相似的控件：Segmented Control（分段控件）。注意，这里是 Control 而不是 Controller，Controller 是控制器，而这里的 Segmented Control 是控件，对象库中的分段控件如图 5.29 所示。

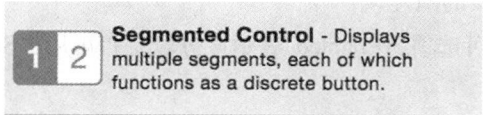

图 5.29　对象库中的分段控件

拖曳一个 Segmented Control 到场景中，默认的样式如图 5.30 所示。

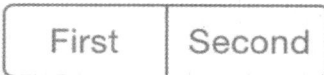

图 5.30　Segmented Control 的默认样式

5.8.1　Segmented Control 的属性检查器

下面让我们通过属性观察器来认识一下 Segmented Control。Segmented Control 的属性检查器如图 5.31 所示。

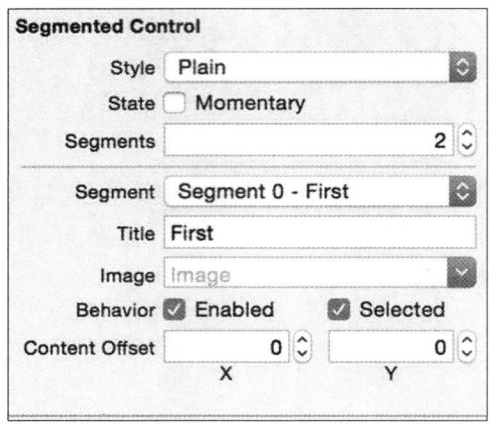

图 5.31　Segmented Control 的属性检查器

- **Style**：有三种风格，默认的是 Plain，此外还有 Bordered 和 Bar，我们选用默认的样式即可。
- **State**：这是一个可选项，勾选后单击 Segmented Control 不会保持高亮。
- **Segments**：设定分段的数量，默认的是 2 个，而且不能低于 2 个，不然 Segmented Control 就失去意义了。
- **Segment**：设置当前编辑的分段，该条目下方的其他属性对应此条目所选中的分段。
- **Title**：设置该分段所显示的文字，默认的是 First、Second 等英文序数词。
- **Image**：设置该分段的图片。
- **Behavior**：有两个可选项，Enabled 表示该分段是否可用，Selected 表示在初次加载时该分段是否被选中。
- **Content Offset**：设置分段中的 Title 的位置，如果对默认的位置不满意，则可以设置 X 和 Y 两个方向的偏移量来调整，可正可负。

5.8.2　Segmented Control 的代码实现

和 Switch 类似，在使用 Segmented Control 创建一个 IBAction 时的默认事件也是 Value Changed。也就是说，当某一边的分段按键被按下去的时候你重复点击是不会触发 IBAction 的，只有在按下不同的分段时才会触发 IBAction。

下面来看一段示例代码：

```
class ViewController: UIViewController {
    var label1 = UILabel(frame: CGRectMake(50, 100, 100, 100))
    var label2 = UILabel(frame: CGRectMake(180, 100, 100, 100))
    @IBAction func mySegmented(sender: UISegmentedControl) {
        label1.hidden = !label1.hidden
        label2.hidden = !label2.hidden
    }

    override func viewDidLoad() {
        super.viewDidLoad()
        label1.text = "First"
        label1.backgroundColor = UIColor.redColor()
        view.addSubview(label1)
        label1.hidden = false
        label2.text = "Second"
        label2.backgroundColor = UIColor.greenColor()
        view.addSubview(label2)
        label2.hidden = true
    }
}
```

我们在屏幕的两边分别创建一个 Label，单击 Segmented Control 切换状态。也就是说，这两个 Label 现在分享了当前页面的空间，效果如图 5.32 所示。

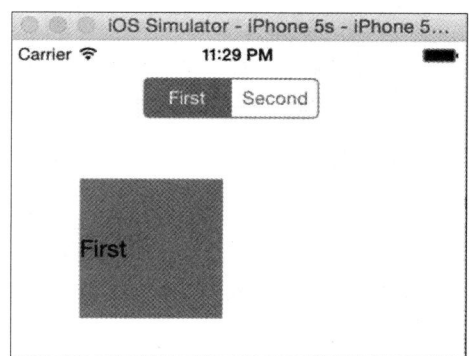 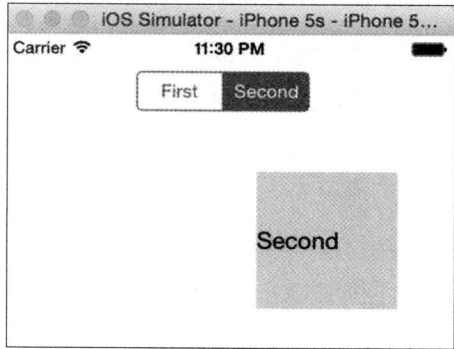

图 5.32　Segmented Control 的切换效果

5.8.3 "按钮"还是"分段"

Segmented Control 的实现看起来很简单吧，真正烧脑的问题是该如何选择按钮和分段。

和按钮相比，分段控件的特长是"切换"。因为手机的尺寸不大，手机屏幕上的每一块空间都显得弥足珍贵，所以如何合理布局是每个开发者首先需要考虑的问题。大模块的功能页面可以通过 Tab Bar Controller（选项卡）来布局，这个控件我们后面会讲到。那么每个大功能模块中的那些小功能该怎么办呢？或许你会设置多个按钮让每一个按钮都去关联一张页面，注意，如果是相对独立的功能这或许是个不错的做法。有时候这些子功能是相似性很高的功能，甚至页面的相似性也很高，那么此时用户的心理预期一定是通过"切换"来达到目的，而不是"选择"功能来执行对应的操作，要知道在 iPhone 上删除一款 APP 的操作非常简单，糟糕的用户体验简直就是灾难。在 iOS 中，"切换"是个神奇的动作，切换使得某些功能相似的页面可以共享一个屏幕空间，用户在选择相应功能的同时还可以通过分段控件的状态来了解当前

图 5.33　一款美食推荐类 APP

所做的选择。举个例子，图 5.33 是笔者曾经的作品，一款美食推荐类 APP 的摇一摇界面（笔者在设计方面似乎没有什么天赋，读者朋友请不要介意）。

可以看到在页面上方设置了一个 Segmented Control，分别显示"选择摇摇"和"饭团摇摇"。用户点击就会弹出一个窗口，在该窗口上设定筛选条件：针对菜品信息或是针对某个饭局。设定好筛选条件之后，通过摇动手机这个动作，系统会将推荐的菜单返回给用户。图 5.34 展示了两个分段所对应的窗口。

可以看到这两个子功能的相似性很高，所以在此使用"切换"的交互方式是很合适的，类似的情况还有手机版 QQ 的消息界面，顶部也有一个"消息"与"电话"的切换。

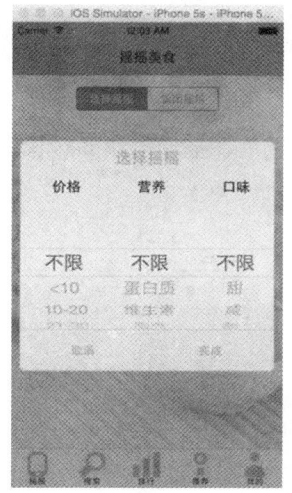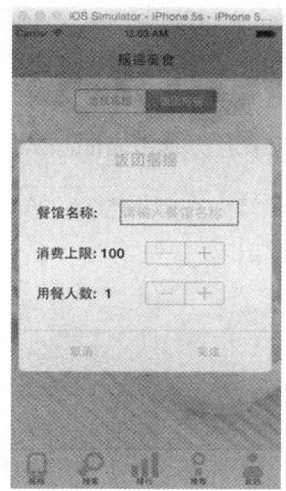

图 5.34 两个分段所对应的窗口

5.9 Slider（滑块）

Slider 控件通常用来指示进度，并且可以通过拖曳改变进度，我们平时看电影、听歌的时候经常使用这个控件与系统交互。

Slider 的默认样式如图 5.35 所示。

图 5.35 Slider 的默认样式

5.9.1 Slider 的属性检查器

下面来熟悉一下 Slider 的属性检查器，如图 5.36 所示。

- Value：和 Switch 控件类似，用户通过拖曳滑块来控制进度，不同时刻滑块所处的位置都会转换成具体的数值反馈给系统，这个数值就是 Slider 控件的属性 Value。我们可以在属性观察器中设置这个 Value 的最大值、最小值，以及通过设置 Current 的值来限定 Slider 初始化时滑块的位置。

- Min Image 和 Max Image：Slider 最大值和最小值处的图片。

- Min Track Tint：滑块左侧轨道的颜色。
- Max Track Tint：滑块右侧轨道的颜色。
- Thumb Tint：滑块的颜色。
- Events：有一个可选项 Continuous Updates，勾选后在拖动滑块的过程中会不断触发事件。

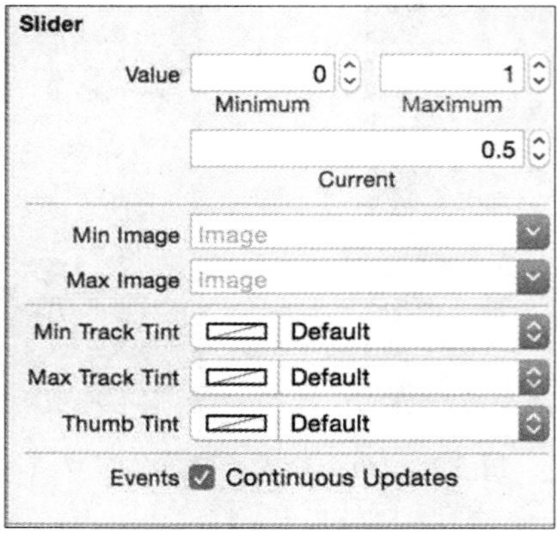

图 5.36　Slider 的属性检查器

5.9.2　Slider 的代码实现

这里不再介绍如何使用代码设置 Slider 的外形，这些在 UISlider 的声明中都能找到。本书想要讲的是如何使用 Slider 去实现控制，比如我们前面介绍过 Slider 在滑动时有一个属性 Value 与 UI 上的滑块位置相对应，并且如果勾选了 Continuous Updates，则这种关联是实时发生的；如果不勾选，那么当滑动停止时这种关联才发生。

下面来展示一个小 Demo，具体做法如下：拖曳生成一个 Slider，然后设置最小值为 0，最大值为 10，初始化时的当前值为 2。尝试使用 Label 来显示 Slider 的 Value 值。为了让读者更深刻地理解 Slider，笔者准备了两套方案，在场景中放置了两个 label：左边的为 label1，右边的为 label2。方案一和之前操作 Switch 一样，连线创建一个 IBAction，并且选择触发事件为 Value Changed，然后在方法体中显示 Slider 的 Value 值，代码如下：

```
@IBAction func sd(sender: UISlider) {//方法一
    label1.text = "\(sender.value)"
}
```

　　注意：sender 的 value 是 Float 格式的，如果要在 label1 中展示则需要转换成 String，这里使用了最简单的转换办法。

之前介绍过属性观察器可以监控属性的变化，那么可否用属性观察器来模拟 Value Changed 呢？方案二是连线创建一个 Slider 的 IBOutlet，然后添加一个属性观察器，在属性观察器中获取 value 传给 label2：

```
@IBOutlet weak var sd: UISlider!
    {
        willSet {
        label2.text = "\(newValue.value)"
        }
    }
```

现在来运行试试，效果如图 5.37 所示。

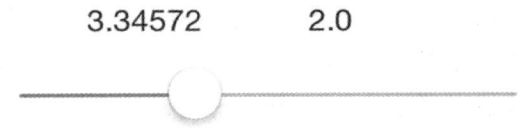

图 5.37　两种方案的对比

可以看到 label1 随着滑块的滑动显示不同的值，而 label2 一直都显示值 2.0，也就是初始值。为什么会出现这样的情况呢？这是因为属性观察器设置在 UISlider 的实例中，而在改变滑块位置的时候只是改变 Slider 实例的 value 值，实例本身并不会发生变化，所以属性观察器没有发生作用，希望读者仔细理解，不要误用。

5.10　ProgressView&ActivityIndicatorView

本节将介绍两个控件：ProgressView（进度条）和 ActivityIndicatorView（环形进度条）。在介绍这两个控件的用法之前，笔者认为读者首先应该明白这两个控件的用途，为此，引入一个新的概念：Multithreading（多线程），多线程是 iOS 开发中的重点，本节不涉及多线程的具体实现，只陈述多线程和 ProgressView、ActivityIndicatorView 配合使用的情景，有关多线程的具体操作，会在后面的章节中专门讲解。

5.10.1　多线程入门

iOS 是一个多线程的世界，iOS 中存在队列（queue）的概念，程序中的方法都运行在队列中，队列是一种组织数据的结构。反映到 iOS 系统的底层，这些队列都是一个一个的线程，其中有一个最重要的叫作主队列（main queue），UI 和用户的所有交互都发生在主队列中，而其他队列都是默默无闻的幕后英雄，用户甚至觉察不到其他队列的存在。另外，主队列是一个串行队列，也就是说，一次只能运行一个方法，遵循"先进先出"原则，在当前方法未运行完成时，主队列中的其他方法只能被阻塞。

举例说明，系统仿佛是一个操场，iOS 中的队列（在编程中我们只与逻辑层的队列打交道，所以我们不关心线程，我们只关心队列）就是操场上的跑道，就像由里及外每条跑道的长度都存在差异那样，每个队列也都是不同的，而程序中运行着的方法就仿佛是在跑道上跑步的人。当用户在使用一款 APP 时，这些"跑道"上的"小人"就开跑了。代码的运行是很高效的，在我们轻触屏幕的一瞬间，系统可能已经运行了几千行代码。然而有些操作是比较耗时的，比如通过网络下载图片资源。之前说过主队列是一个串行队列，如果你把这些耗时的操作放到主队列中执行，则系统会突然卡顿等待方法运行完毕，此时用户无法做任何操作，一款总是逼着用户发呆的 APP 不是一个好的 APP，显然这是非常糟糕的设计。作为与用户打交道的队列，主队列中代码的执行必须是灵敏的，好在我们还有很多队列，让这些"跑得奇慢的人"去别的跑道上跑步吧！此时主队列中又只有那些身手矫健的小伙伴了。

在 APP 与用户的交互中，这些非主队列中的操作好似是"运行在后台"一样，有些方法是负责切换线程的。这些方法都是在主队列中被调用，只不过当代码运行到比较耗时的部分时切换到了其他线程中而已，就好比操场上的调度员一声令下："主道上的那个跑得慢的你堵到后面人了，先去旁边的道上跑步吧"。在这些耗时的操作完成之后记得一定要切换回主线程中继续执行后面的代码，调度员又是一声令下："饿货听说你吃了士力架了，好了回到主道上吧。"这样的方法是很多的，比如我们在登录某款 APP 时可以使用个人微信快捷登录，整个登录方法就会经历"主线程中发起登录→其他线程中获取微信的个人信息→回到主队列登录成功"这样的线程切换。

多线程解决了用户的等待。在未完成的代码在其他线程中奋力工作时，身处主线程中的用户该做些什么呢？这就需要程序员换位思考了，如果用户在操作完成后不再需要关注进度，比如某些用作备份的上传操作，那么此时用户可以继续进行其他操作，在其他线程中的操作完成后只需回到主线程并给出简单的提示即可。如果是用户需要关心的操作，比如用户主动进行的上传或者下载操作，文件的大小是可以获知的，那么上传的进度就是可以被描述的，此时应该在主线程中调用一个 ProgressView（进度条）来显示进度。或者像上面提到的微信快捷登录，在登录结果未返回之前，用户应该做的是耐心等待，在需要用户等待的过程中用户应该得到明显的提示，此时ActivityIndicatorView（环形进度条）就可以大显身手了。

5.10.2　ProgressView（进度条）

如前所述，ProgressView（进度条）可以显式地表示某个异步处理的进度，让我们来熟悉一下 ProgressView 的属性观察器，如图 5.38 所示。

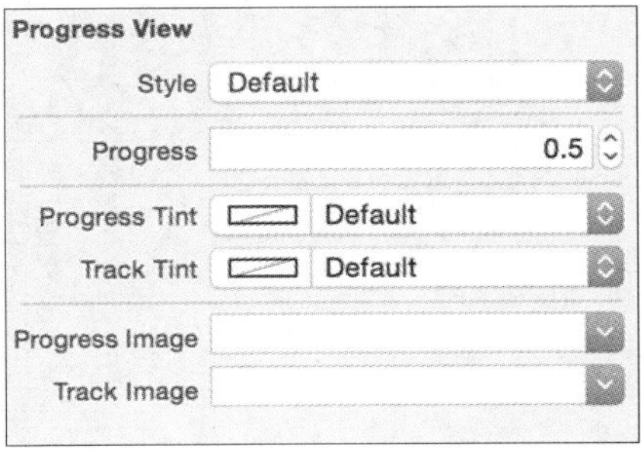

图 5.38　ProgressView 的属性观察器

- Style：只有两种格式可选，Default（默认格式）和 Bar（常用于 ToolBar 中，相比 Default 样式高度略高一些）。
- Progress：类似于 Slider 中的 Value，ProgressView 中的 Progress 属性以比值的形式表示当前进度条的进度值，在代码中通过修改 Progress 的值来修改进度条的形态。
- Progress Tint：已完成部分的颜色。
- Track Tint：未完成部分的颜色。
- Progress Image：使用图片填充已完成的部分。
- Track Image：使用图片填充未完成的部分。

除了上面提到的把 ProgressView 用于上传下载资源时显示进度之外，由于移动市场 iOS 和 Android 阵营的两极分化，在两个平台上同时开发一款 APP 的工作量较大，因此现在业界很流行使用原生的 iOS、Android 混合 HTML 5 来开发一款 APP，也就是所谓的 "Hybrid APP"。因此，在 APP 中可能会需要多次加载 HTML 5 的页面，这时候也会经常用到 ProgressView。目前主流的做法是将 ProgressView 放置到导航栏的下方，Github 上也有许多第三方的 ProgressView 库，关于如何利用 Github 中的代码，本书在后面的章节会讲到。

ProgressView 的使用较为简单，现在来动手写一个简单的小程序，配合 NSTimer 来模拟上传的进度。NSTimer 是一个与时间有关的类，主要用在 run loop 中，你不需要特别了解它，但是要记得 NSTimer 是用在主队列中的。

在场景中添加一个 ProgressView 和一个 label，同步显示进度，控制器中的代码如下：

```
import UIKit
```

```swift
class ViewController: UIViewController {
    private var progress = 0.0//使用progress记录进度
    {
        willSet{//在属性观察器中修改显示
            label.text = "\(newValue)%"//更新label的显示
            progressView.progress = Float(newValue / 100.0)//更新progressView
            的显示
        }
    }
    @IBOutlet weak var progressView: UIProgressView!
    @IBOutlet weak var label: UILabel!
    override func viewDidLoad() {
        super.viewDidLoad()
        progressView.progress = 0.0 //初始化时进度条进度为0
        label.text = "0%" // 初始时完成度为0%
        let timer = NSTimer.scheduledTimerWithTimeInterval(1.0, target: self,
        selector: "download:", userInfo: nil, repeats: true)
        //创建一个NSTimer实例，每隔1秒钟调用一次方法download
    }


    func download(timer:NSTimer) {
        progress += 10.0 //progress递增模拟下载进度
        if(progress == 100.0) {
            timer.invalidate() //进度到100%后停止NSTimer
        }
    }
}
```

download 是 scheduledTimerWithTimeInterval 方法中的选择子，所以在 download 方法中的参数类型为 NSTimer。和闭包类似，对选择子的参数 timer 进行操作，就是对选择子所属方法的主体进行操作。因为这个特性，所以在方法 download 中可以对 ViewDidLoad 方法中的 timer 进行操作。

运行效果如图 5.39 所示。

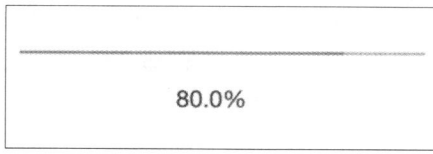

图 5.39　Demo 运行效果

5.10.3　ActivityIndicatorView（环形进度条）

和 ProgressView 相比，ActivityIndicatorView 不会显示具体的进度，只做提醒的作用，我们平时经常遇到这个控件，样子如图 5.40 所示。

图 5.40　ActivityIndicatorView 控件

首先来熟悉一下 ActivityIndicatorView 的属性观察器，如图 5.41 所示。

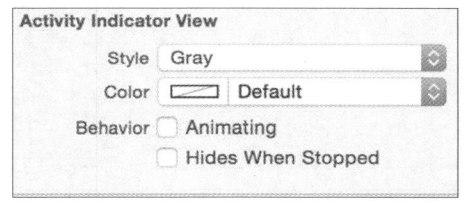

图 5.41　ActivityIndicatorView 的属性观察器

- Style：有三种样式，默认的是 Gray（灰色齿轮），此外还有 White（白色齿轮）和 Large White（大号白色齿轮）。
- Color：ActivityIndicatorView 的颜色。
- Behavior：有两个复选项，Animating 表示 ActivityIndicatorView 的齿轮是否在转动；Hides When Stopped 表示当齿轮停止转动的时候是否将其隐藏，通常我们会勾选这个选项。

ActivityIndicatorView 是多线程编程的常客，下面展示 ActivityIndicatorView 在多线程环境下使用的情景，不涉及具体的代码。

第一步　创建一个 ActivityIndicatorView 的实例，可以使用构造器创建一个实例，也可以与场景中的控件连线，设置它在不转动的时候隐藏，初始化时 ActivityIndicatorView 不转动。

第二步　当主队列中的程序执行到某些费时的操作时，将 ActivityIndicatorView 开启转动。注意，ActivityIndicatorView 的操作都是在主队列中进行的。然后再把费时的操作切换到其他队列中，此时 ActivityIndicatorView 会一直在屏幕上转动，其他队列中的代码并行执行。

第三步　当其他队列中的代码执行完毕后，切换回主队列，然后关闭 ActivityIndicatorView 的转动。

接下来将展示一个简单的 Demo，仍用 NSTimer 制造延时来模拟其他线程中的代码运行。我们需要一个开始按钮，单击开始下载，此时会出现转动的 ActivityIndicatorView。一段时间后下载过程结束，ActivityIndicatorView 停止转动并隐藏，Label 显示下载完成。

控制器中代码如下：

```swift
import UIKit

class ViewController: UIViewController {

    @IBAction func startLoad(sender: UIButton) {
        activityIndicator.startAnimating()//开启转动
        activityIndicator.hidden = false //显示齿轮
        label.hidden = true
        let timer = NSTimer.scheduledTimerWithTimeInterval(3.0, target: self,
        selector: "loadFinish:", userInfo: nil, repeats: false)//只运行一次
    }
    @IBOutlet weak var label: UILabel!
    @IBOutlet weak var activityIndicator: UIActivityIndicatorView!
    override func viewDidLoad() {
        super.viewDidLoad()
        activityIndicator.hidesWhenStopped = true
        activityIndicator.hidden = true//页面时加载隐藏
        label.hidden = true//页面加载时隐藏
    }
    func loadFinish(timer:NSTimer) {
    activityIndicator.stopAnimating()//停止转动，因为设置了 hidesWhenStopped，所
    以不需要再设置 hidden = true 了
    label.text = "下载完成"
    label.hidden = false
    }
}
```

运行情况如图 5.42 所示。

图 5.42　Demo 运行效果

除了我们自定义的 ActivityIndicatorView 之外，系统中也有自带的 ActivityIndicatorView。当我们使用数据流量或者 WiFi 加载数据的时候，屏幕的最上方运营商旁边有一个小的 ActivityIndicatorView，如图 5.43 所示。

Carrier 📶 ⁕　　　　　11:37 AM　　　　　　　　　▬

图 5.43　networkActivityIndicator

如果想使用这个 ActivityIndicatorView 的话，使用下面的代码：

```
UIApplication.sharedApplication().networkActivityIndicatorVisible = true//开启
UIApplication.sharedApplication().networkActivityIndicatorVisible = false//关闭
```

注意：UIApplication 中都是系统的实例，这些实例都是单例，也就是说，不管在哪里调用 networkActivityIndicator 都是同一个 networkActivityIndicator。

单纯的 ActivityIndicatorView 并不能给予用户足够的信息，有时我们在等待其他队列中代码运行的时候不希望用户继续操作 UI，那么可以使用一个浮在当前页面上的小浮窗来锁定屏幕，并把 ActivityIndicatorView 放在浮窗上，展示一些其他信息。本书不打算讲解具体做法，Github 上有很多类似的第三方库，比如 SVProgressHUD，效果如图 5.44 所示，在开发中我们可以多多利用这些精良的第三方库，提高代码的复用率。

图 5.44　使用 SVProgressHUD 的效果

5.11　Stepper（步进器）

本节介绍控件 Stepper，如果大家有网购经历的话一定对 Stepper 不陌生，选择了某件商品的款式之后还需要选择购买数量，选择商品数量的时候使用的就是 Stepper。Stepper 的作用是按照约定的"步长"进行增减操作，默认的样式如图 5.45 所示。

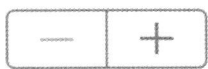

图 5.45　Stepper 的默认样式

Stepper 上的"＋"按钮和"－"按钮对应 Stepper 所控制的数值的增和减操作。

5.11.1　Stepper 的属性检查器

Stepper 的属性检查器如图 5.46 所示。

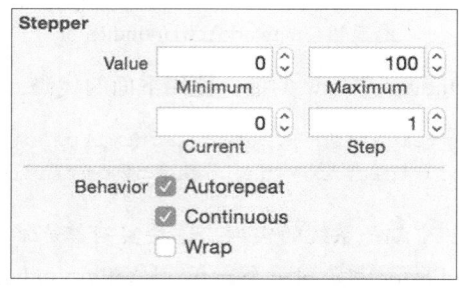

图 5.46　Stepper 的属性检查器

- Value：Stepper 所控制的值。Stepper 控件的主要意义就是向程序中传递它的 Value。Value 中有四个条目，Minimum 表示最小值，Maximum 表示最大值，Current 表示初始化时的值，Step 表示步长。
- Behavior：有三个复选项，Autorepeat 表示按住"＋"和"－"的时候会不断地触发 Stepper，由于步长是固定的，当你长按的时候系统会判定你所期望的值与当前值相差较大，所以值的变化会越来越快。Continuous 涉及 Valuechanged 事件的触发规则，勾选后是实时触发，未勾选则只有当用户停止与 Stepper 交互时才触发 Valuechanged 事件。
- Wrap：默认是未选中的，勾选后当当前 Value 达到最大（最小）值时，继续增（减），Value 会被复位实现一个循环，比如最大值为 100，最小值为 0，当达到 100 时继续增加 Value 就会变成 0。如果未选中，则达到最大（最小）值时，继续增（减），Value 会保持最大（最小）值。

5.11.2　Stepper 的代码实现

下面的 Demo 依旧很简单，用一个 Label 来显示 Stepper 的 Value，模拟购物车中的选择商品数量，如果数量不为 0 就显示购买的数量；如果数量为 0，则提示用户选择购买的数量。控制器中的代码如下：

```
import UIKit

class ViewController: UIViewController {
```

```
@IBOutlet weak var stepper: UIStepper!
@IBAction func stepper(sender: UIStepper) {
    label.text = sender.value == 0.0 ? "请选择购买数量":"购买\(Int
    (sender.value))件"
}
@IBOutlet weak var label: UILabel!
override func viewDidLoad() {
    super.viewDidLoad()
    label.text = "请选择购买数量"
    stepper.minimumValue = 0.0//最小值
    stepper.maximumValue = 10.0//最大值
    stepper.value = 0.0//值初始化时让当前值为0.0
    stepper.stepValue = 1.0//步长，如果不设置，默认值为1.0
}

}
```

Demo 中使用了一个三元表达式来控制 Label 的显示语句，需要注意的是，Stepper 的 Value 相关的值都是 Double 类型的，但是购物数量是整数，所以使用了一个 Int 的构造器转换类型，运行效果如图 5.47 所示。

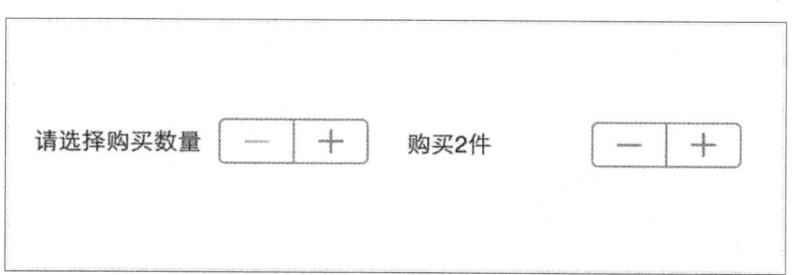

图 5.47　Demo 运行效果

5.12　ImageView（图像控件）

在前面的几节中我们发现，几乎没有哪个视图或者控件能够离开图像，有了图像，iOS 的世界才变得更加精彩。你可以在页面合适的位置摆放一张图片，也可以在某个控件中使用图像来替换原来的样式，使控件更满足 APP 的整体设计。在开始本节的内容之前，首先让我们区分两个概念：UIImageView 和 UIImage。

5.12.1　UIImageView&UIImage

当你想要在场景中插入一张图片的时候，搜索对象库，只有一个 UIImageView，如图 5.48 所示。

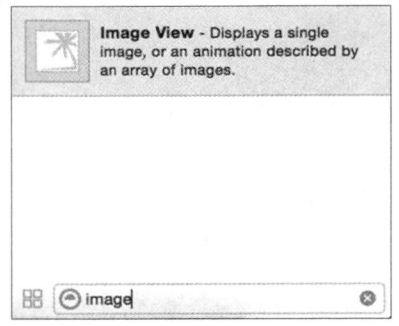

图 5.48　对象库中的 ImageView

iOS 中的图片实例都是 UIImage 类型的，在 iOS 中你无法单独把一个 UIImage 放到视图中。如果要单独使用图片，则需要把图片放到一个"容器"中进行展示和管理，这个容器就是 UIImageView。前面提到过在某些控件中可以用图片进行填充，这些控件可以设置图片的地方也能充当容器，所以你只需传入一个 UIImage 类型。在系统的工程目录下有一个文件夹"Images.xcassets"，里面存放了系统所需的图片资源，目录结构如图 5.49 所示。

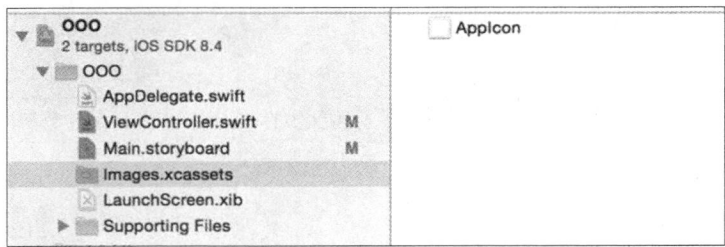

图 5.49　工程目录下的 Images.xcassets 文件夹

在 Images.xcassets 文件夹中有一个默认的图片资源叫作"AppIcon"，它是 APP 的桌面图标，如果没有放入图片，那么桌面上显现的就是如图 5.50 所示的图标。

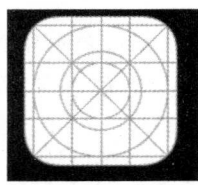

图 5.50　默认的桌面图标

你可以向文件夹中增加图片并且把图片放入分类文件夹中，右击 AppIcon 下的目录，右键菜单（图片管理菜单）如图 5.51 所示。

图 5.51　图片管理菜单

选择 New Image Set 可以新建一个图片文件，选择 New Folder 可以新建一个文件夹。需要注意的是，Images.xcassets 中的"图片"和我们平时使用的.jpg 和.png 是不同的，Images.xcassets 中的图片文件样式如图 5.52 所示。

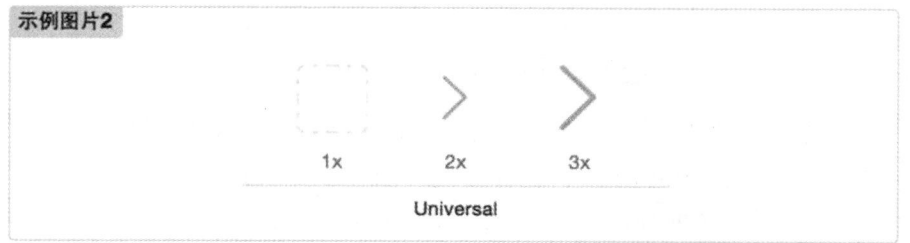

图 5.52　Images.xcassets 中的图片

可以看到一个图片文件中其实可以存放三张图片：1x、2x、3x，这样的做法主要是考虑 iOS 的设备适配问题。由于设备屏幕的差异，相同的屏幕布局在不同尺寸的屏幕上图片的尺寸也不同，可能出现拉伸现象，尤其像 iPhone6 Plus 这样的大屏幕手机。所以为了保证图片显示质量，苹果公司的做法是自动切换同一个图片文件中的不同尺寸的图片来适应屏幕尺寸。从图 5.52 中可以看到，3x 中的图片尺寸要大于 2x 中的图片，2x 和 3x 中的图片甚至连样式都可以不同，如图 5.53 所示。

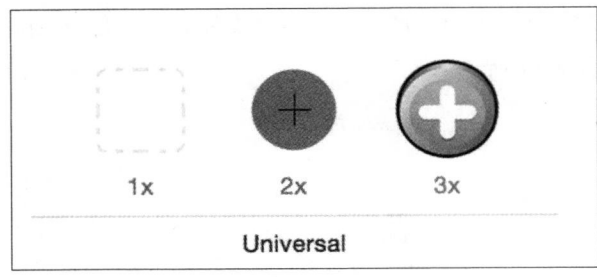

图 5.53　在 2x 与 3x 中放入不同的图片

另外，iOS 中默认兼容的图片格式是 png 格式。

5.12.2　UIImageView 的属性检查器

UIImageView 的属性检查器如图 5.54 所示，非常简单。

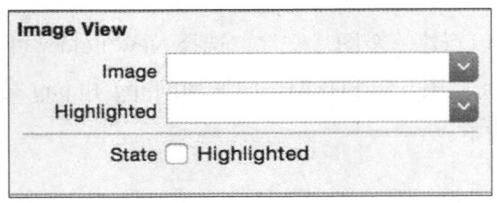

图 5.54　UIImageView 的属性检查器

- Image：从工程的图片资源文件夹中选择一张图片作为 ImageView 的填充，Image 下拉菜单中显示的都是工程中的图片的名称，在 Storyboard 中使用图片名称来索引图片。如果没有选择图片，则页面上显示的就是一个空的 View，你可以更改背景色然后试试看。
- Highlighted：和 Button 一样，ImageView 有时也需要切换到高亮状态，这时候可以选择显示一张不同的图片以响应高亮状态。Highlighted 下拉菜单显示的也是工程中的图片的名称。
- State：可以设置 ImageView 的初始状态，默认是非高亮状态。

5.12.3　UIImageView 的代码实现

1. 创建 UIImage

首先创建一个 UIImage 类型的实例，UIImage 类型有多个构造器，最常用的是用图片名称做参数的构造器：

```
let someImage = UIImage(named: "示例图片 1")
```

这个构造器的定义如下：

```
init?(named name: String) -> UIImage // load from main bundle
```

可以看到这个构造器是一个可选型的构造器，这是因为外部参数 named 传入的图片名称在工程中有可能是不存在的，此时返回 nil。

这里介绍一下这个 init 注释部分提到的 bundle。bundle 是指系统中的 NSBundle 类型，可以用 NSBundle 操作应用程序下所有可用的资源（xib 文件、数据文件、图片等），我们在开发工程时添加到 Images.xcassets 文件夹下的图片资源都存在 main bundle 中。除 main bundle 外，程序中还有其他的 bundle。在 APP 使用过程中可能经常会通过网络请求一些图片资源，为了加快使用的速度，有些不经常更改的图片会缓存到本地，此时就需要通过代码与 bundle 打交道了，如果图片资源存到了某个 bundle 中，则可以使用另外一个构造器来创建 UIImage 的实例：

```
init?(named name: String, inBundle bundle: NSBundle?, compatibleWithTraitCollection
traitCollection: UITraitCollection?) -> UIImage
```

不过大多数时候我们不需要手写图片缓存，Github 有非常多的帮助缓存图片的库，比如知名的 SDWebImage，还有王巍大神写的 kingfisher，kingfisher 是一个使用 Swift 语言写的库。

此外，如果加载的图片资源是从网络上获取的，那么使用这个图片资源加载到本地的时候会被解析成 NSData 类型，此时创建一个 UIImage 实例通常使用下面的构造器：

```
init?(data: NSData)
```

从网络加载图片资源的示例本书会在讲解网络操作的章节详细讲解。

之前在讲解 UIButton 时，我们讲过使用 UIColor 填充 button 的时候无法设置点击的高亮效果，如果使用纯色按钮的话，有一个好方法就是用颜色去创建一张图片，然后再把图片设置为 button 的背景，这样就可以实现点击的特效了。在项目的开发过程中经常会加入这样一个工具方法，用颜色生成图片的方法如下：

```
func imageFromColor(color:UIColor,frame:CGRect) -> UIImage {
    let rect = CGRectMake(0, 0,frame.size.width, frame.size.height)//指定一个区域
    UIGraphicsBeginImageContext(frame.size)//开始编辑
    let context:CGContextRef = UIGraphicsGetCurrentContext()
    CGContextSetFillColorWithColor(context, color.CGColor)
    CGContextFillRect(context, rect)
    let image = UIGraphicsGetImageFromCurrentImageContext()
    UIGraphicsEndImageContext()//结束编辑
```

```
    return image
}
```

这个方法涉及屏幕绘制的一些操作，笔者不打算展开来讲，但是这个方法的套路是固定的，读者可以直接参考复用，使用方式如下：

```
anotherImageView.image = imageFromColor(UIColor.redColor(), frame:
anotherImageView.frame)
```

效果如图 5.55 所示。

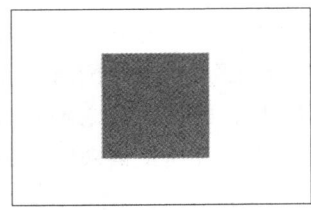

图 5.55　用颜色生成的图片

2. 创建 UIImageView

有了 UIImage 实例后，接着创建一个 UIImageView 类型的实例。UIImageView 有两个 UIImage?类型的属性：image 和 highlightedImage。如果是从场景中连线创建的 UIImageView 实例，那么这两个属性默认是 nil 的。在 UIImageView 类的 API 中是看不到@IBOutlet 的构造器的，使用 IBOutlet 创建的实例实际使用的是 NSCoding 协议的序列化机制，这超出了本书的范围，读者作为了解即可。

如果在代码中使用构造器创建 UIImageView 实例，则可以使用下面两个构造器：

```
init(image: UIImage!)//不设置高亮效果
init(image: UIImage!, highlightedImage: UIImage?)//设置高亮效果
```

比如创建一个实例 someImageView：

```
var someImageView = UIImageView(image: UIImage(named: "示例图片 1"))
```

在使用代码创建了 UIImageView 之后，记得设置它的 frame，并且加到父视图中，这样在页面上才能显示：

```
someImageView.frame = CGRectMake(30, 30, 40, 40)
view.addSubview(someImageView)
```

因为 UIImageView 是 UIView 的子类，所以还有另外一种策略是使用 UIView 的构造器，参数为 frame，先指定一个位置，然后再指定 UIImage。

```
var anotherImageView = UIImageView(frame: CGRectMake(30, 30, 40, 40))
anotherImageView.image = UIImage(named: "示例图片")
view.addSubview(anotherImageView)
```

3. UIViewContentMode

如果 UIImage 和 UIImageView 的尺寸不同的话，把 UIImage 放到 UIImageView 之上时我们必须要告诉系统如何"摆放"，即使用 UIImage 的属性 contentView。contentView 继承自父类 UIView，在 UIImageView 中十分重要。contentView 是 UIViewContentMode 类型的，UIViewContentMode 是一个枚举，并且指定了底层值为 Int。

UIViewContentMode 中的各项具体功能如下。

- ScaleToFill：图片填满所属 UIImageView，会被拉伸。
- ScaleAspectFit：图片保持原比例，尽量充满 UIImageView。
- ScaleAspectFilll：图片保持原比例充满整个 UIImageView，可能会有部分超出 UIImageView 的 frame。
- Redraw：在调用 setNeedsDisplay 方法时重绘。
- Center：将图片置于 UIImageView 的中心。
- Top：上边缘对齐。
- Bottom：下边缘对齐。
- Left：左边缘对齐。
- Right：右边缘对齐。
- TopLeft：置于左上角。
- TopRight：置于右上角。
- BottomLeft：置于左下角。
- BottomRight：置于右下角。

4. UIImageView 实现切图效果

当然 UIImageView 的功能远不止作为 UIImage 的容器这么简单，你可以使用 UIImage 实现一个幻灯片的效果，UIImageView 的 API 中有两个数组：

```
var animationImages: [AnyObject]? // The array must contain UIImages. Setting
hides the single image. default is nil
var highlightedAnimationImages: [AnyObject]? // The array must contain UIImages.
Setting hides the single image. default is nil
```

数组中元素的类型是 AnyObject，这是为了与 OC 兼容的缘故，Swift 2.0 对 API 做了一些改动，这样的 AnyObject 会越来越少的，因为你必须把 UIImage 类型的实例放进去才有意义。Demo 代码如下：

```
let imagesArray = [UIImage(named: "Demo1")!,UIImage(named: "Demo2")!,UIImage
(named: "Demo3")!]//设置轮播图片
imageView.animationImages = imagesArray
imageView.contentMode = .Center //图片居中
imageView.animationDuration = 2.0//两秒切换一次
imageView.animationRepeatCount = 5 //切换 5 轮
imageView.startAnimating()//开始动画
```

注意：我们要想把[UIImage?]的数组赋值给[AnyObject]类型的数组,必须先进行解包。数组中的图片会被轮播，每张图片切换时间为 2 秒，总共会切换 5 轮，5 轮结束后 UIImageView 上的图片消失。如果想要提前终止动画，则需调用方法 stopAnimating()。imageView 有一个布尔类型的方法 isAnimating，用于判断是否在进行切换动画，上面的代码运行效果如图 5.56 所示。

图 5.56　切换动画

5.13　PickerView&DatePicker

5.13.1　PickerView（选择器）简介

本书在 5.11 节中通过一个购物车选择数量的小 Demo 展示了 UIStepper 控件的用法，但是生活抛给我们的并不总是选择几个这样的"单选题"，比如要买一件衣服，你可能需要从价格、颜色、材料等方面去挑选。同样，在 iOS 中也需要处理诸多条件组合的情况，系统为我们提供了组件 UIPickerView（选择器）以及专门用来处理时间的 UIDatePicker（时间选择器），PickerView 的样式如图 5.57 所示。

Mountain View
Sunnyvale
Cupertino
Santa Clara
San Jose

图 5.57　PickerView 的默认样式

注意：这个控件没有明显的边框，样式非常的清爽，看起来像是一个滚轮，iOS 系统的闹钟就是使用这个控件实现的。

需要注意的是，这个控件没有默认值，为了展示 PickerView 的样式，系统为我们增加了一些选项，比如 "Mountain View"、"Sunnyvale"，这些都是与苹果公司有关的地名，算是苹果的 "彩蛋"，有兴趣的读者可以去查一下。这些选项只有在 Storyboard 中才可以看到，在运行的时候是看不到的，我们需要在代码中设置 PickerView 的格式。PickerView 的属性检查器也非常的简单，只有一个可选项：

Behavior：Shows Selection Indicator

这个选项是默认勾选，勾选后当前选中的选项（也就是两条浅灰横线中间的部分）会高亮显示。

5.13.2　使用 delegate 和 dataSource

PickerView 和之前的控件不太一样的地方是，需要使用 delegate 和 dataSource，这是我们第一次在 UIKit 中接触到 delegate 和 dataSource 的使用，这两个概念在本书第 4 章有详细的阐述，本章只介绍用法，在后面的章节中会介绍如何自己实现一个 delegate。查看 UIPickerView 的 API，你会看到有两个无主引用的属性：

```
unowned(unsafe) var dataSource: UIPickerViewDataSource? // default is nil. weak reference
unowned(unsafe) var delegate: UIPickerViewDelegate? // default is nil. weak reference
```

这也就证明 UIPickerView 有些功能需要借助于 delegate 和 dataSource 中的方法来实现。

在第 2 章语法中我们接触过 Protocol（协议），iOS 中的所有 delegate 和 dataSource 实际上都是 Protocol，里面存放了与交互或者数据有关的重要方法。dataSource 和 delegate 这两个属性的类型分别是 UIPickerViewDataSource?和 UIPickerViewDelegate?。通常需要使用 delegate 和 dataSource 的控件都会采用这样的命名方式："类型名+DataSource\Delegate"。Protocol 的定义也是写在当前类文件中的，注意，并不是写在类的定义中。Swift 中不需要引入头文件，所以不论写在哪个类文件中都是全局的，而各个类都需要的 delegate 和 dataSource 通常定义在本类所属的文件中。在 UIPickerView 类定义的下方可以找到。UIPickerViewDataSource 和 UIPickerViewDelegate 的定义：

```
protocol UIPickerViewDataSource : NSObjectProtocol {
    func numberOfComponentsInPickerView(pickerView: UIPickerView) -> Int

    func pickerView(pickerView: UIPickerView, numberOfRowsInComponent component:
    Int) -> Int
}

protocol UIPickerViewDelegate : NSObjectProtocol {

    optional func pickerView(pickerView: UIPickerView, widthForComponent component:
    Int) -> CGFloat

    optional func pickerView(pickerView: UIPickerView, rowHeightForComponent
    component: Int) -> CGFloat

    optional func pickerView(pickerView: UIPickerView, titleForRow row: Int,
    forComponent component: Int) -> String!

    @availability(iOS, introduced=6.0)
    optional func pickerView(pickerView: UIPickerView, attributedTitleForRow
    row: Int, forComponent component: Int) -> NSAttributedString? // attributed
    title is favored if both methods are implemented

    optional func pickerView(pickerView: UIPickerView, viewForRow row: Int,
    forComponent component: Int, reusingView view: UIView!) -> UIView

    optional func pickerView(pickerView: UIPickerView, didSelectRow row: Int,
    inComponent component: Int)
}
```

这两个协议本身都遵守 NSObjectProtocol，dataSource 中的方法是必须实现的，而 delegate 中的方法都有 optional 关键字，所以这些方法可以选择实现。下面来看看 dataSource 是怎么工作的吧。dataSource 中有两个方法，numberOfComponentsInPickerView 传入一个 UIPickerView 实例，返回一个 Int，用来指定某个 UIPickerView 中有几个滚动条。另外一个方法 pickerView 传入一个 UIPickerView 的实例和一个内部参数名为 component 的 Int 类型的参数，返回一个 Int 类型，用来指定某个 UIPickerView 中第几个滚动条包含多少行。可能你已经注意到在 dataSource 和 delegate 中有很多方法都是用控件的名称命名，只不过参数不同，通过方法的重载来实现不同的功能。这样做的好处是当一个控制器同时成为多个控件的 delegate 或者 dataSource 的时候，不同控件的方法不会重名，而且仅仅从命名上就可以看出方法的功能，是不是很赞？

delegate 中的方法功能与 dataSource 不太相同，它主要用来设计样式和响应交互，比如在方法 pickerView(pickerView: UIPickerView, titleForRow row: Int, forComponent component: Int) -> String! 中设置某一列上某一行的标题。

可以看到 UIPickerView 的 delegate 和 dataSource 两个属性是可选型的，如果不给它们赋值，它们就是 nil，这样就会出现最开始遇到的情况：在页面上看不到我们放置的 UIPickerView。使用 dataSource 和 delegate 中的方法描绘 UIPickerView 之后，在屏幕上才能看到我们期望的 UIPickerView 样式，而且 UIPickerView 的 API 中有相应的属性和方法来响应 dataSource 和 delegate 中的设置，比如：

```
var numberOfComponents: Int { get }
func numberOfRowsInComponent(component: Int) -> Int
func rowSizeForComponent(component: Int) -> CGSize
```

第一个 Int 类型的属性 numberOfComponents 是一个只读属性，当设置了 dataSource 中的方法 numberOfComponentsInPickerView 之后，就可以从这个属性中读取 PickerView 的列数。当单一的属性无法返回需要的值的时候，就需要使用方法来返回，比如第二个方法 numberOfRowsInComponent 用来返回某个列中的行数。第三个方法用来返回某个列的尺寸。

仔细查看 UIPickerView API 中的其他方法，你会发现当使用了"Delegate pattern"之后，UIPickerView 中几乎没有用来做"设置"的方法了，都是查询的方法，"设置"这个动作放到了 delegate 和 dataSource 协议之中，UIPickerView 的 API 变得非常的清爽。当然，使用"Delegate pattern"远不止简化 API 这么简单，先来看 UIPickerView 的使用示例，之后再来讨论"Delegate pattern"。

5.13.3　PickerView 的代码实现

在了解了 UIPickerView 的 delegate 和 dataSource 之后，让我们来实现一个简单的 Demo：设

置一个三行两列的 PickerView，在下方设置三个 Label，分别显示每一列中当前被选中的值。

首先关联 Storyboard 和控制器：

```
@IBOutlet weak var pickerView: UIPickerView!
```

然后让控制器遵守 UIPickerView 的 delegate 和 dataSource：

```
class ViewController: UIViewController,UIPickerViewDelegate,UIPickerViewDataSource
```

原则上是可以指定任意控制器来遵守这两个协议的，但是通常我们让控件所属的控制器来遵守协议，然后在本类中实现方法，这样代码结构会很紧凑。此时你会看到 Xcode 报错了，提示 "Type 'ViewController' does not conform to protocol 'UIPickerViewDataSource'"。就像我们之前说过的，UIPickerView 的 dataSource 中的方法都是必须实现的，所以这个报错仅仅是针对一个 Protocol 的报错而已。现在在控制器中来实现这些方法，如果记不住有哪些方法，可以先按住 command，然后单击 UIPickerViewDataSource，这样就可以进入 UIPickerViewDataSource 的 API 中了。

实现如下方法：

```
func numberOfComponentsInPickerView(pickerView: UIPickerView) -> Int {
    return 3//共有三列
}
  func pickerView(pickerView: UIPickerView, numberOfRowsInComponent
      component: Int) -> Int {
    switch component {//三列分别有3、4、5行
    case 0: return 3
    case 1: return 4
    default: return 5
    }

  }
```

现在已经没有报错了，有了格式，我们还需要选择器中显示的具体信息，创建三个数组来保存数据：

```
let colors = ["红","白","黑"]
let sizes = ["S","M","L","XL"]
let destinations = ["北京","上海","西安","成都","深圳"]
```

要想设置 PickerView 所显示的条目，需要借助 delegate 中的方法：

```
func pickerView(pickerView: UIPickerView, titleForRow row: Int, forComponent
component: Int) -> String! {
    switch component {
```

```
        case 0:return colors[row]
        case 1:return sizes[row]
        default: return destinations[row]
        }
    }
```

注意：这个方法传入的参数中有 row 和 component，这样就可以覆盖整个 PickerView 的所有条目了。

现在我们的 PickerView 已经有内容了，但是运行时就会发现屏幕依旧是白花花一片，这是为什么呢？初学者可能经常会犯这个错误，原因是你在遵循了 delegate 和 dataSource 的控制器中满心欢喜地实现了所有需要实现的方法后，却没有指定哪个控件的实例可以用这些方法，所以最后一步：通过属性访问控件实例，把作为 delegate 和 dataSource 的控制器"绑定"到实例上。在 ViewDidLoad 方法中加入下面两句：

```
pickerView.delegate = self
pickerView.dataSource = self
```

只需设置实例变量的 delegate 和 dataSource 属性即可，我们不用关心 delegate 方法中的第一个参数 pickerView，这些关联是系统内部自动关联的。看到这里敏感的读者大概已经想到为什么 UIPickerView 的 API 中的 delegate 和 dataSource 是无主引用的了，在自定义 delegate 和 dataSource 的时候一定要当心不要产生"保留环"，以免内存溢出。现在运行，终于可以看到 PickerView 的全貌了，如图 5.58 所示。

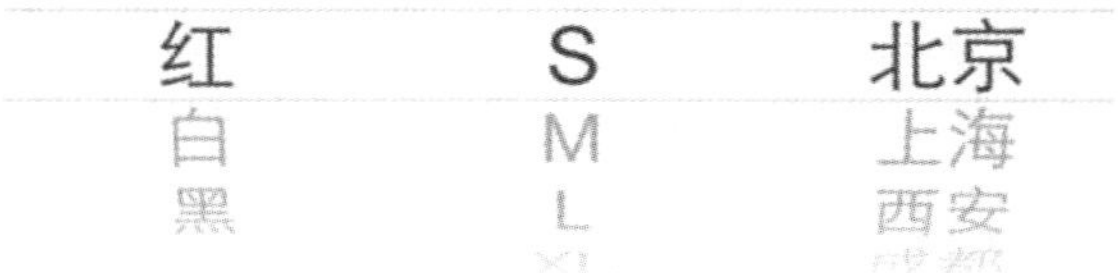

图 5.58　PickerView 运行效果

可以通过上下滚动来选择条目，当行数比较多的时候，尾部和头部的内容会呈现半透明状态。除了 title，delegate 中还提供了设置每个列的宽度的方法：

```
pickerView(pickerView: UIPickerView, widthForComponent component: Int) -> CGFloat
```

以及设置每个列中行的高度的方法：

```
pickerView(pickerView: UIPickerView, rowHeightForComponent component: Int) -> CGFloat
```

delegate 中的方法非常强大，并且针对不同的控件，delegate 的方法也会有所不同，这里不再一一列举。下面继续实现 Demo，关联三个 Label，使用 delegate 的方法获取选中的行：

```
func pickerView(pickerView: UIPickerView, didSelectRow row: Int, inComponent
 component: Int) {
    switch component{
    case 0:
        label1.text = colors[row]
    case 1:
        label2.text = sizes[row]
    default:
        label3.text = destinations[row]
    }
}
```

和上面的方法不同，这个方法没有返回值，我们无须关心这些 delegate 方法的具体实现，只要利用好方法中为我们提供的参数，设置需要的返回值即可。比如用户在 UI 上操作 PickerVeiw 控件的时候，上面这个 delegate 方法就可以捕获当前所选的行和列，编程人员只需提前在这个 delegate 方法中根据 component 和 row 参数进行设置即可，现在运行，效果如图 5.59 所示。

图 5.59　设置 delegate 之后的效果

5.13.4　DatePicker（日期选择器）的属性检查器

DatePicker 是专门针对日期和时间的选择器，样式上和 PickerView 相似，但是和 PickerView 不同。当你在 Storyboard 中拖曳一个 DatePicker 控件到场景中时，不会显示一个控件，而是一个 View 的样子，查看 DatePicker 样式需要运行一下才能在模拟器上显示，默认的样式如图 5.60 所示，显示的是当前的日期。

图 5.60　DatePicker 的默认样式

DatePicker 的属性检查器如图 5.61 所示。

图 5.61　DatePicker 的属性检查器

- Model：设置 DatePicker 的样式，有以下四种模式。
  Date and Time：默认的样式，显示的是日期加时间。
  Date：显示日期不显示时间。
  Time：显示时间不显示日期。
  Count Down Timer：显示 24 小时制时间的倒计时模式。
- Locale：设置语言类型，默认的是英文，如果工程设置了本地化，那么显示的语言会自动切换到本地化中设置的语言。
- Interval：设置时间间隔，以分钟为单位。
- Date：显示的日期，默认的是当前的日期，你可以设置为某个固定值。
- Constraints：设置 DatePicker 的最大值和最小值。
- Timer：设置 Count Down Timer 模式下的倒计时秒数。

5.13.5　DatePicker 的代码实现

DatePicker 的 API 比较简单，不再使用 delegate 和 dataSource，主要是操作属性，核心是 date 属性，它的类型是 NSDate。NSDate 是 iOS 中专门用来表示日期的类型，还有一个 NSDateFormatter 类与 NSDate 类配合使用，用来设置日期的格式。虽然 DatePicker 只显示当前日期的时和分，但是在中控台打印 date 属性的时候会发现 NSDate 格式实际包含秒，比如：

2015-08-20 08:24:39 +0000

首先关联 Storyboard 中的 DatePicker 控件，然后通过 NSDateFormatter 修改 date 属性的值的格式，比如只需显示 2 位的年份，用法如下：

```
let dateFormat = NSDateFormatter()
dateFormat.dateFormat = "yy-MM-dd HH:mm:ss"//新格式，yy 表示 2 位的年份
println(datePicker.date)
let date2String = dateFormat.stringFromDate(datePicker.date)
println(date2String)
```

date2String 的格式如下：

15-08-20 16:45:40

只不过这个新的格式是 String 类型的。NSDateFormatter 还有一个与 stringFromDate 方法对应的方法 dateFromString，这两个方法的格式如下：

```
func stringFromDate(date: NSDate) -> String
func dateFromString(string: String) -> NSDate?
```

使用 DatePicker 进行交互的时候，可以创建 IBAction。

注意：默认的事件是 ValueChanged，你可以在 IBAction 方法中捕获作为 sender 传入的 DatePicker 并进行相关操作，这里不再举例。

5.13.6　浅谈 "Delegate pattern" 委托模式

本书想要教给读者的不仅仅是知识和技能，还有思想。在本节的最后作者想谈谈 PickerView 和 DatePicker 这两个 "兄弟控件" 出现差异的原因。通过前面用法的介绍，我们知道 UIPickerView 是一个高度自由的控件，UIPickerView 本身甚至还遵守了 UITableViewDataSource，TableView 是 iOS 中最重要也是最灵活的控件之一，我们会在后面讲到。这些样式高度自由的控件通常都使用了 delegate 和 dataSource 的模式，这样可以使控件获得良好的灵活性。

另外一些控件比如 UIDatePicker，还有我们之前接触的 UIStepper、UISlider 等，它们的功能相对固定，扩展性不高，根据使用的情景系统为我们设计了一些样式可选，比如 UIDatePicker 的 Mode，查看 API 你会发现 Mode 是个枚举。至于哪些控件适合进行定制，哪些控件适合使用现有的模式，苹果公司在设计 API 时一定进行了深思熟虑。

有些读者可能会疑惑，delegate 和 dataSource 都是协议（某些语言中的接口），它们为什么不是类？尤其对于习惯了面向对象编程（OOP）的读者。iOS 的编程语言，无论是 OC 还是 Swift 都是单类继承的，在 iOS 中一个很严重的问题就是"对类和继承的过度使用"，尤其是 Swift 中 extension 这个强大的特性，使得我们可以非常容易地扩展类的功能，但是 iOS 系统是多线程的，如果不加节制地扩展或者创建子类，会使得某个类变得非常的庞大，甚至出现某个拥有非常多功能的"上帝类"，不要觉得"上帝类"很牛，这种情况的直接后果就是 Bug 满天飞，很难维护。

所以苹果一贯的做法是使用 Protocol 来承担多余的工作，把类需要的方法定义在 Protocol 里面，因此你看到的 dataSource 和 delegate 都是 Protocol，这种方式可以很好地描述接口。

可喜可贺的是 Swift 2.0 中我们可以对 Protocol 进行扩展，极大地提升了 Protocol 的灵活性，也可以看出苹果是鼓励程序员去扩展 Protocol 的，本书将在后面的章节介绍面向协议的编程方法。

5.14　AlertView&ActionSheet

在 iOS 中进行某些重要操作的时候，系统为了防止我们误操作，会弹出一个询问的浮窗，这个浮窗就是 UIAlertView 控件。另外系统中还有一个控件 UIActionSheet，这个控件的作用是从底部滑出一个菜单供用户选择，比如点击分享会出现分享菜单，可以把当前内容分享到不同的平台。这两个控件看上去关联不大，但其实联系非常紧密，在 iOS 8 以后，二者可以使用同一个类 UIAlertController 来创建，这也是把二者放到一节中来介绍的原因。关于 UIAlertController，会在介绍完 UIAlertView 和 UIActionSheet 的 API 之后来重点讲解。需要注意的是，不管用何种方法创建，AlertView 和 ActionSheet 都只能通过代码来创建，在对象库中是找不到的。

5.14.1　AlertView（提醒框）

由于 AlertView（提醒框）只能通过代码创建，所以我们提前在场景中放置一个按钮，在单击按钮的 IBAction 方法中展示 AlertView。实际的工程中，在需要进行操作确认的地方加入 AlertView 可以带来良好的用户体验。查看 UIAlertView 的 API 可以看到默认的构造器如下：

```
init(title: String?, message: String?, delegate: AnyObject?, cancelButtonTitle:
String?)
```

title 表示 AlertView 的标题，message 表示标题下的说明文字，AlertView 也是需要使用 delegate 的，cancelButtonTitle 代表取消按钮的标题。可以看到构造器的每个参数都是可选型的，如果参数为 nil 则在 AlertView 显示的时候对应的条目不会显示，这样可以设计出非常灵活的样式来。使用这个构造器创建的是简单的 AlertView，只有一个取消按钮，你不需要设置取消按钮的方法，单击取消按钮会自动关闭 AlertView。通常使用默认的构造器不需要设置 delegate，因为使用这个构造器创建的 AlertView 除取消按钮外没有其他按钮，只是起到指示的作用，比如下面的示例代码：

```
let alertView = UIAlertView(title: "警告框标题", message: "警告框说明文字",
delegate: nil, cancelButtonTitle: "取消按钮")
alertView.show()
```

在创建 AlertView 实例之后，记得调用 show()方法，不然 AlertView 不会显示。你不需要像使用其他控件那样担心控件摆放的位置，调用 show()方法之后，AlertView 会以浮窗的形式展示在屏幕中央，AlertView 会占据当前视图的最顶层。此时浮窗之外的区域会被锁定变暗，只能通过单击 AlertView 的取消按钮关闭浮窗，效果如图 5.62 所示。

图 5.62　简单的 AlertView

如果我们想要更多的操作，比如确认和取消，那么需要使用另外一个便捷构造器，需要注意的是，在 API 中这个便捷构造器是使用扩展的方法定义的：

```
extension UIAlertView {
    convenience init(title: String, message: String, delegate: UIAlertViewDelegate?,
    cancelButtonTitle: String?, otherButtonTitles firstButtonTitle: String,
    _ moreButtonTitles: String...)
}
```

　　随着 iOS 系统的发展，AlertView 可能在以后会出现更多的样式，而当前的样式可能也会发生改变，所以苹果在设计 API 时，在类的定义中只保留了基本的格式，其他格式的便捷构造器直接扩展基类。观察可以发现这个便捷构造器的 API 设计得非常有意思，除标准的取消按钮外，其他按钮其实是两个参数，但是由于第二个参数的外部参数名被隐藏了，所以调用的时候看起来只剩一个参数了。不得不说，这是一种非常聪明的 API 设计，构造器内部参数名为 firstButtonTitle 的参数为非空的 String 类型，所以在使用构造器时外部参数名 otherButtonTitles 必须有值，使用重载的特性与基本的构造器相区分；而内部参数名为 moreButtonTitles 的参数是一个可变参数。可能在之前讲解外部参数名和内部参数名的时候，很多读者并不能理解这样做的用意，现在你可以看到通过外部参数名隐藏了 API 的设计细节。最后两个参数在调用时统一于外部参数名 otherButtonTitles，程序员在使用这个 API 时只需传入合适数量的按钮标题即可，下面是一个使用的例子：

```
let alertView = UIAlertView(title: "警告框标题", message: "警告框的说明文字",
delegate: nil, cancelButtonTitle: "取消按钮", otherButtonTitles: "操作按钮1", "操
作按钮2")
alertView.show()
```

　　运行效果如图 5.63 所示。

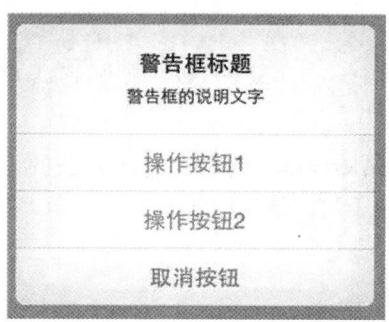

图 5.63　使用便捷构造器构造的多按钮警告框

　　如果不查看 API，程序员并不知道"操作按钮 1"和"操作按钮 2"其实是两个参数，如果需要更多的按钮，则只需在"操作按钮 2"后面续上"操作按钮 3"、"操作按钮 4"……即可，非常灵活。

当然，由于没有绑定 delegate，现在你点击"操作按钮 1"和"操作按钮 2"时只会关闭 AlertView。你可以在 delegate 中设置这些按键相应的方法，和之前 PickerView 控件中的做法一样，首先让控制器遵守 AlertView 的 delegate。不同的是，通过前面对构造器的解析，你在通过构造器初始化一个 AlertView 的时候就已经指定了按钮的个数、标题等信息，所以 AlertView 是没有 dataSource 的：

```
class ViewController: UIViewController,UIAlertViewDelegate
```

然后实现以下 delegate 方法：

```
func alertView(alertView: UIAlertView, clickedButtonAtIndex buttonIndex: Int) {
    if buttonIndex == 0 {
        println("取消按钮")
    } else if buttonIndex == 1 {
        someMethod1(alertView, buttonIndex: buttonIndex)
    } else if buttonIndex == 2 {
        someMethod2(alertView, buttonIndex: buttonIndex)
    }
}
```

在 AlertView 中虽然取消按钮总是在最下面，但是在 delegate 方法中，取消按钮的 buttonIndex 为 0，剩下的按钮从 1 开始递增，someMethod1 和 someMethod2 的定义如下：

```
func someMethod1(alertView: UIAlertView,buttonIndex:Int){
    println(alertView.buttonTitleAtIndex(buttonIndex))//打印当前按钮标题
}
func someMethod2(alertView: UIAlertView,buttonIndex:Int){
    println(alertView.numberOfButtons)//打印按钮总数
}
```

在这两个方法中打印了 UIAlertView 的两个实例方法的返回值。你可以运行试试，单击 AlertView 中的三个按钮，控制台上打印信息如下：

操作按钮 1

3
取消按钮

5.14.2　ActionSheet（操作表）

和 AlertView 相似，ActionSheet 也是只能通过代码来创建。两者在 API 的设计上有很多相似的地方，ActionSheet 的默认构造器是：

```
init(title: String?, delegate: UIActionSheetDelegate?, cancelButtonTitle:
String?, destructiveButtonTitle: String?)
```

这个构造器的结构非常简单，和 AlertView 的取消按钮一样，参数 cancelButtonTitle 也是取消按钮，ActionSheet 的 destructiveButtonTitle 是一个醒目风格的按钮。下面使用该构造器来创建一个简单的实例：

```
let actionSheet = UIActionSheet(title: "默认样式", delegate: nil, cancelButtonTitle:
"取消按钮", destructiveButtonTitle: "醒目按钮")
actionSheet.showInView(view)
```

ActionSheet 的 show 方法比较多样，这里使用了一个比较简单的"showIn"方法，让 ActionSheet 实例展示在控制器的 view 中。另外还有一些"showFrom"方法，这些方法用在特定的场合，比如 ActionSheet 是从其他控件上的按钮触发的，那么可以使用这些"showFrom"方法起到对齐的效果。以上示例的运行效果如图 5.64 所示。

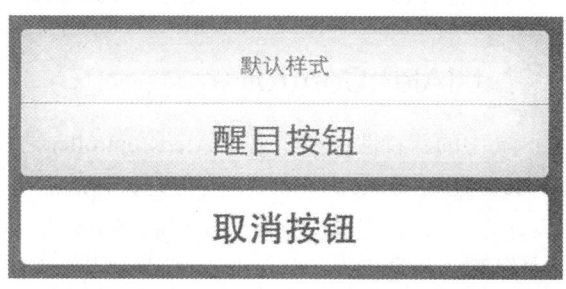

图 5.64　ActionSheet 的默认样式

与 AlertView 相同，ActionSheet 也会锁定当前的页面，只不过是从屏幕下方滑出的，在未使用 delegate 时，单击这两个按钮只会关闭 ActionSheet，destructiveButton 的字体是红色的。

UIActionSheet 的 API 中同样使用扩展的方式定义便捷构造器，与 UIAlertView 非常相似：

```
convenience init(title: String?, delegate: UIActionSheetDelegate?,
cancelButtonTitle: String?, destructiveButtonTitle: String?,
otherButtonTitles firstButtonTitle: String, _ moreButtonTitles: String...)
```

下面是使用便捷构造器构造的实例：

```
let actionSheet = UIActionSheet(title: "扩展样式", delegate: nil, cancelButtonTitle:
"取消按钮", destructiveButtonTitle: "醒目按钮", otherButtonTitles: "其他按钮 1", "其他
按钮 2")
actionSheet.showInView(view)
```

运行效果如图 5.65 所示。

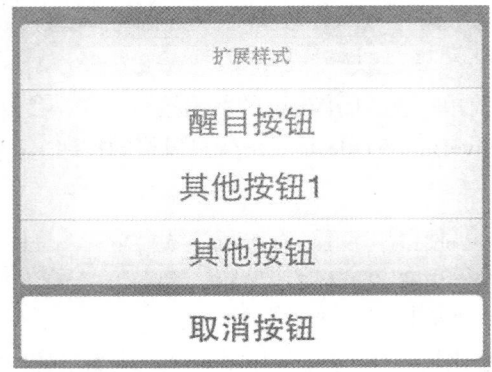

图 5.65　便捷构造器实例

在按钮的方法绑定上与 AlertView 相同，使用了 delegate 的方式。需要注意的是，在 ActionSheet 的 delegate 中定义了很多 will/did 这样的生命周期方法，使得 ActionSheet 的使用有很大的灵活性。

5.14.3　更好的选择：UIAlertController

UIAlertController 是 iOS 8 中的新特性，在介绍 UIAlertController 之前，让我们先来认识一些历史问题。无论是 UIAlertView 还是 UIActionSheet，在处理按钮的点击事件上都是使用 delegate 的方式，其实这样的 API 设计并不高明。比如，如果一个控制器中有多个不同风格的 alertView，每个 alertView 实例的定义中都不包含按钮的点击方法，而所有的点击方法都被集中在一个 delegate 方法中了（很少为了一个控件创建多个控制器类），那么在代码中你看到的 delegate 将是这样的格式：

```
func alertView(alertView: UIAlertView, clickedButtonAtIndex buttonIndex: Int) {
    if alertView == alertView1 {
        if buttonIndex == 1 {
            someMethod4Alert1
        } else if buttonIndex == 2 {
            otherMethod4Alert1
        }
    } else if alertView == alertView2{
    ...
    }
}
```

也就是说，在 delegate 时不得不先判断传入的 alertView，这对于一个方法来讲显得过于笨重了。使用 OC 中强大的 Associated Object（关联对象）可以解决此问题，对于有 OC 经验的程序员来说，对 Associated Object 肯定不陌生，但对于新手来说，尤其是对于 Swift 的入门者而言，相关资料还比较少。在 Swift 中依旧可以使用这个特性，不过 API 有些变化，在 Swift 2.0 里进一步优化了这个 API。作者不打算展开来讲，因为在 OC 中我们可能经常会向 objc_setAssociatedObject 方法中传入"块"代码来"捆绑"某些操作，但是很遗憾在当前版本的 Swift 中使用 objc_setAssociatedObject 方法传入一个闭包类型时会报错，希望苹果公司尽快解决这个问题。 另外使用 Associated Object 虽然华丽，但是只应在其他方法都行不通时再使用这个办法。

下面来了解一下 UIAlertController 的 API，UIAlertController 是 UIViewController 的子类，使用便捷构造器：

```
convenience init(title: String?, message: String?, preferredStyle: UIAlertControllerStyle)
```

这个构造器精简了很多，其中第三个参数 preferredStyle 是一个 UIAlertCStyle 枚举类型：

```
enum UIAlertControllerStyle : Int {

    case ActionSheet
    case Alert
}
```

也就是说，你现在可以使用同一个构造器通过传入不同的枚举值来构造 AlertView 和 ActionSheet。现在创建一个 AlertView 实例：

```
var alertView = UIAlertController(title: "新的警告框", message: "简介",
preferredStyle: .Alert)
```

这个构造器中只是指定了 title 和 message，所有的按钮定义和按钮的方法都采用了全新的定义方法，有一个全新的类 UIAlertAction 来定义 AlertView 和 ActionSheet 中的按钮和方法。我们创建 UIAlertAction 的实例，然后使用 addAction 方法添加到它所属的 AlertView 或者 ActionSheet 中：

```
alertView.addAction(UIAlertAction(title: "新的按钮", style: .Default, handler:
{(action:UIAlertAction!)-> Void in
            //在闭包中执行操作

  }))
```

Style 参数也是一个枚举，用来表示按钮的样式，包括取消按钮现在也可以自己定义了：

```
enum UIAlertActionStyle : Int {

    case Default
    case Cancel
    case Destructive
}
```

第三个参数 handler 是一个闭包，我们可以在闭包中执行相关的操作，在 Swift 的 API 设计风格中，handler 这种参数名通常都需要传入闭包。由于 Swift 是一门强语言类型，因此必须注意这个 UIAlertAction 的 API：

```
convenience init(title: String, style: UIAlertActionStyle, handler: ((UIAlertAction!)
-> Void)!)
```

handler 中闭包的参数是 UIAlertAction!，这是一个 UIAlertAction 的解包，如果你只是传一个 UIAlertAction 类型进去会提示编译错误，这样的错误不易察觉，请读者在使用时一定要小心。示例代码：

```
var alertView = UIAlertController(title: "新的警告框", message: "简介",
preferredStyle: .Alert)
alertView.addAction(UIAlertAction(title: "新的按钮", style:
UIAlertActionStyle.Default) {(action:UIAlertAction!)-> Void in
          //在闭包中执行操作
})
alertView.addAction(UIAlertAction(title: "醒目按钮", style:
UIAlertActionStyle.Destructive) {(action:UIAlertAction!) -> Void in
    //在闭包中执行操作
})
alertView.addAction(UIAlertAction(title: "取消", style:
UIAlertActionStyle.Cancel) {(action:UIAlertAction!)-> Void in
    //什么都不做，关闭 AlertView
})
```

现在不再需要使用 delegate，方法和 UIAlertController 的定义写在一起，完美地解决了之前的困扰。运行时你会发现 AlertView 不会显示出来，由于此时的 UIAlertController 不再是一个单纯的 View 而是一个控制器（从命名上可以看出来），所以要显示 UIAlertController 实例，应采用显示控制器的通用做法：

```
presentViewController(alertView, animated: true, completion: nil)
```

completion 参数依旧是一个闭包类型，你可以选择在加载 alertView 参数之后再进行其他操作，这里我们不需要，运行效果如图 5.66 所示。

除增加按钮外，如果你想在这个 AlertView 中添加一个文本框，比如输入一个密码这样的操作，可以使用下面的方法：

```
alertView.addTextFieldWithConfigurationHandler{
    textField in
    textField.placeholder = "请输入密码"
}
```

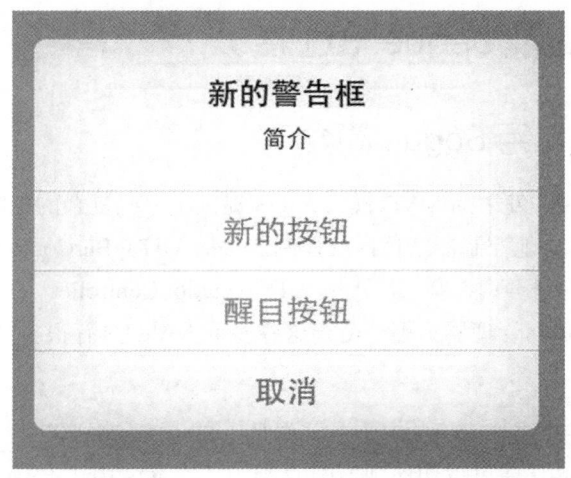

图 5.66　使用 UIAlertController 创建的 AlertView 控件

　　这个方法只有一个闭包类型的参数，使用尾随闭包的写法，textField 是一个完整的 UITextField 类型，在闭包中可以对 UITextField 类型的实例做高度定制，这里我们简单地设置了一下水印文字，效果如图 5.67 所示。

　　同样可以使用 UIAlertController 创建 UIActionSheet，方法类似，这里不再展示。可以看到对比 UIAlertView 和 UIActionSheet，使用 UIAlertController 更加灵活方便，这也是本小节称 UIAlertController 是更好的选择的原因。

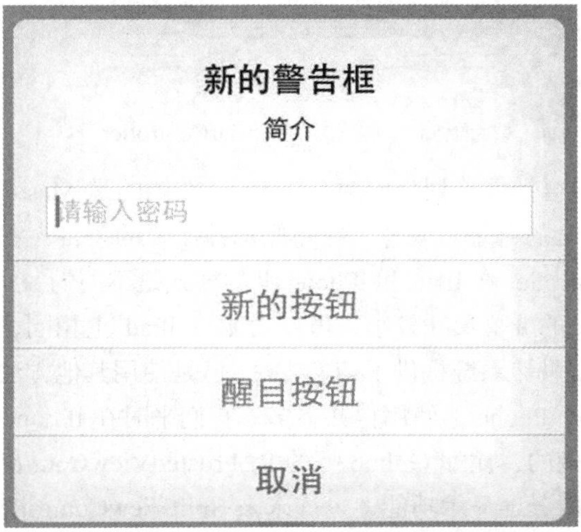

图 5.67　带文本框的 AlertView

5.15 多重 MVC 及 Segue（过渡）

5.15.1 多重 MVC 与 Segue 简介

之前我们介绍过 iOS 开发中的 MVC 模式，iOS 提供了一些复杂的控制器（C），它们的视图（V）不是 UIView 而是其他控制器。这样的控制器包括 UITabBarController（选项卡控制器）、UISplitViewController（分屏控制器）、UINavigationController（导航栏控制器）和 UIPageViewController（页面管理器）等。由于这些多重 MVC 具有很多共性，所以集中在本节一同讲解。

下面让我们来认识一下这些多重 MVC，首先是 UITabBarController，这个控件在屏幕的最下方，有多个按钮，单击这些按钮可以切换到不同的 MVC。在 iOS 中 TabBarController 用来划分 APP 的主要功能模块，是顶层的功能划分。TabBarController 所管理的 MVC 可能也是某个多重 MVC，比如某个 UINavigationController。图 5.68 所示是我们所熟悉的微信的 TabBarController，图中展示的是 TabBarController 留给用户操作的部分，实际上这是一个简单的控件 UITabBar。TabBarController 不仅包含这个 TabBar，同时也包含当前所展示的 MVC，也就是说，当你使用了 TabBarController 之后，你看到的整个屏幕都是 TabBarController，其他多重 MVC 也是如此，请读者务必注意。

图 5.68 微信的 TabBarController

UISplitViewController 会把屏幕划分成两个 MVC，左侧的是 Master MVC，右侧的为 Detail。这种格式类似于我们阅读时的目录与内容，在左侧选择需要的条目，右侧予以显示。注意由于屏幕尺寸问题，SplitViewController 在 iPad 和 iPhone 上的样式是不同的，在 iPad 上会并列显示 Master 和 Detail，而由于 iPhone 的屏幕尺寸较小，虽然功能与 iPad 上相同，但是屏幕上只能单独展示 Master 和 Detail 中的一个。虽然系统提供了切换方法，但是使用其他方法完全可以替代这种切换，因此 SplitViewController 在 iPhone 上使用得并不多。我们平时在 iPhone 上使用的滑动菜单其实大部分都是采用其他手段实现的，比如 Github 上的 REFrostedViewController，不过随着 iOS 9 的发布，苹果展示了更加强大的分屏显示功能，也许未来 SplitViewController 在 iPhone 上会有更好的表现。

UIPageViewController 和 UITabBarController 有些相似，PageViewController 没有底部的工具栏，

通过滑动屏幕来切换 MVC，通过"小亮点"来展示当前 MVC 的顺序。不要在这些 MVC 中添加太过复杂的功能，PageViewController 通常展示的都是简单的页面，所以使用它来实现一个 APP 的引导页是非常合适的，如图 5.69 所示。

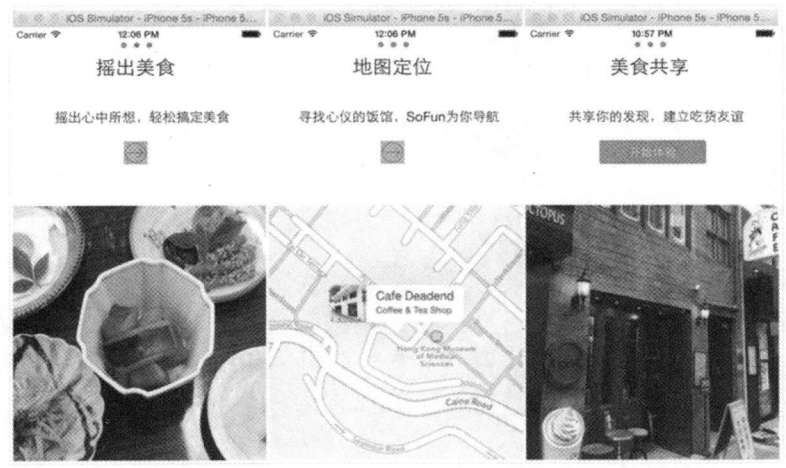

图 5.69　使用 UIPageViewController 实现的引导页

UINavigationController 不像我们之前介绍的那些多重 MVC，在其他多重 MVC 中你可以明显看出多个 MVC 的排列方式。TabBarController 使用底部的按钮来指导用户切换 MVC，而 SplitViewController 把两个 MVC 并排放置，PageViewController 可以通过观察亮起的小点获取当前的位置信息。在 NavigationController 中，那些被管理的 MVC 看起来像是被叠放一样，由 NavigationController 来控制如何摆放这些 MVC，你只能在屏幕上看到最上面的那个 MVC，这就是 NavigationController 在多个 MVC 之间共享一个小的屏幕空间的方法。

需要注意的是，NavigationController 参与绘图的是顶部的一块区域，如图 5.70 红框中的区域，NavigationController 可以在这里设置标题，也可以放一些按钮，但是这部分的具体内容却是由顶层的 MVC 决定的，每个顶层 MVC 都可以通过它自身的 UIViewController 里面一个叫作 navigationItem 的属性来传递顶部的内容给负责控制它的 NavigationController。所以我们经常看到随着顶层 MVC 的变化，页面顶部的内容也在不断变化。这个区域下面的部分则完全是由顶层的 MVC 自己来绘制的。另外 NavigationController 也可以绘制底部工具栏上的按钮，与设置 title 一样，通过当前顶层 MVC 控制器中的 toolbarItems 属性，它由一系列的 barItem 属性构成。所以与页面顶部一样，页面底部的按钮也会随着当前顶层 MVC 的不同而不同。

图 5.70　NavigationController 负责绘制顶部部分

与多重 MVC 密切协作的是 iOS 中的另外一个重要特性——Segue（过渡）。之前我们介绍的控件都放置在 Storyboard 中的一个场景中，场景是 Storyboard 中的概念，对应于代码的话一个场景就是一个完整的 MVC。APP 是一个复杂的工程，如果有很多功能，也必然会分成很多的 MVC，这些功能不可能集中在一个场景中，每个 MVC 都会被分配给某个场景。本节将介绍场景间切换的常用方式：Segue（过渡）。

之前我们学到了如何通过连线的方法连接场景中的控件和代码，如果要创建一个 Segue，使用同样的办法，只不过是从需要触发 Segue 的场景连线到另一个场景。

注意：本节的示例都是在使用 AutoLayout 和 SizeClasses 的情况下展示的，这是因为如果不使用约束的话，Segue 的列表会发生变化。

如果觉得那个方形的场景看着很难受，则可以选中控制器然后打开尺寸检查器，把 Simulated Size 条目从 Fixed 修改为 Freeform，宽度设定为合适的宽度（比如 320），给我们的场景瘦个身。

现在试着从一个场景，可以是整个控制器或者是某个具体的控件开始连线，这两种连线方式生成的 Segue 有差别，后面会讲到。

注意：如果要在 Storyboard 中选中控制器的话，单击场景顶部的黄色按钮，就是选中当前场景的控制器，如图 5.71 所示。

如果当前 Storyboard 中内容非常多不便连线的话，可以在文档大纲中直接拖动，如图 5.72 所示。

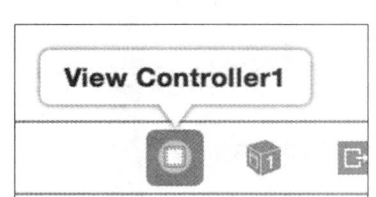

图 5.71　快速选中控制器

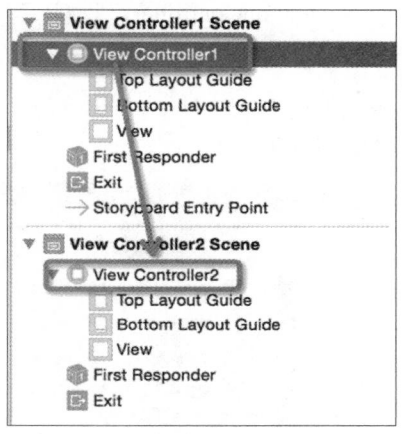

图 5.72　在文档大纲中拖动连线

连线到需要切换到的场景然后松手，会出现如图 5.73 所示的 Segue 菜单。

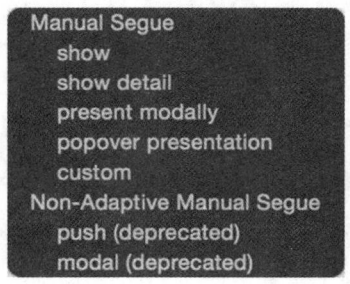

图 5.73　Segue 菜单

括号中的 deprecated 是"弃用"的意思，随着 iOS 版本的更新，一些旧的 API 不再使用了，所以本节只介绍 Manual Segue 中的几种常用 Segue 方式。

5.15.2　NavigationController（导航控制器）

首先请读者区分两个概念：UINavigationController 和 UINavigationBar。UINavigationBar 是 UINavigationController 顶部的导航栏，是一个简单控件，可以单独使用。UINavigationController 是一个"便捷类"，这种便捷类通过属性的方式整合了某个控件，有些控件需要使用 delegate 和

datasource 来进行控制，而这些便捷类已经遵守了这些 delegate 和 datasource。iOS 中这样的便捷类很多，常用的还有 UITabBarController、UIPageViewController 以及 UITableViewController 等。

NavigationController 通过 push 和 pop 的方法增加或减少其管理的 MVC 数量，iOS 系统中有非常多的 NavigationController，我们以"设置"中的 NavigationController 为例来讲解。图 5.74 是"设置"界面，顶部是一个 NavigationController，单击"通用"会进入下一个 MVC"通用"，此时"通用"是置于顶部的，可以看到 NavigationController 的 title 发生了变化，并且在左边自动生成了一个返回按钮。

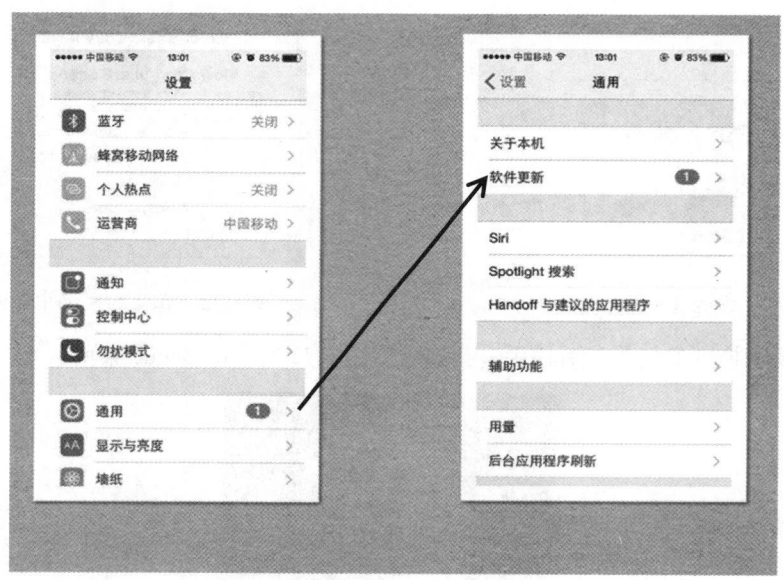

图 5.74　NavigationController 中 MVC 的切换

这个"返回"按钮的作用是移走当前顶部的 MVC，回到之前的 MVC 中。当点击"返回"按钮的时候，顶部 MVC 的移除是完全移除，从堆栈中完全移除。你可以继续点击"通用"页面的按钮继续递进，此时"MVC 栈"中的 MVC 会越来越多。点击"返回"按钮返回到底部 MVC 的时候，将不再出现"返回"按钮。

NavigationController 本身是一个 MVC 的控制器，但它是一个特殊的 MVC，它有一个叫作 rootViewController 的 outlet，这个 outlet 指向另外一个 MVC 的控制器。当这个 outlet 指向某个 MVC 的控制器时，就会将那个 MVC 的中的视图（V）绘制出来，原来的视图看起来就好像套了一个"外壳"，但视图依旧归它自己的控制器管理。原理如图 5.75 所示。

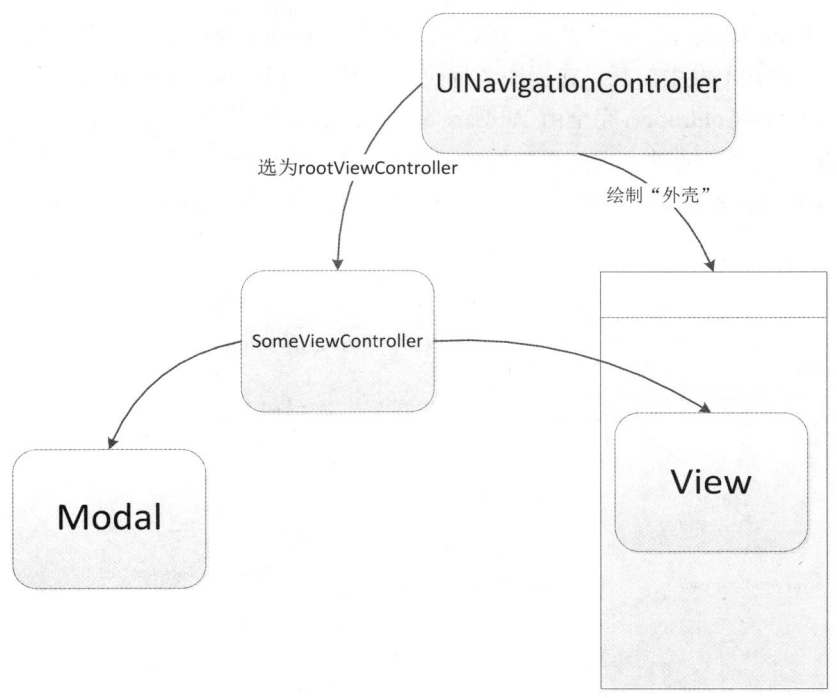

图 5.75 NavigationController 状态一

NavigationController 把这个 View 放置到屏幕上，标题栏之下。因为它会布满整个屏幕，所以标题栏会变成半透明以显示标题栏下面的那部分内容。当某个在这个视图中的 UI 元素，例如一个按钮或者其他东西被操作的时候，这可能导致其他的 MVC 被创建，这种创建过程就是我们前面介绍的 Segue，除了 Unwind Segue（这是一种特殊的 Segue，后面会讲到），其他 Segue 都会创建出新的 MVC 实例。此时 NavigationController 就会移动到新建的 MVC 中，并且在标题栏左侧增加一个"返回"按钮，原理如图 5.76 所示。

当我们点击"返回"按钮时会返回到上一个 MVC 中，而之前的 MVC 已经彻底消失了，注意：是从内存中删除了而不是隐藏。当你再次导航到这个 MVC 中的时候，即便内容一模一样，你看到的也是一个全新的 MVC，即"人不能踏入同一条河流两次"。直到 MVC 栈只剩 rootViewController 的时候，此时 NavigationController 会回到图 5.75 所示的状态。

上面讲解了 NavigationController 的工作原理，MVC 栈中的 MVC 都在不断地创建和销毁，NavigationController 在创建时只会指向它的 rootViewController，之后在不同 MVC 中的"移动"过程是动态的，这种移动是通过当前的 MVC 新建一个 Segue，跳转到新的 MVC 中"跟踪"Segue 而移动的。多重 MVC 在绘图上使用的都是相同的原理，但需要注意的是，TabBarController 底部每一个 TabBarItem 都对应于一个 MVC，可以通过点击 TabBarItem 来切换 MVC，这些 MVC 不存在 Segue 关系，彼此不发生交互。在程序运行前每个 MVC 都与某个 TabBarItem 一一对应起来，相当于多个 rootViewController，完全由 TabBarController 来控制。这种方式在展示过某个 MVC 后，出现过的 MVC 会被缓存起来，需要再次展示时直接从缓存中取出。你可以在被控制的 MVC 的控制器的 ViewDidLoad 方法（在控制器声明周期中讲过，这个方法只调用一次）中加入一些打印语句来试试。

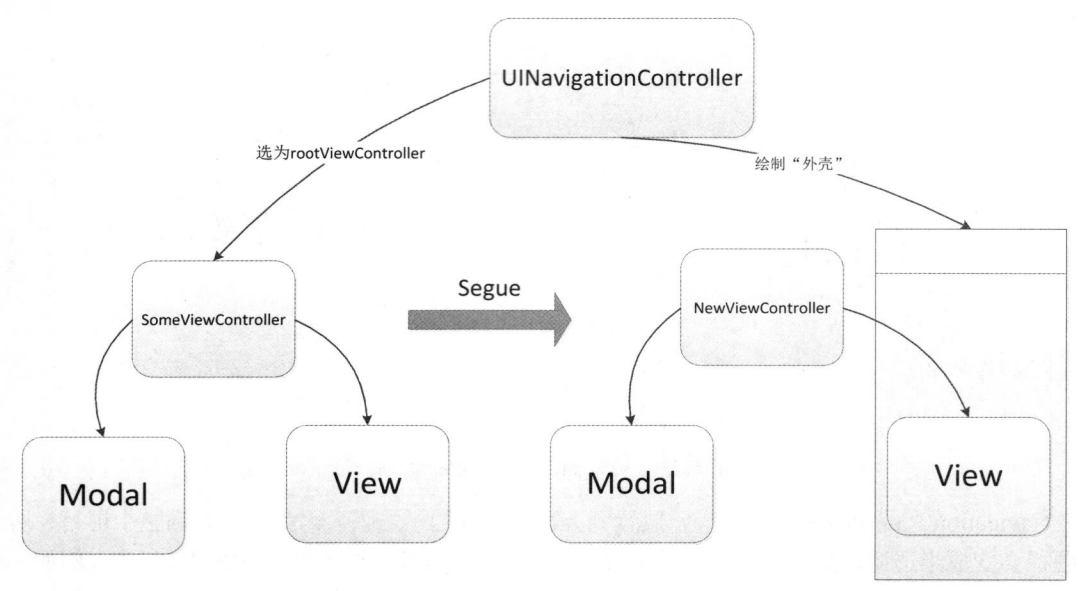

图 5.76　NavigationController 状态二

由此可见，使用 NavigationController 更加灵活，可以统一利用 MVC 栈中已存在的所有 MVC，并且随着"返回"过程销毁当前不需要再使用的 MVC，释放内存。而 TabBarController 可以很好地隔离各个功能模块的代码。

下面介绍如何在工程中使用一个 NavigationController。首先你可以使用对象库中的 NavigationController，拖曳到 storyboard 中的 NavigationController 会自带一个 rootViewController，这个 rootViewController 是一个 UITableViewController，UITableViewController 是 iOS 中最重要的控制器之一，我们会在后面介绍。显然如果我们想要让自己的 Controller 成为 rootViewController，我们还需要删除重新关联，再删掉原来自带的 rootViewController，并且将 NavigationController 设置为 InitialViewController，这样的操作十分烦琐，所以推荐第二种用法：在 storyboard 中选中想要成为 rootViewController 的控制器，然后点击顶部的工具栏中的 Editor，选中 Embed In，在 Embed In 中选择 NavigationController，之后你选中的 MVC 就会自动被放入一个 NavigationController 中，

并且在视图的顶部也已经预先显示了放置 NavigationController 负责绘制的导航栏。你可以在代码中设置 title，也可以直接在 storyboard 中双击导航栏区域，预先设置好 title，如图 5.77 所示。

图 5.77　在 Storyboard 中设置导航栏标题

注意理解多重 MVC 的视图是其他 MVC 这个概念，我们把 rootViewController 的标题设为"第一个 MVC"，在场景中放置一个 Label，内容也为"第一个 MVC"，运行程序你会发现展示的页面正是"第一个 MVC"。参考上面介绍的 NavigationController 的原理不难理解，程序的入口是 NavigationController，NavigationController 首先找到 rootViewController，然后绘制顶部的导航栏并在屏幕上展示 rootViewController 的视图，也就是 rootViewController 的根视图 View。在介绍控制器的时候介绍过控制器的这个属性，我们所添加的所有子视图和子控件都会放在这个 View 上。注意此时的 View 顶部会被导航栏挡住，你可以选择让 View 的顶部与导航栏底部对齐。在属性检查器中取消掉 Under Top Bars 选项，可以看到页面上的内容向下偏移了，或者选择隐藏掉导航栏，注意只是隐藏，导航栏的功能仍旧可以使用，方法为设置 NavigationController 的属性检查器，取消 Shows Navigation Bar。

要想使用代码控制 NavigationController，需新建一个 UINavigationController 类：

```
class navigationViewController: UINavigationController
```

UINavigationController 的 API 中有两个构造器，不过我们通常都会在 Storyboard 中使用"Embed In"的方式来新建一个 NavigationController。

所有的多重 MVC 都有一个属性：var viewControllers: [AnyObject]!。以 NavigationController 为例，这个 viewControllers 就是之前所说的"MVC 栈"，虽然 viewControllers 的类型是[AnyObject]!，但其里面存储的类型是 UIViewController。有过 OC 开发经验的读者一定知道，OC 中的数组是可以存储任意类型的，与 Swift 不同，而 iOS 系统的 API 都是使用 OC 来写的，所以在 Swift 中使用 iOS 系统的 API 时经常会遇到这样的情况，我们还需要使用 as 来转换使用。好消息是苹果的工程师们已经在努力优化 Swift 的 API 了，在 Swift 2.0 中， viewControllers 的格式已经被更正了。

NavigationController 自带的切换方法是 push 和 pop：

```
func pushViewController(viewController: UIViewController, animated: Bool)
func popViewControllerAnimated(animated: Bool) -> UIViewController?
```

此外还有 pop 的变形方法，这样的方法需要在参数中指定控制器，这些控制器应该是 ViewControllers 中的，我们可以使用下标进行索引。viewControllers[0]就是 rootViewController。要想获得 NavigationController 中当前正在展示的控制器，可以调用属性 visibleViewController。反过来，被多重 MVC 管理的 MVC 也知晓到底是谁在管理自己。你可以访问控制器的属性 tabBarController、splitViewController 和 navigationController，这些属性采用扩展的方式定义在 UIViewContentView 类中，比如：

```
extension UIViewController {
    var navigationController: UINavigationController? { get }
}
```

它们的类型都是可选型，如果有返回值则证明它正处在某个多重 MVC 的管理下。

APP 中如果有多个 NavigationController，通常我们希望它们的标题栏样式统一，可以通过调用方法类中的 appearance 方法来设置全局的控件样式。最适合进行这个设置的位置是我们很少提到的 AppDelegate.swift 文件，这个类控制着整个 APP 生命周期，在 APP 生命周期方法中进行全局设置可以保证在 APP 运行的时候，这些全局设置就已经设置完成了，示例如下：

```
func application(application: UIApplication, didFinishLaunchingWithOptions
        launchOptions: [NSObject: AnyObject]?) -> Bool {
    UINavigationBar.appearance().tintColor = UIColor.whiteColor()
    //设置返回按钮字体
    UINavigationBar.appearance().barTintColor = UIColor.orangeColor()
    //设置导航栏颜色
    return true
}
```

现在的全局导航栏效果如图 5.78 所示。

图 5.78　设置全局效果的导航栏

导航栏上的 title 有着"特殊待遇"，如果要设置 title，需要使用 titleTextAttributes 属性，这个属性的类型是一个字典。注意：这又是一个 OC 风格的字典，Xcode 6.1 版本后这个字典的类型为[NSObject: AnyObject]?。可选型的字典在使用时与[NSObject: AnyObject]不同，你必须对其中的元素使用解包或者可选绑定，否则会报错。Xcode 7 中，这个 API 的类型变为[String : AnyObject]?。
图 5.78 中显示的是导航栏上 title 的默认样式，你可以设置 title 的字体、颜色、字号等，方法是向
titleTextAttributes 属性传入字典，字体、颜色、字号等类型所对应的键值定义在 UIKit 的
NSAttributedString 中，把你想要设置的 key 传入 titleTextAttributes，titleTextAttributes 的 value 为
对应类型的值，这个字典可以不是完备的，未设置的值会采用系统的默认样式，示例如下：

```
UINavigationBar.appearance().titleTextAttributes = [NSFontAttributeName:
UIFont(name: "DBLCDTempBlack", size: 22)!,NSForegroundColorAttributeName :
UIColor.whiteColor()]
```

我们设置了字体、字号和颜色，由于使用了系统自带的字体 "DBLCDTempBlack"，所以直
接解包即可。如果使用了非系统的字体，那么最好使用可选绑定，运行效果如图 5.79 所示。

图 5.79　设置 titleTextAttributes 的效果

针对每个控制器，可以在控制器的 viewWillAppear、viewWillDisappear 等生命周期方法中使
用 appearance 方法来调整样式或者实现渐变效果。导航栏上可以添加按钮，导航栏上的按钮不是
普通的 Button 类型的，而是 Bar Button Item 类型的。如果不满意 NavigationController 默认绘制的
返回按钮，可以使用自定义的 BarButtonItem 来替换。在 Storyboard 中，rootViewController 可以直
接拖曳按钮到它的导航栏中，然后在右侧的属性检查器中设置它的样式。如果不是
rootViewController，虽然也在 NavigationController 管理之下，但是我们需要在代码中设置。图 5.74
中可以看到左侧的返回按钮是自动生成的，要想更改它的样式，则在第二个 MVC 对应的控制器
中使用下面的代码：

```
navigationItem.hidesBackButton = true//首先隐藏自带的返回按钮
navigationItem.leftItemsSupplementBackButton = true//在设置返回按钮前需要先把这
//个属性设为 true
var backButton = UIBarButtonItem(title: "返回", style: UIBarButtonItemStyle.
Plain, target: self, action: "back")//自定义一个 UIBarButton 类型的按钮,调用方法 back
navigationItem.leftBarButtonItem = backButton//赋值给 leftBarButtonItem 属性
```

back 方法如下：

```
func back(){
self.navigationController?.popToRootViewControllerAnimated(true)
//调用 navigationController 得到当前所处的导航控制器,调用 pop 方法返回 MVC 栈中的上一个 MVC
}
```

现在场景二的导航栏样式如图 5.80 所示。

图 5.80　自定义返回按钮

另外在导航栏的右侧可以自己添加一个 BarButtonItem 类型的按钮，用法与控制左侧的按钮类似，比如当前的页面是一个编辑按钮，那么可以在导航栏右侧添加一个编辑完成的按钮，并且在点击触发的方法中增加对数据的保存然后再返回。

使用 Segue 的一个好处就是我们无须通过代码去设置 NavigationController，从 rootViewController 开始进行 Segue 的时候，Segue 生成的 MVC 会自动被放置到 MVC 栈中，NavigationController 绘制的顶部导航栏左侧会自动生成一个返回按钮，点击会自动调用 pop 方法跳转回上一个 MVC 中。

谈了这么多 Segue 的知识，下面来熟悉一下 Segue。

5.15.3　Segue（过渡）

在本节开头我们已经介绍过如何创建一个 Segue。Segue 的功能是实现 MVC 间的跳转，确切地说是控制器与控制器之间的跳转，有多种方式可选。

1. show 和 show detail Segue

把 show 和 show detail 放在一起讲解是因为它们相似，使用这两种 Segue 交互的时候，如果发起 Segue 的 MVC 处在某个 NavigationController 中，那么 Segue 生成的 MVC 会被加入到 NavigationController 的 MVC 栈中，并且在顶部绘制导航栏。如果发起 Segue 的 MVC 不在 NavigationController 中，那么使用这两种 Segue 的效果和 Modal Segue 是一样的，会充满整个屏幕。不同点只是如果 Segue 的发起者是 SplitViewController 中的 Master 的话，Segue 生成的 MVC 会被展示在 Detail 中。目前 iPhone 中 SplitViewController 使用较少，所以通常我们使用 show Segue 就足够了。

现在让我们来试试 Segue 的功能。在 Storyboard 中准备两个场景，在第一个场景中放置一个 Label 和两个 Button，这两个 Button 分别用来展示不同的连线方式。然后将它置于一个 NavigationController 中，设置它的 title 为"第一个 MVC"；第二个场景只放置一个 Label，Label 显示为"第二个场景"。然后从第一个场景的 Button 连线到第二个场景，也就是整个页面都变蓝的时候放手，选择 Segue 类型为 show，此时场景二顶部也会出现一个导航栏。注意，这里的场景二我们不在 Storyboard 中设置 title，你会看到设置了 Segue 后场景一和场景二中间出现了一条连线，这条线就是 Storyboard 中 Segue 的专属身份，不同类型的 Segue 连线中间显示的图形不同，图 5.81 所示是 show Segue 的连线样式。

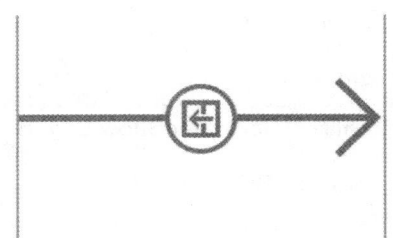

图 5.81　show Segue 的连线样式

　　这条连线是可以选中的，选中之后会变成蓝色。前面讲过 Segue 可以从某个控件开始连接，也可以从整个控制器连到另一个控制器。我们分别从场景一中的第一个 Button 和场景一的控制器连线到场景二，此时会出现两条连线，当选中其中某条连线的时候会看到 Segue 的发起者会用蓝色来凸显，如图 5.82 和图 5.83 所示。

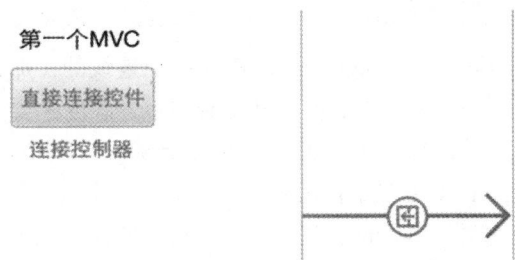

图 5.82　从 Button 连线生成 Segue

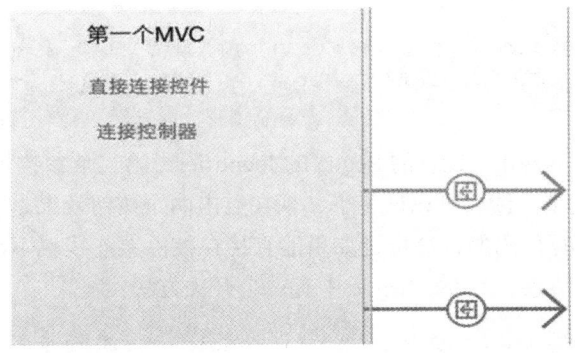

图 5.83　从场景一的控制器连线生成 Segue

虽然 Storyboard 有这样的"提醒服务"，但是这样的方式不足以区分这些 Segue。之前讲过，Storyboard 中所有的元素都需要使用名字来加以区分，包括 action、outlet。在选中 Segue 之后，在它的属性检查器中设置这个 Segue 的 Identifier，给它取个名字，这个名字要唯一并且能说明身份，比如分别给两个 Segue 取名为"Button Show Segue"和"Controller Show Segue"，另外可以在属性检查器中随时更改 Segue 的类型，如图 5.84 所示。

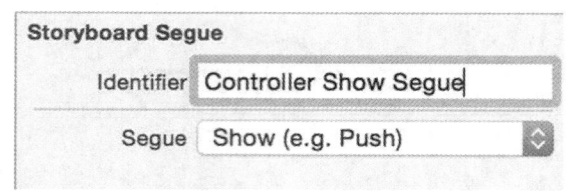

图 5.84　Segue 的属性检查器

下面讲解一下 Segue 的用法。在 Storyboard 中设置了 Segue 的 Identifier 之后，就可以在代码中使用 Segue 了。分别创建两个控制器，与 Storyboard 中的两个场景绑定。使用 Segue 主要是使用两个方法：performSegueWithIdentifier 和 prepareForSegue，这两个方法的参数列表如下：

```
func performSegueWithIdentifier(identifier: String?, sender: AnyObject?)
func prepareForSegue(segue: UIStoryboardSegue, sender: AnyObject?)
```

我们新建了两个 Segue，其中一个 Segue 是从 Button 上连线的，那么在运行的时候点击该按钮就可以直接触发该 Segue。另外一个 Segue 是从控制器上连线的，要想触发从控制器上连线的 Segue，需要使用 performSegueWithIdentifier 方法。performSegueWithIdentifier 方法适用于无法在 Storyboard 中直接连线的情况，比如通过手机传感器（比如摇动手机）触发 Segue 或者在一些异步操作之后的回调方法中触发 Segue。用法如下：在需要触发 Segue 的地方加入 performSegueWithIdentifier 方法，比如我们在第一个场景中的第二个按钮的 IBAction 中触发这个方法：

```
@IBAction func segueFromController(sender: UIButton) {
    performSegueWithIdentifier("Controller Show Segue", sender: sender)
}
```

第一个参数是在 Storyboard 中设置的 Segue 的 Identifier，第二个参数是触发 Segue 的 sender，这个 sender 可以是任意类型。读者可以试一下，现在点击两个按钮效果是相同的，而从第一个按钮直接连线的话是不需要写代码的，这也是如果能直接在控件上连线就不需要从控制器上连线的原因，所以注意区分使用情景。另外，Segue 中有一个开关方法：

```
func shouldPerformSegueWithIdentifier(identifier: String?, sender: AnyObject?)
-> Bool
```

在需要禁用某个 Segue 的时候在类中复写这个方法：

```
override func shouldPerformSegueWithIdentifier(identifier: String?,
sender: AnyObject?) -> Bool {
    return false//关闭所有 Segue
}
```

在介绍控制器的生命周期的时候提到过，控制器生命周期中最早做的工作就是得到 Segue 中的信息并做出相关准备。现在我们想要设置场景二的导航栏标题，这个标题信息需要从 Segue 的发起者，也就是场景一传达给场景二，那么就要用到 Segue 中的第二个重要方法：prepareForSegue。正如这个方法的名字一样，这个方法的作用是在 Segue 之前做一些准备工作，可以向 Segue 创建的新 MVC 中传值。比如我们在这个方法中设置场景二的导航栏标题，注意，这个方法要被 Segue 的发起者调用，也就是该示例中的场景一对应的控制器代码中，用法如下：

```
override func prepareForSegue(segue: UIStoryboardSegue, sender: AnyObject?) {
    if let identifier = segue.identifier {
        switch identifier {
        case "Controller Show Segue":
            if let dvc = segue.destinationViewController as? ViewController2{
                dvc.navigationItem.title = "控制器 Segue"
            }
        case "Button Show Segue":
            if let dvc = segue.destinationViewController as? ViewController2{
                dvc.navigationItem.title = "按钮 Segue"
            }
        default:break
        }
    }
}
```

上面的实例是一套标准的写法，prepareForSegue 可以用来设置所有的 Segue，该方法有两个参数。第一个参数 Segue 有两个重要的属性，一个是 Segue 的 Identifier，我们可以使用一个 Switch 语句来操作不同的 Segue。第二个重要属性是 destinationViewController，表示 Segue 创建的那个 MVC 的控制器。注意使用 destinationViewController 这个属性获取到的类型是 UIViewController 类型，使用的时候需要使用 as 转成实际的 UIViewController 子类，然后就可以在当前控制器代码中设置 Segue 要新建的 MVC 的控制器的属性了。在示例中我们设置场景二的导航栏标题，效果如图 5.85 所示。

图 5.85 通过 prepareForSegue 方法传值

让我们回到控制器生命周期的话题，新的 MVC 在自身页面中 outlet 初始化之前就得到了上一个 MVC 通过 prepareForSegue 传递的信息，所以在 prepareForSegue 方法中千万不要操作 outlet，否则会因为空值问题造成系统崩溃。如果需要操作 outlet，可以使用属性来暂存，比如我们在上面的示例中虽然需要改变导航栏的标题，但 prepareForSegue 传入的实际是控制器的属性 navigationItem。如果读者不是很理解，不要着急，在其他 Segue 方式的介绍中会继续用到 prepareForSegue 方法。

2. modal Segue

和 show 不同，modal 方式的 Segue 会占据整个屏幕，适合使用 modal Segue 的情境是在执行下一步操作之前，用户必须执行当前的操作，比如输入用户名和密码，我们之前讲过的 ActionSheet 和 Alert 都是使用 modal Segue 的方式展现在屏幕上的。可以把上一个示例中的 Segue 方式修改为 Present Modally，可以看到场景二从底部滑出，导航栏不见了，场景二占据了整个屏幕。所以使用 modal 方式一定要设置返回的方法，否则无法关闭当前的页面。通常的做法是调用 dismissViewControllerAnimated 方法，回到之前的 MVC 中。另外我们看到的从底部滑出是默认的动画效果，可以在 modal Segue 的属性观察器中设置 Transition 改变动画，默认的方式是.CoverVertical，还有其他方式：

- .FlipHorizontal：洗牌式的翻转效果。
- .CrossDissolve：新的 MVC 淡入，旧的 MVC 淡出。
- .PartialCurl：翻页效果。

3. popover Segue

popover Segue 的使用有些复杂，在使用 popover Segue 之前，先介绍一个概念：popover（弹窗）。popover 也是多重 MVC 的一种，popover 可以管理其他的 MVC。在一些 APP 中你可能见过 popover，比如微信的聊天页面导航栏右上角有一个"+"，点开后会出现如图 5.86 所示的弹出菜单，点击屏幕其他区域这个菜单会收回，这就是一个典型的 popover。

图 5.86　微信中的 popover

　　popover 和我们前面介绍的其他多重 MVC 不太一样，无论是在 Storyboard 还是在代码中，你都无法创建一个 popover 的控制器，popover 依靠 UIPresentationController 来实现对 MVC 的控制。UIPresentationController 可以控制 popover 从哪里滑出（比如在图 5.86 中从导航栏右侧的 BarButtonItem 上滑出）、小箭头指向哪个方向，或者使用怎样的策略适应 popover 内部的 MVC 的视图尺寸。

　　现在模仿微信来实现一个 popover，在本节第一示例基础上再向 Storyboard 中拖入一个 ViewController，我们称之为菜单场景，向页面中放置 3 个 Button，命名为"操作一"、"操作二"、"操作三"，然后创建关联的控制器子类 PopoverViewController.swift。在场景一的导航栏右侧加入一个 BarButtonItem，命名为"菜单"。从菜单按钮创建 Segue 到菜单场景，选择 Present As Popover，Identifier 设为 Popover Segue。观察 popover Segue 的属性检查器，如图 5.87 所示，属性 Anchor（锚点）表示 popover 将从哪里滑出。由于我们是从导航栏的"菜单"按钮上连线生成的 Segue，所以这里 Anchor 已经默认关联了"菜单"，根据需要，你可以在代码中关联 popover 的 Anchor。

图 5.87　Anchor

　　运行后会发现虽然我们选择了 popover 的方式，但是效果和 modal 是一样的。这是因为 iPhone 的屏幕较小，所以在 iPhone 上使用 popover 的时候默认会变成 modal 的方式。不过不用担心，通过 UIPresentationController 就可以实现 popover 的样式。首先 popover Segue 和其他类型的 Segue 类型一样可以使用 prepareForSegue 方法，只不过在 case 中需要多做一步操作：

```
case "Popover Segue":
    if let dvc = segue.destinationViewController as? PopoverViewController{
```

```
        if let ppc = dvc.popoverPresentationController {
            ppc.permittedArrowDirections = .Any
            ppc.delegate = self
        }
    }
```

在获得 Segue 的目标控制器之后，需要访问该控制器的 popoverPresentationController。

注意：只有使用 popover 方式进行 Segue，括号中的代码才会执行，使用其他方式的 Segue，popoverPresentationController 会返回 nil。

设置 popoverPresentationController 的 delegate 为 ViewController1 自身，现在我们让 ViewController1 遵守 popover 的 delegate：

```
class ViewController1: UIViewController,UIPopoverPresentationControllerDelegate
```

实现下面的 delegate 方法：

```
func adaptivePresentationStyleForPresentationController(controller:
    UIPresentationController) -> UIModalPresentationStyle {
  return UIModalPresentationStyle.None//不以 modal 的形式展示 popover
}
```

现在运行，效果如图 5.88 所示，虽然不是全屏显示了，但是 popover 的尺寸有点大。

图 5.88　关闭 modal 模式的 popover

接下来设置 popover 的另外一个重点元素：尺寸。在非 modal 模式下，popover 希望它内部的 MVC 能够传递与尺寸有关的信息，以便绘制 popover。只需设置一个属性，在 PopoverViewController 中加入如下代码：

```
preferredContentSize = CGSizeMake(200, 200)
```

preferredContentSize 告知系统，在 popover 中这个 MVC 的页面的期望尺寸是（200,200），现在的运行效果如图 5.89 所示。

图 5.89　修改尺寸后的 popover

4. embed Segue

不同于 popover Segue，embed Segue（嵌入式过渡）可以把一个场景以小窗口的形式展现在另一个场景中，类似于"画中画"的样式。你既可以让这个嵌入的场景一直存在，也可以使用合适的方法关闭它。你可能会疑惑，为何 Segue 中并没有这样这种形式的 Segue，那是因为 embed Segue 不能使用连线的方式创建。比如我们在前面的例子中加入一个欢迎页，提示用户一些必要信息。在 Storyboard 中的对象库中搜索 Container View，如图 5.90 所示。

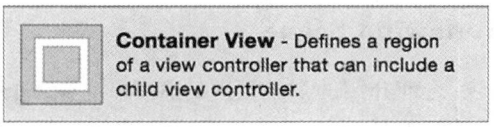

图 5.90　Container View

把这个 View 放置在场景一中，此时场景一中会出现一块灰色区域，中间显示为 Container，并且有一个小的控制器自动与场景一连线，这个连线的小控制器会随着灰色区域的尺寸变化而发生变化，如图 5.91 所示。

灰色区域操作嵌入的场景的位置，而下面的控制器控制内容。新建类 EmbedViewController，然后关联嵌入场景的控制器，向场景中加入一个欢迎的 Label，运行效果如图 5.92 所示。

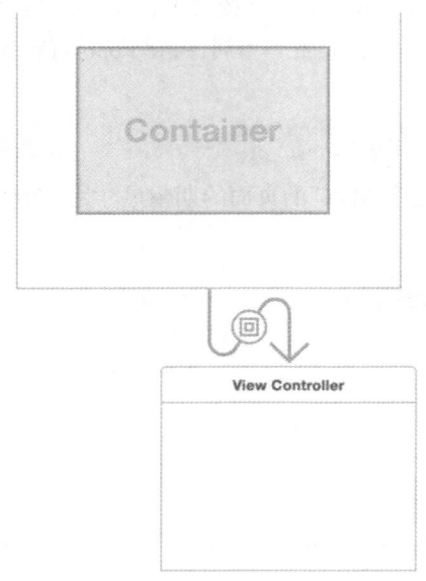

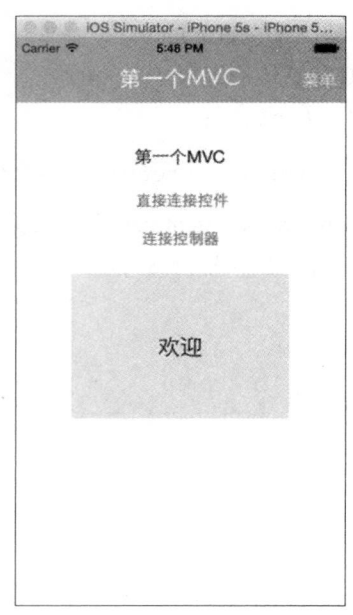

图 5.91　ContainerView

图 5.92　ContainerView 运行效果

　　虽然看起来跟一个子视图很像，但是别忘了这里的欢迎页是一个完整的 MVC，你可以像操作其他 MVC 一样操作它。并且由于使用了 embed Segue，你可以对它使用 prepareForSegue 方法。

5. unwind Segue

　　之前介绍的都是正向的 Segue，本节介绍的 Unwind Segue（反向过渡）是从当前的 MVC 回到之前的 MVC 中。unwind Segue 的使用条件是发起 unwind Segue 的 MVC 必须是由目标 MVC 直接或者间接正向 Segue 创建的。unwind Segue 是唯一一种不会创建新的 MVC 实例的 Segue，它访问的是那些保留在内存中的 MVC。根据 unwind Segue 的使用规则，你会发现它非常适合在 NavigationController 的 MVC 栈中使用，unwind Segue 可以到达 MVC 栈中的任意一个 MVC，并且可以通过 Segue 传值。另外在上面的 modal Segue 实现的跳转中，也可以使用 unwind Segue 替代 dismiss 方法。总结起来，在反向过渡的世界中，独此一家。unwind Segue 不需要通过连线生成，但需要在回退到的控制器中加入一个 IBAction 方法。比如在之前的示例中，在场景二中增加一个按钮来返回到场景一，那么需要在场景一的控制器中新增如下方法：

```
@IBAction func unwindSegue(segue:UIStoryboardSegue){
    println("欢迎回来")
}
```

该方法的参数一定是 UIStoryboardSegue 类型的，发起 unwind Segue 的 MVC 通过绑定目标 MVC 中的如上方法，来达到回退的目的。在设置好反向过渡的方法后，拖曳场景二中的"返回"按钮到控制器顶部的一个小门一样的按钮，会显示定义的所有反向过渡的方法，如图 5.93 所示。

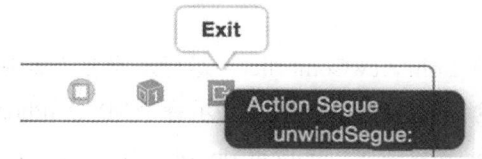

图 5.93　绑定反向过渡方法

点击"unwindSegue："，现在返回按钮就已经与该方法绑定了，同时运行程序，从场景一跳转到场景二。点击场景二中的返回按钮，返回到场景一，并且在中控台上打印出"欢迎回来"，证明 unwindSegue 方法被执行了，这就是一个反向过渡的过程。在回退到之前的 MVC 后，发起 unwind Segue 的 MVC 会被销毁。

当然，unwind Segue 也有 prepareForSegue 方法，感兴趣的读者可以试一试。

5.15.4　SplitViewController（分屏控制器）

在熟悉了 NavigationController 之后，让我们来认识一下另一个多重 MVC：SplitViewConroller（分屏控制器）。SplitViewController 是为了分屏而准备的，和 popover 一样，由于 iPhone 屏幕尺寸的限制，所以只有在 iPad 上才能实现真正的分屏，而 iPhone 上实现的是屏幕的切换，在对象库中找到 SplitViewController，如图 5.94 所示。

拖动到 Storyboard 中，可以看到这个多重 MVC 也是自带子 MVC 的，并且会自带一个 NavigationController。现在删掉这些自带的 MVC，使用我们自己的 MVC。在关联子 MVC 和 SplitViewController 的时候，依旧使用连线的方法，如图 5.95 所示。

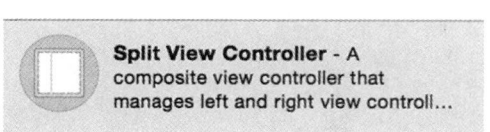

图 5.94　对象库中的 SplitViewController

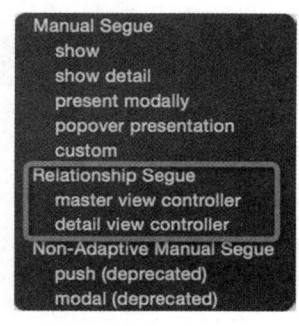

图 5.95　Relationship Segue

框中的 Segue 不同于我们之前介绍的通用 Segue，RelationShip Segue 会针对特殊的控制器提供不同的 Segue。SplitViewController 控制两个 MVC：Master 和 Detail，相当于 NavigationController 中的 rootViewController。连接两个 MVC，分别作为 Master 和 Detail，在两个 MVC 的场景中放置一个 Label 表明身份。

本书只展示 iPhone 上的 SplitViewController，运行发现无法实现切换，这是因为在 iPad 上 Master 和 Detail 是并排放置的，而在 iPhone 上只能展示一个 MVC（iPhone6 Plus 横屏模式下除外），为了实现切换，可以让 master 嵌套在 NavigationController 中，这也解释了为什么从对象库中拖曳生成的 SplitViewController 中的 Master 会嵌套在一个 NavigationController 中。现在 Storyboard 中 SplitViewController 的结构如图 5.96 所示。

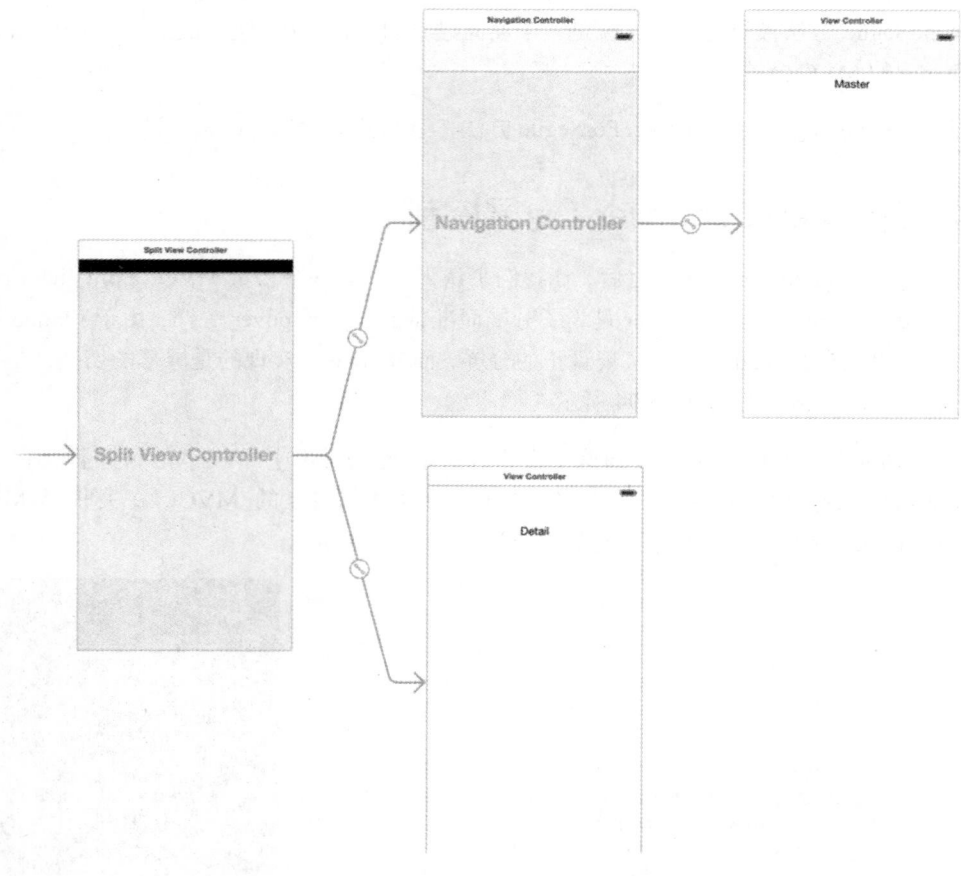

图 5.96　SplitViewController 的结构

注意：只需在 Master 中加入 NavigationController，而无须在 Detail 中加入。要实现在 Master 中做修改，在 Detail 中显示改变的功能，依旧使用 Segue，建立 Master 和 Detail 之间的 Segue，实现传值。随着 iPhone6 plus 的发布，可以预见的是会有越来越多的大屏幕 iPhone 加入到 iPhone 大家庭中，所以 SplitViewController 将有更多的用武之地。

5.15.5　TabBarController（选项卡控制器）

TabBarController(选项卡控制器)也是很常用的多重 MVC 之一，和 SplitViewController 一样，从对象库拖动一个 TabBarController 到 Storyboard 中之后，取消默认的关联，然后连线我们自己的控制器，如图 5.97 所示，依旧选择 Relationship Segue。

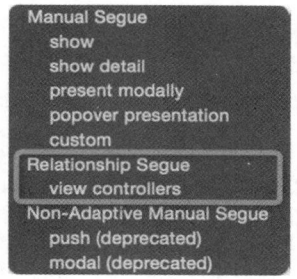

图 5.97　TabBarController 中的 Relationship Segue

注意：使用 Relationship Segue 之后，TabBarController 中的按钮数量等于 Relationship Segue 关联的 MVC 数量。在数量大于 5 的时候，多余的按钮会在右侧以 "…" 显示。可以看到连线后的 MVC 底部出现了一个按钮，这个按钮对应 TabBarController 选项卡的按钮，需要在当前 MVC 中设置样式。在连线之后记得选择 TabBarController 为 InitialViewController。现在的 TabBarController 结构如图 5.98 所示。

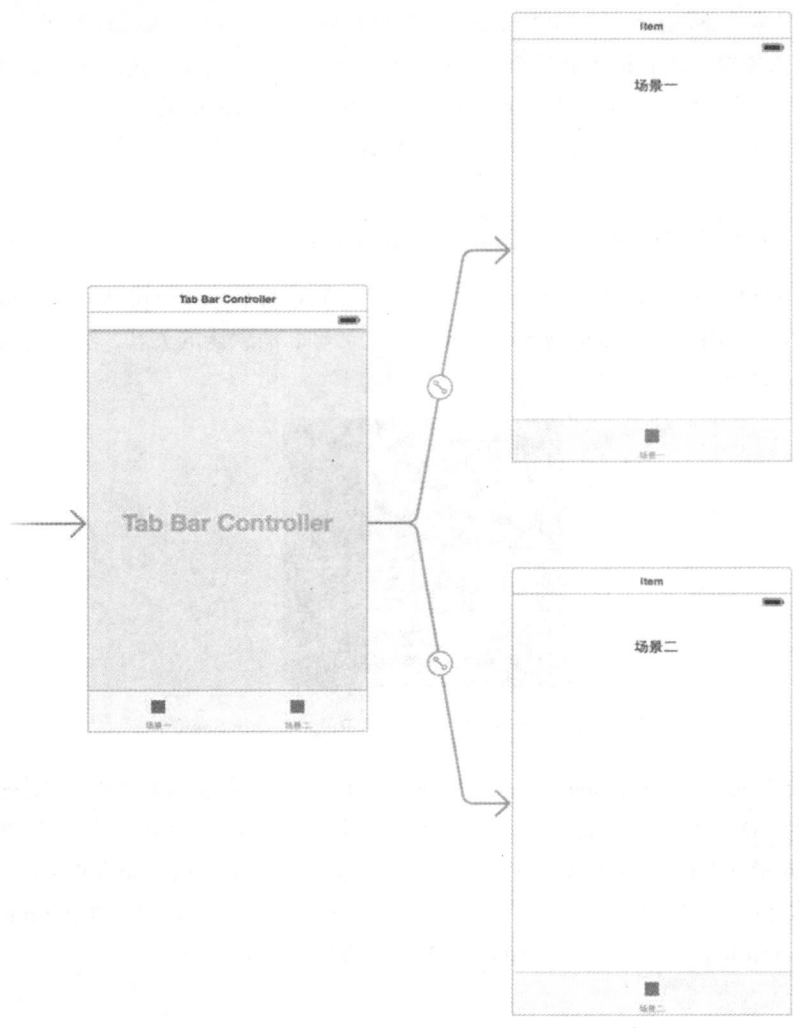

图 5.98　TabBarController 结构

　　TabBarController 也是一个便捷类，它以属性的方式管理着底部的一个简单控件 TabBar（选项卡），选项卡上的按钮是 TabBarItem 类型的。和 NavigationController 一样，TabBarController 将选项卡上的按钮连线的 MVC 从左向右放置在 viewControllers 属性中，作为自己的 rootViewController，TabBarController 负责绘制屏幕底部的选项卡。操作 TabBarController 的重点是对它内部的选项卡的定制。现在让我们来了解一下 TabBar。

1. TabBar

TabBar 的属性检查器如图 5.99 所示。

- Background：设置背景图片。
- Shadow：设置阴影图片。
- Selection：选中的图片。
- Image Tint：选中的图片的颜色。
- Style：选项卡的风格，默认是白色，还可以选择黑色。
- Bar Tint：选项卡颜色。
- Item Positioning：按钮的对齐方式。

2. TabBarItem

TabBarItem 是选项卡上的按钮，属性检查器如图 5.100 所示。

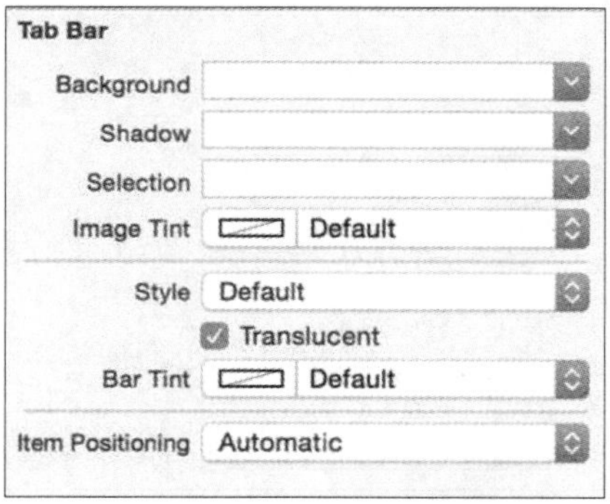

图 5.99　TabBar 的属性检查器 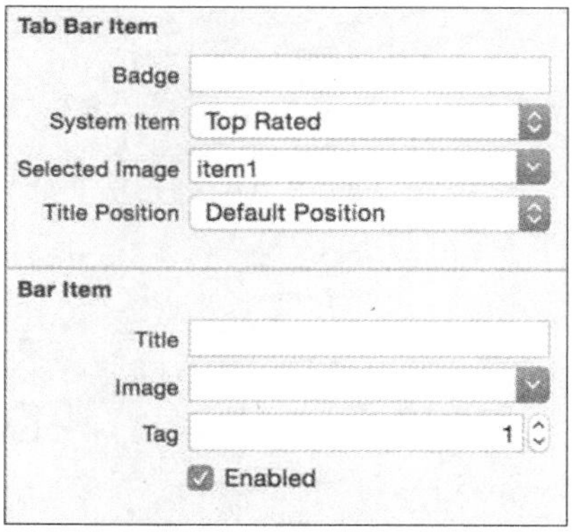　　　图 5.100　TabBarItem 的属性检查器

- Badge：右上角的数字，形如微信里的未读消息。
- System Item：按钮可以选用系统自带的样式，有多种样式可供选择。
- Selected Image：当 System Item 为 Custom 时会选用 Selected Image 中设置的图片作为按钮。
- Title Position：设置按钮下面的标题位置。
  属性检查器中的 Bar Item 区域只有在 System Item 为 Custom 时才起作用。
- Title：设置按钮下面的标题。
- Image：设置按钮的图片。
- Tag：设置标签。
- Enabled：按钮是否可以被点击。

3. 定制自己的 TabBar

虽然系统的 TabBarController 很好，但是相信读者都发现了 APP 中的 TabBarController 定制度依旧非常高，现在来展示如何定制自己的 TabBar。我们想要创建一个有五个按钮的选项卡，但是中间的按钮不是 TabBarItem 类型的，不关联 MVC，只是普通类型的 Button，可以增加一些其他功能，比如点击弹出一个 Alert，让 TabBar 的功能变得更加强大灵活。把图片素材导入工程，然后更改工程的目录结构如图 5.101 所示。

图 5.101　工程的目录结构

注意：这里我们新建了 4 个 Storyboard 文件，新建 Storyboard 文件的操作如图 5.102 所示。

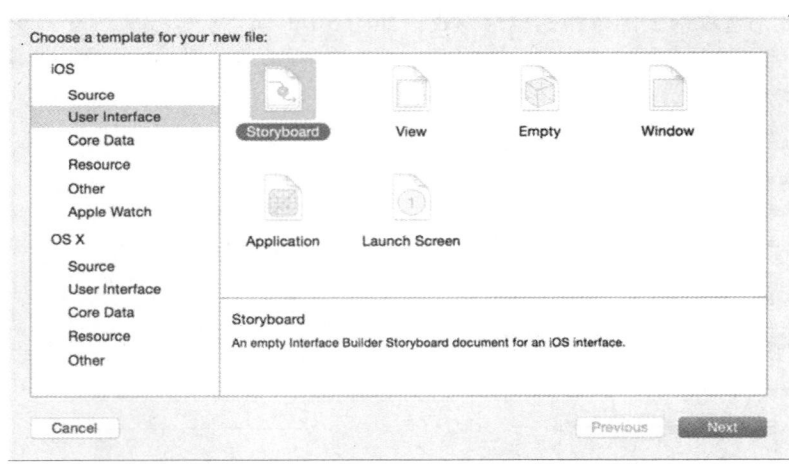

图 5.102　新建一个 Storyboard 文件

MainTabBarController 是一个 TabBarController，让其作为系统的入口，放在 Main.Storyboard 中。RootViewController 都是子 MVC，与每个新建的 Storyboard 中的场景相关联，把每个场景都设为各自 Storyboard 中的 InitialViewController。使用这种划分不需要在 Storyboard 中连线，关联过程使用代码执行。在 MainTabBarController 中定义如下方法：

```
//定义一个方法，把 RootViewController 添加到选项卡控制器中
func makeChildViewController(sbName:String,_ title:String,_ imageName:String) {
    //Storyboard 也使用名称作为区分
    let sb = UIStoryboard(name: sbName, bundle: nil)
```

```
        //获得每个场景中的 RootViewController，需要强制转换成对应的类型
        let controller = sb.instantiateInitialViewController() as! UIViewController
        //和 NavigationItem 一样，控制器中的属性 tabBarItem 会告诉 TabBarController
//它的 TabBar 该如何绘制，如果 MVC 放置在 NavigationController 中，在绘制选项卡的时候参照的
//就是 NavigationController 中的 tabBarItem，注意不要写错地方
        let tab = controller.tabBarItem
        //设置按钮的图片
        tab.image = UIImage(named: imageName)
        //设置按钮底下的标题，概况每个 RootViewController 的功能
        tab.title = title
        //增加到 TabBarController 中
        addChildViewController(controller)
    }
```

然后再定义一个方法来设置选项卡的样式并关联 RootViewController：

```
func addChildViewController() {
    //设置 Item 的颜色
    tabBar.tintColor = UIColor.orangeColor()
    makeChildViewController("RootSB1", "item1", "item1")
    makeChildViewController("RootSB2", "item2", "item2")
    makeChildViewController("RootSB3", "item3", "item3")
    makeChildViewController("RootSB4", "item4", "item4")
}
```

最后在 ViewDidLoad 方法中调用上面的方法：

```
override func viewDidLoad() {
    super.viewDidLoad()
    addChildViewController()
}
```

现在运行来看看效果，如图 5.103 所示。

现在来解释一下为什么使用多个 Storyboard 来隔离 RootViewController。首先，与 TarBarController 的特性有关，TabBarController 中的每个 RootViewController 的功能都是相互独立的，彼此间不应存在 Segue 的关系。其次，采用这样的方式可以减小 Main.storyboard 的复杂程度，复杂系统的 Storyboard 中的场景很多，连线也很多，聚集太多的场景容易造成混乱，难于维护。再次，如果把所有的 RootViewController 都放在 Main.storyboard 中，你会发现使用上面的方式无法加载每个 RootViewController 在 Storyboard 中设置的内容，这与系统的加载顺序有关，所以推荐使用多个 Storyboard 的方法，这也是现在开发的主流方式。

图 5.103　使用多个 Storyboard 关联 RootViewController

现在 TabBar 与 RootViewController 的关联已经完成了，还剩最后一步，就是在 TabBar 的中间插入一个 Button，做法如下。

首先定义一个 UITabBar 的子类 newTabBar，然后在 Storyboard 中关联 TabBarController 中的 TabBar 控件。

接下来修改 newTabBar，重写 layoutSubviews 方法：

```
override func layoutSubviews() {
    //调用父类的 layoutSubviews 方法出现 TabBar 的背景和分隔，否则只有按钮
    super.layoutSubviews()
    let btnCount = 5
    //把 TabBar 分成五部分
    let width = bounds.size.width / CGFloat(btnCount)
    let height = bounds.size.height
    //frame 为按钮位置的基准
```

```
        var frame = CGRectMake(0, 0, width, height)
        //index 为标志位
        var index = 0
        //遍历 TabBar 中的 TabBarItem，注意这里转换成的是 UIView
        for sv in subviews as! [UIView] { //注意，在 Xcode7 中不需要转型
        //类型转换时要小心，因为现在 sv 都是 UIView，最好用这个方法来判断
            if(sv is UIControl) && !(sv is UIButton) {
            sv.frame = CGRectOffset(frame, CGFloat(index) * width, 0)
            index++
            }
            if index == 2 {
            //中间的位置空出来
            index++
            }
        }
    }
```

运行，现在的选项卡如图 5.104 所示。

图 5.104　预留空间的选项卡

最后一步就是向选项卡中间的空白区域放置一个按钮，首先创建中间的按钮的实例：

```
let  midButton:UIButton = {
    let btn = UIButton()
    //把与按钮样式相关的代码全部放到这里
    btn.setImage(UIImage(named: "mid"), forState: UIControlState.Normal)
    self.addSubview(btn)
    return btn
    }()
```

注意这种写法，大括号中实际是以闭包的方式实现的便捷构造器，所以在尾部要加一对括号表示调用了这个构造器，因为按钮的设置很多，所以与当前按钮相关的设置都放在这个闭包中执行，可以有效提升代码的复用性，addSubView 方法既可以放在括号中，也可以放在括号外面单独执行。创建好 Button 之后，在 layoutSubviews 方法中指定这个按钮的尺寸和位置，只要校准中心位置即可：

```
midButton.frame = frame
midButton.center = CGPointMake(center.x, height * 0.5)
```

现在的 TabBar 如图 5.105 所示。

图 5.105　自定义中间按钮的 TabBar

5.15.6　PageViewController（页面控制器）

PageViewController（页面控制器）经常被用来制作一个 APP 的引导页。PageViewController 也是一个便捷类，它以属性的方式管理着一个 Page Control，Page Control 用来显示当前的 MVC 在 ViewControllers 中的顺序，对象库中的 PageViewController 以及 Page Control 如图 5.106 所示。

新建一个工程，导入需要的图片，然后向 Storyboard 中拖入一个 PageViewController，最后在属性检查器中修改图 5.107 所示的选项。

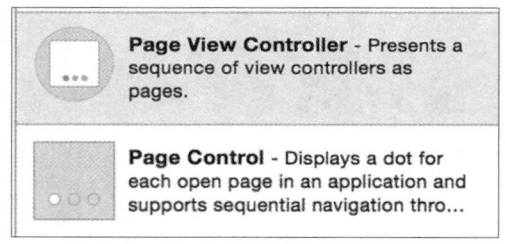

图 5.106　PageViewController 和 Page Control　　　　图 5.107　修改 Transition Style 为 Scroll

这个属性控制 PageViewController 中 MVC 的切换方式，下一步向其中加入 MVC。由于引导页的页面结构是类似的，所以可以以复用的方式来组织页面，只需向 Storyboard 中拖入一个 ViewController，然后放置一个 Label 和一个 imageView 即可。现在 Storyboard 中的结构如图 5.108 所示。

接着创建 UIPageViewController 和 UIViewController 的子类，并关联 Storyboard 中的页面控制器和引导页控制器。在 Storyboard 中设置引导页控制器的 Storyboard ID 为 "RootViewController"。因为我们在后面要复用这个场景，所以给它设置 Storyboard ID。在引导页控制器的代码中创建如下属性：

```
@IBOutlet weak var contentImageView: UIImageView!
@IBOutlet weak var headLabel: UILabel!
var index = 0 //页面序号
var headName = ""//标题
var imageName = ""//引导图
```

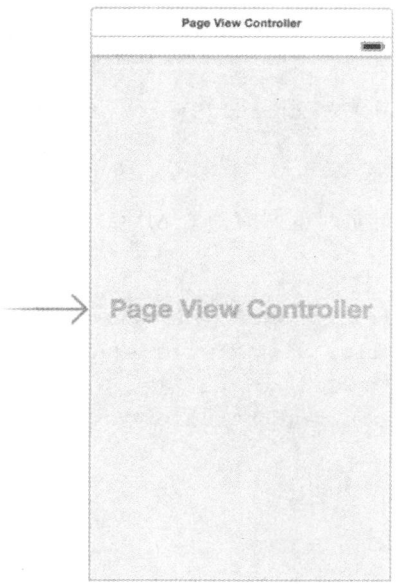 

图 5.108　Storyboard 中的结构

　　headName 和 imageName 是两个用来暂存标题和图片的属性，在 ViewDiaLoad 方法中将它们与 IBOutlet 绑定：

```
override func viewDidLoad() {
    super.viewDidLoad()
    contentImageView.image = UIImage(named: imageName)
    headLabel.text = headName
}
```

然后在页面控制器的代码中加入引导页控制器需要的信息：

```
var index = 0 //页面序号
var headNames = ["引导页1","引导页2","引导页3"]//引导页标题
var imageNames = ["img1","img2","img3"]//引导图名称
```

　　数组中的值会根据需要传给引导页中对应的属性，好了，现在内容的页面部分已经完成了，接着我们来实现页面的切换。把这些引导页控制器加入到页面控制器中，这样用户就可以切换它们了。让 PageViewController 遵守 UIPageViewControllerDataSource：

```
class PageViewController: UIPageViewController,UIPageViewControllerDataSource
```

然后实现下面两个 datasource 中的方法：

```
    func pageViewController(pageViewController: UIPageViewController,
viewControllerBeforeViewController viewController: UIViewController) ->
UIViewController? {...}
    func pageViewController(pageViewController: UIPageViewController,
viewControllerAfterViewController viewController: UIViewController) ->
UIViewController? {...}
```

　　观察参数可以发现这两个方法的作用是在切换引导页时返回前一个 MVC 或者后一个 MVC。
具体实现如下：

```
func pageViewController(pageViewController: UIPageViewController,
        viewControllerBeforeViewController viewController:
            UIViewController) -> UIViewController? {
    var index = (viewController as! RootViewController).index
    index--
    return viewControllerAtIndex(index)
}
func pageViewController(pageViewController: UIPageViewController,
        viewControllerAfterViewController viewController:
            UIViewController) -> UIViewController? {
    var index = (viewController as! RootViewController).index
    index++
    return viewControllerAtIndex(index)
}
```

　　首先得到当前 MVC 中控制器的序号，然后通过增减 index 返回相邻的控制器。这里不直接返
回 viewControllers 中的控制器，viewControllerAtIndex 是我们自己定义的方法，在
viewControllerAtIndex 方法中做边界控制，代码会更整洁。viewControllerAtIndex 的定义如下：

```
func viewControllerAtIndex(index: Int) -> RootViewController? {
    //条件判断
    if index == NSNotFound || index < 0 || index >= headNames.count {
        return nil
    }

    if let rootViewController = storyboard?.instantiateViewControllerWithIdentifier
    ("RootViewController") as? RootViewController {
        rootViewController.imageName = imageNames[index]
        rootViewController.headName = headNames[index]
        rootViewController.index = index
        return rootViewController
    }
```

```
        //保证安全性，在方法最后面返回一个 nil
        return nil
    }
```

最后在 **viewDidLoad** 方法中加入如下代码：

```
if let startingViewController = viewControllerAtIndex(0) {
  setViewControllers([startingViewController], direction: .Forward,
  animated: true, completion: nil)
}
```

运行效果如图 5.109 所示。

图 5.109　引导页 Demo 效果图

你可以通过滑动屏幕来切换不同的页面，通过复用不仅使代码更简洁，而且可以使引导页的格式统一。

目前我们还没有用到 Page Control，现在用 PageViewController 自带的 Page Control 控件显示当前引导页的序号，实现下面两个方法：

```
//返回控制器所管理的 MVC 数量，也就是引导页的数量
func presentationCountForPageViewController(pageViewController: UIPageViewController)
    -> Int {
    return headNames.count
}
//返回当前引导页的序号
func presentationIndexForPageViewController(pageViewController: UIPageViewController)
    -> Int {
    if let rootViewController = storyboard?.instantiateViewControllerWithIdentifier
```

```
("RootViewController") as? RootViewController {
    return rootViewController.index
}
return 0
}
```

当你在 PageViewController 中实现了这两个方法后，会在页面显示默认的 Page Control 控件。现在的运行效果如图 5.110 所示，在页面的下方出现了一个黑条，然后在其中展示 Page Control，这显然不是我们想要的样式。

图 5.110　默认的 Page Control 样式

现在注释掉上面的两个方法，然后向 Storyboard 中拖曳一个 Page Control 控件，放到页面的上半部，因为下半部分要显示完整的图片，然后设置属性检查器中的颜色，如图 5.111 所示。

图 5.111　设置 Page Control 的颜色

- Tint Color 表示点的默认颜色。
- Current Page 表示当前页面的序号位置上的点显示的颜色。

在设置好 Page Control 的样式之后，需要让这个 Page Control 具有显示引导页序号的本领，和其他控件一样，在 RootViewController 中连线创建它的 IBOutlet。注意，是在 RootViewController

中，而不是像之前一样在 PageViewController 中。在 ViewDidLoad 方法中加入如下语句：

```
pageControl.currentPage = index
```

现在运行一下，样式如图 5.112 所示，页面变得干净多了。

图 5.112　使用自定义的 Page Control

通常来说在引导页的最后一页上需要有一个"立即体验"的按钮关闭引导页，进入 APP 的主页，Demo 的最后一步来实现这个功能。在页面上放置一个按钮，然后与控制器关联，创建 IBOutlet 和 IBAction。

为了让按钮好看一点，加一个圆角效果：

```
startButton.layer.cornerRadius = 3
```

因为只需在第三张引导页上显示按钮，所以需要设置 hidden 属性：

```
startButton.hidden = (index == 2) ? false:true
```

引导页通常只在系统第一次运行的时候显示，因此就需要在 APP 启动的时候判断是否是第一次运行，这里用到 iOS 系统的数据持久化，最方便的做法是使用 NSUserDefaults。NSUserDefaults 是一个轻型的本地数据库，在 APP 未运行的时候数据依然有效，但是不适合存储大数据，通常用来保存用户的个人偏好设置。设置按钮的 start 方法，第一次运行点击该按钮之后做个记录，以后就不需要再次展示引导页了，具体做法如下：

```
@IBAction func start(sender: UIButton) {
    let defaults = NSUserDefaults.standardUserDefaults()
    defaults.setBool(true, forKey: "pagesHasShowed")
    dismissViewControllerAnimated(true, completion: nil)
}
```

在 start 方法中访问 NSUserDefaults.standardUserDefaults()，得到系统的 NSUserDefaults。这个类是一个单例。NSUserDefaults 采用键值对的方式储值，有许多 set 方法可供选择。指定一个 Key（forKey 参数），使用某个 set 方法给这个 Key 设定一个 Value。这里 Value 的类型随着使用的 set 方法的不同而不同。比如这里使用 setBool 方法，那么 Value 就是一个 Bool 类型的，在 start 方法结束时关闭 PageViewController。

注意：在使用引导页的时候不要把 PageViewController 作为程序的 InitialViewController，把 APP 主页控制器作为 InitialViewController，比如某个 NavigationController 或者 TabBarController，然后在系统的入口控制器代码中判断是否要加载引导页。

这程序的入口控制器中需要获取 Storyboard 中的 PageViewController，所以和 RootViewController 一样，需要在 Storyboard 中给它设置一个 Storyboard ID，具体做法如下：

```
override func viewDidAppear(animated: Bool) {
    super.viewDidAppear(animated)
    let defaults = NSUserDefaults.standardUserDefaults()
    //从 NSUserDefaults 中根据 Key 查到 Value，依旧根据调用方法的不同返回不同类型的
//值，与 setBool 方法对应
    let hasShowed = defaults.boolForKey("pagesHasShowed")
    if hasShowed == false {
        if let pageViewController =
                storyboard?.instantiateViewControllerWithIdentifier
                    ("PageViewController") as? PageViewController {
            self.presentViewController(pageViewController, animated: true,
            completion: nil)
        }
    }
}
```

最终运行效果如图 5.113 所示。

图 5.113　引导页最终效果

5.16　Toolbar（工具栏）

本节来介绍一个简单点的控件：Toolbar（工具栏）。上节在介绍 NavigationController 的时候讲到，NavigationController 负责绘制其中 MVC 栈中 MVC 的 NavigationBar（导航栏），而栈顶 MVC 通过自己的属性 navigationItem 属性来指导 NavigationController。与顶部的导航栏相呼应的还有一个重要的控件：Toolbar（工具栏）。不像导航栏那样居于顶部，Toolbar 的位置比较自由，不过通常放在底部。系统中有很多 Toolbar，比如我们熟悉的 Safari 浏览器底部就是一个工具栏。当 MVC 处在 NavigationController 的管理中时，栈顶 MVC 的 Toolbar 也可以使用同样的机制进行绘制，使用属性 toolBarItems 指导 NavigationController。对象库中的 Toolbar 如图 5.114 所示。

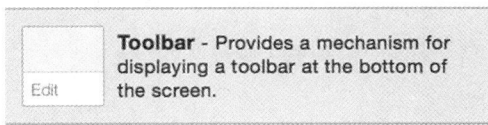

图 5.114　对象库中的 Toolbar

1. Toolbar 的属性检查器

Toolbar 由两部分组成：工具栏和工具栏上摆放的按钮，下面我们分别来讲解这两部分。首先来看 Toolbar 的属性检查器，如图 5.115 所示。

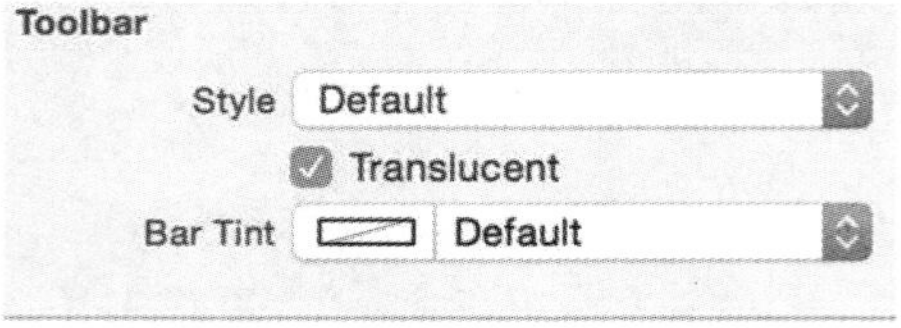

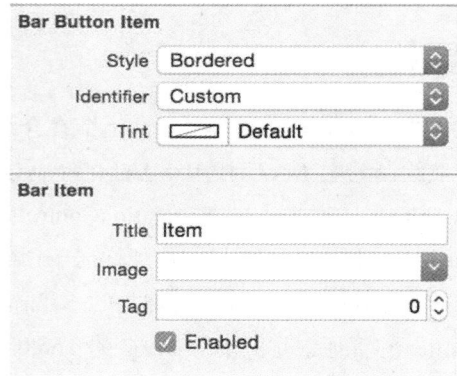

图 5.115　Toolbar 的属性检查器

Toolbar 的属性检查器比较简单，用来控制工具栏的样式。

■　Style：工具栏的样式，浅色和深色，其实工具栏颜色主要受 Bar Tint 控制。

■　Translucent：是否半透明。

■　Bar Tint：工具栏的颜色。

和导航栏上的按钮类型相同，Toolbar 上的按钮类型也是 BarButtonItem 类型的，BarButtonItem 的属性检查器如图 5.116 所示。

图 5.116　BarButtonItem 的属性检查器

BarButtonItem 的属性检查器和 TabBarItem 的有些类似。

■　Style：按钮字体的样式。

■　Identifier：按钮的样式，默认的是 Custom。你即可以通过下面的 Bar Item 部分对按钮进行定制，也可以使用系统自带的样式，有些样式显示的是字体，有些样式显示的是符号，图 5.117 分别是 Add 和 Edit 样式的按钮。

图 5.117　Add 样式和 Edit 样式的 BarButtonItem

可以根据需要向 Toolbar 上放置多个按钮，相比导航栏，工具栏上的按钮位置要灵活得多，在对象库中搜索 BarButtonItem，会看到如图 5.118 所示的三个控件。

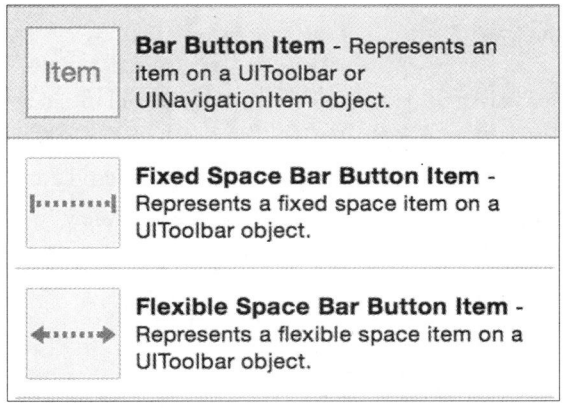

图 5.118 对象库中的三种 BarButtonItem

下面来讲解一下这些控件，第一种 BarButtonItem 是功能按钮，也就是我们可以点击的按钮。不像在 NavigationBar 上摆放 BarButtonItem 只能在固定的位置，在 Toolbar 中直接摆放第一种 BarButtonItem 后，这些 BarButtonItem 会紧挨在一起，需要使用第二种 BarButtonItem，也就是 FixedSpaceBarButtonItem 作为两个功能型 BarButtonItem 之间的空白部分的填充。你可以改变 FixedSpaceBarButtonItem 的长度以调整两个 BarButtonItem 的间距，效果如图 5.119 所示。

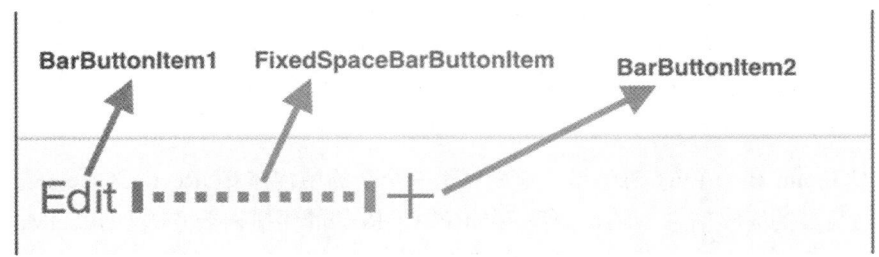

图 5.119 FixedSpaceBarButtonItem 的作用

第三种 FlexibleSpaceBarButtonItem 的作用是把 Toolbar 上剩余的空间使用空白填满。BarButtonItem 在使用方式上和普通的按钮没有太大区别，也可以创建 IBOutlet 和 IBAction。值得一提的是 UIBarButtonItem 的构造器，UIBarButtonItem 有很多构造器都包含参数 target 和 action。使用 target 和 action 的方式叫作目标操作，target 指定响应的控制器，而 action 是 Selector 类型的，也就是说你可以传入一个方法。使用目标操作模式可以实现一个 IBAction 的功能。

5.17   ScrollView（滚动视图）

5.17.1   ScrollView 简介

通过对前面几节的学习，你一定有这样的疑问：iOS 为我们准备了如此多丰富多彩的控件，可是在这小小的屏幕上如何去展示更多的内容呢？答案是扩展屏幕空间。扩展屏幕空间的做法很简单，在控制器的根 View 上放置 ScrollView（滚动视图）。ScrollView 的尺寸远大于 View，在 ScrollView 上显示需要的内容，然后通过滑动屏幕来显示 ScrollView 中的完整内容。ScrollView 有两种模式：横向和纵向，并自带各自方向的滑动条。由于本节涉及很多界面元素的摆放和尺寸问题，所以先介绍几个与位置有关的重要内容。

5.17.2   CGFloat、CGPoint、CGSize

虽然本章的主题是 UIKit，但是有些框架与 UIKit 是息息相关的，比如这里要介绍的 CoreGraphics 框架。它是一个纯 C 的框架，用于绘图操作，之前使用颜色生成按钮图片的时候使用的就是这个框架，你可以回顾一下，那段代码的风格就是典型的纯 C 框架的风格。本书不打算展开来讲，这个框架中的类都以 "CG" 为前缀。要在视图中摆放一个元素，至少需要知道这个元素的尺寸和位置，在 UIKit 中位置对应的是一个叫 CGPoint 的结构体，它由 X 和 Y 两个属性组成，对应横坐标和纵坐标，用来定义坐标中的一个点。还有一个结构体是 CGSize，有 width 和 height 两个属性，用来表示宽和高。CGSize 和 CGPoint 通常不会用到什么方法。

CGPoint 和 CGSize 中的属性类型不是我们常用的 Int 或者 Double，而是 CGFloat 类型的。CGFloat 类型使用起来也很简单，你可以把 Double、Float 这种 Swift 的基本类型作为 CGFloat 构造器的参数实现转型。注意：不要直接向 CGPoint 和 CGSize 中传入 Swift 中的数据类型。

把一个 CGPoint 和一个 CGSize 组合起来就是一个新的结构体 CGRect。CGRect 是一个元素在页面上显示时需要的完整信息，前面我们多次用过 CGRect 的便捷构造方法 CGRectMake。CGRect 有两个属性，一个是 origin，是 CGPoint 类型的，表示原点，在区域的左上角。另一个属性 size 是 CGSize 类型的，表示宽和高。CGRect 有很多与几何有关的有趣的属性和方法。比如 minX 返回左边界，midY 返回垂直方向的中点，contains 传入一个 point，判断这个点是否在矩阵中。

5.17.3   视图的坐标系统

在掌握了前面的基础知识之后，现在来讲解一下视图的坐标系统。首先坐标系的原点是在左上方的，比如这里有个点（x，y），那么它距离左边 x，距离上边 y。x 和 y 的单位是 points（点）

而不是 pixels（像素），高分辨率的屏幕中一个点可能包含多个像素，这样可以用来绘制平滑的曲线和文本，并且具有抗锯齿能力。通常你不用在意点与像素的关联，因为系统会自动判断一个点使用多少像素才能满足绘制要求。在视网膜屏幕（Retina）中一个点占用两个像素，非视网膜屏幕只占用一个。

　　属性 bounds 控制视图绘制的边界，它是 CGRect 类型的，它定义了坐标系中的绘制区域，因为视图可以被拉伸、旋转或者变换，所以这种绘制是相对于自身的。使用 bounds 的时候你是在自身坐标系绘制，所以 bounds 的原点通常是（0，0），但是也有例外，比如我们本节介绍的 scrollView 会更改它的原点到目前滚动到的位置。大部分情况下你的原点就是（0，0），你需要关心的是它的长和宽，也就是我们绘制的区域面积。

　　有两个容易和 bounds 搞混的属性 center 和 frame。center 是 CGPoint 类型的，代表自身视图坐标的中点，但是它的坐标是相对于父视图的，而不是视图本身的坐标。如果你在视图的绘制中使用了 center，那么这样做是错误的，因为 center 是基于父视图的，和绘制没有关系，它仅仅指示一个位置。

　　frame 是父视图中用来包含子视图的一个矩形，它相对于父视图，与绘制无关。绘制的时候我们使用 bounds。通常情况下你可以认为 frame 的 size 和 bounds 的 size 总是相同的，代表一个矩形要完全包含另一个矩形，但是也有例外，因为视图是可以旋转的。如果发生旋转，那么 frame 的尺寸就会比 bounds 大了（就好像是撑大了一样），所以一定要注意 frame 和 center 是用来定位视图，而 bounds 才是用来绘制视图的。

5.17.4　ScrollView 实战

　　在了解了视图的坐标系及一些绘制的原理之后，我们可以来操作 ScrollView 了。在对象库中拖曳一个 ScrollView 到场景中，对象库中的 ScrollView 如图 5.120 所示。

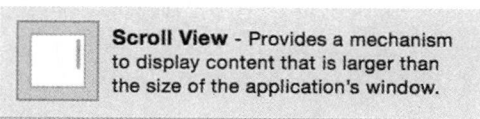

图 5.120　对象库中的 ScrollView

　　另外如果页面上已经摆放了非常多的内容，却发现空间不足需要滚动，此时不必从对象库中拖曳一个 ScrollView，和 NavigationController 一样，可以使用 Embed In 的方法，选中某个 View，然后在工具栏上找到 Editor，进行如图 5.121 所示的操作。

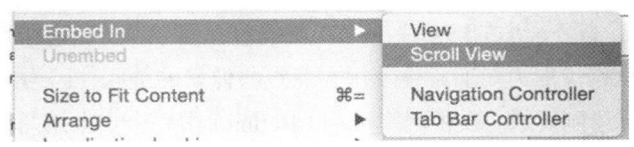

图 5.121　Embed In 一个 ScrollView

可以通过属性检查器中的 Scroll Indicators 来设置滚动条的方向。注意在尺寸检查器中设置 ScrollView 的尺寸是不会发生滚动的，在添加一个 scrollView 的时候，我们需要设定 scrollView 的容器尺寸，这个属性叫作 contentSize，它是一个 CGSize 类型的，它的尺寸比 iPhone 的屏幕要大。场景中的 ScrollView 和一个普通的 View 没有太大区别，关联代码后我们在代码中操作，在 ViewDidLoad 方法中首先设置 ScrollView 的容器尺寸：

```
scrollView.contentSize = CGSize(width: 2000, height: 2000)
```

然后准备一张足够大的图片放置在 ScrollView 上，既然这是一本讲解 Swift 语言的书，那么我们就选择一张 taylor swift 的桌面壁纸吧，原图尺寸较大，如图 5.122 所示。

图 5.122　原图

现在把这张图片放置到 ScrollVeiw 上，代码如下：

```
let imageView = UIImageView(image: UIImage(named:"taylor"))
imageView.frame = CGRectMake(50, 50, 1000, 500)//frame 用来定位, bounds 用来绘图
scrollView.addSubview(imageView)//注意滚动的元素一定要放置在 scrollView 上
```

现在来运行一下试试，通过滑动能看到大图的不同部分，效果如图 5.123 所示。

图 5.123　初始状态、向左滑动、向上滑动

如果想知道当前屏幕所展示的图片区域在 ScrollView 中的位置，则需使用属性 contentOffset，它是一个 CGPoint 类型的。

最后需要强调的一点是 ScrollView 可以局部放大或缩小，但是你需要指定放大的最大倍数和缩小的最小倍数，如果不设定，默认值是 1，这样的话缩放是不起作用的，设置如下：

```
scrollView.maximumZoomScale = 2.0
scrollView.minimumZoomScale = 0.5
```

想要使用缩放功能，还需要实现 ScrollView 的 delegate 方法，指定一个在其上缩放的视图。首先让控制器遵循协议 UIScrollViewDelegate，然后要把 imageView 的声明从 viewDidLoad 方法中移到方法外，实现如下 delegate 方法：

```
func viewForZoomingInScrollView(scrollView: UIScrollView) -> UIView? {
    return imageView
}
```

还有一些其他与滚动有关的 delegate 方法，感兴趣的读者可以自己去学习一下 API。

5.18　TableViewController（表视图控制器）

UITableView 是表格视图，用来展示数据，是 iOS 中非常重要的内容。依靠 cell 的高度自由，使得 TableView 的页面变得灵活多变又不失组织性。另外和之前讲到的许多控件相同，TableView 也有一个对应的便捷控制器：UITableViewController（表视图控制器）。UITableViewController 中使用属性 tableView 管理自己的 UITableView 子类，并且 UITableViewController 已经遵守了 UITableViewDelegate 和 UITableViewDataSource，并将 tableView 的 delegate 和 datasource 设置为控制器自身。每个控制器都有一个自带的 View，而在 UITableViewController 中，这个 View 其实就是一个 UITableView，默认充满整个屏幕。

5.18.1　UITableView 简介

TableView 的作用是在一张表格中展示数据，每一行都是一个 cell。UITableView 是 UIScrollView 的子类，你会看到当 table 中的 cell 条目多的时候可以通过上下滑动屏幕来获取更多的内容，在展示很大数量级的数据时 TableView 依然非常高效。TableView 的样式有很多，属性检查器如图 5.124 所示。

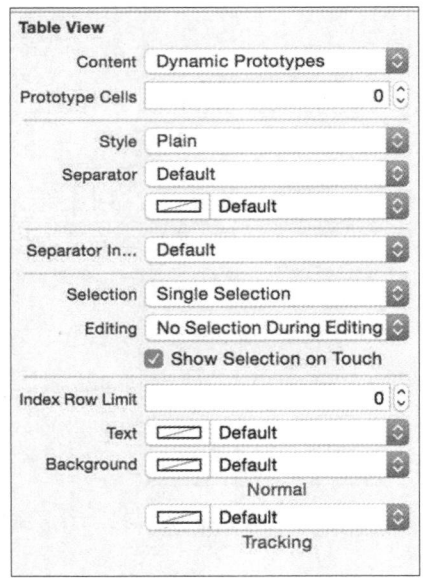

图 5.124　TabelView 的属性检查器

■　Content：TableView 可以是静态的也可以是动态的，这里的静态和动态指的是 cell 的数量。如果选择 Dynamic Prototypes，则 cell 的数量需要在 delegate 方法中设置；如果选择

Static Cells，则 cell 的数量依据属性检查器中设置的数量，delegate 方法不起作用。静态的 TableView 通常用来组织一些功能菜单页面，比如某个设置页面，设置的条目都是固定的内容。而静态的 TableView 用来展示经常变动的数据，比如联系人列表。

- Style：Plain 样式表示每个 cell 并排排列，而 Grouped 样式会对展示的 cell 进行分组，比如联系人列表中把联系人按照姓氏首字母分组的样式就是 Grouped。

- Separator：cell 间的间隔样式。

- Separator Inset：cell 与场景左右的边距。

- Selection：控制 cell 是否可以被选中，可以被单选还是被多选，默认的是可以被单选。

- Editing：和 Selection 功能相似，控制 cell 在编辑状态下是否可以被选中，可以被单选还是被多选，默认的是不可选中。

- Index Row Limit：在 TableView 中的数据达到多少行的时候再在右侧展示索引。

除属性检查器外，有些样式需要借助属性或者使用 delegate 和 datasource。比如 TableView 的表头和表尾通过属性 tableHeaderView 和 tableFooterView 来设置，这两个属性是可选型，默认是 nil。使用便捷类 UITableViewController 的时候，在对应的子类代码中已经默认复写了 datasource 中的几个必须实现的方法：

```
override func numberOfSectionsInTableView(tableView: UITableView) -> Int {
    return 0
}
```

TableView 中的 cell 使用 section 进行归类，每个 section 都有对应的 section 头和 section 尾，上面的方法返回了 TableView 中 section 的数量。

```
override func tableView(tableView: UITableView, numberOfRowsInSection
        section: Int) -> Int {
    return 0
}
```

上面的方法用来设置每个 section 中的 cell 数量。此外 datasource 中还有一个重要的方法：

```
override func tableView(tableView: UITableView, cellForRowAtIndexPath indexPath:
    NSIndexPath) -> UITableViewCell {
    let cell = tableView.dequeueReusableCellWithIdentifier("reuseIdentifier",
forIndexPath: indexPath)
        // Configure the cell...
    return cell
}
```

在这个方法中设置每一个 cell 的样式。由于 TableView 中的 cell 数量可能有很多，因此我们不可能去定义每一个 cell，这就需要通过不同 cell 的 identifier 对其进行复用，现在做如下设置：

```swift
//设置表头和表尾
@IBOutlet weak var headView: UILabel!
@IBOutlet weak var footView: UILabel!
override func viewDidLoad() {
    super.viewDidLoad()
    tableView.tableHeaderView = headView
    tableView.tableFooterView = footView
}

override func numberOfSectionsInTableView(tableView: UITableView) -> Int
{
    // 设置1个 section
    return 1
}

override func tableView(tableView: UITableView, numberOfRowsInSection
    section: Int) -> Int {
    // 这个 section 中有6行

    return 6
}

override func tableView(tableView: UITableView, cellForRowAtIndexPath
    indexPath: NSIndexPath) -> UITableViewCell {
    let cell = tableView.dequeueReusableCellWithIdentifier("cell",
    forIndexPath: indexPath)//复用 storyboard 中 Identifier 为"cell"的 cell
    return cell
}
```

运行效果如图 5.125 所示。

TableView 和 NavigationController 搭配也是非常常用的组合。在 iOS 中，TableView 的 cell 是一个独立的类 UITableViewCell，我们可以对它进行深度定制，在本节的实战环节中会展示更多的 delegate 和 datasource 方法。

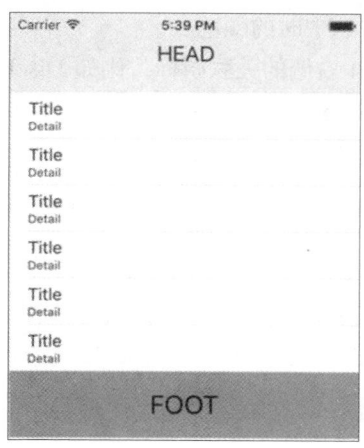

图 5.125　TableView 示例

5.18.2　UITableViewCell 简介

当你在 Storyboard 中拖入一个 UITableViewController 的时候，TabelView 中会自动加入一个 cell。你随时可以在对象库中拖入新的 cell，如图 5.126 所示。

TabelViewCell 的属性检查器如图 5.127 所示。

图 5.126　对象库中的 cell　　　　图 5.127　TableViewCell 的属性检查器

- ■ Style：默认的是 Custom，高度定制 cell。你可以在 cell 中放入 Label、Button、Image 等。此外还可以选择系统为我们准备的一些常用的 cell 格式。
- ■ Identifier：TableView 中的 cell 经常被复用，Identifier 是每个 cell 唯一的标识。

- Selection：每一个 cell 被选中时的颜色。
- Accessory：设置每个 cell 右侧的关联图标，比如 Disclosure Indicator 的样式是一个向右的小箭头，用来指示点击每一个 cell 会切换到新的页面。
- Editing Acc：在编辑模式下的关联图标。

如果想要完全自定义一个 cell，则拖入一个空的 cell，然后新建一个子类与 cell 关联：

```
class FirstTableViewCell: UITableViewCell{...}
```

在 Storyboard 中向 cell 放置需要的元素，然后打开联合编辑器，关联控制器与 cell 上的元素。比如这里我们使用自定义的 cell 格式，然后向 cell 中放置了一个 cell，之后与代码关联：

```
@IBOutlet weak var nameLabel: UILabel!
```

你可以根据需要创建多个不同的 cell，关联不同的 UITableViewCell 的子类，并根据需要在 TabelView 中的不同位置显示不同的 cell。

> 注意：这里的 UITableViewCell 不是一个控制器，所以它没有控制器生命周期中的方法（比如 viewDidLoad 之类）。它有一个方法 awakeFromNib，这个方法会在 Storyboard 中的布局之前被调用。你可以重写另一个方法 layoutSubviews，它会在页面自动布局完成后才被调用。

5.18.3 TabelView 与 cell 的交互

TableView 是 iOS 中 MVC 模式的完美体现，打个比方，你可以像操作其他任何 UIView 一样操作 UITableViewCell 的子类，这些 cell 就好比是用来展示的模板，你规定每个 cell 的左边要展示一段文字，右边要展示一张图片或是其他丰富多彩的样式，cell 就是 MVC 中的 View。UITableViewController 的子类或者是其他遵循了 datasource 和 delegate 的控制器，毫无疑问就是 MVC 中的 C，在控制器中你需要设置 TableView 中 section 的数量，row 的数量，在每一个 row 上显示哪一个样式的 cell，预设 cell 的点击事件，等等。那么现在只剩下 MVC 中的 M 了，M 是我们需要展示在 TableView 中的数据，通常我们会创建 swift 文件用来保存这些数据，在文件中进行初始化或者是从服务器上获取数据，控制器使用这些数据定制 TableView 并填充 cell。

下面进入本节的实战环节，通过一个简单的 Demo 来熟悉 TableView 的操作。

创建一个新的 swift 文件用来充当数据源，代码如下：

```
class CellData: NSObject {
var data = [["1","2","3"],["a","b","c"]]
}
```

我们需要两个 section，每个 section 有 3 个 row，并在 cell 中显示 data 中的数据。我们想通过控制器向视图（这里是 cell）中传值，前面说过，在传递数据的时候不要直接向 IBOutlet 中传值，所以在 cell 对应的类 FirstTableViewCell 中加入一个属性用来存储数据：

```
var name = ""
```

因为在 Storyboard 中拖入 Label 的时候有默认值，而我们想要让 cell 显示我们从 Modal 中读取的值，前面讲到了，要在类 FirstTableViewCell 的 layoutSubviews 方法中设置 IBOutlet：

```
override func layoutSubviews() {
    super.layoutSubviews()
    nameLabel.text = name
}
```

搞定了 cell 的代码后，现在回到控制器中，首先创建数据源对应的实体，如果是单例模式的话就获取单例：

```
let cellData = CellData()
```

需要在 TableView 的控制器代码中设置 datasource 中对应的方法以匹配数据：

```
override func numberOfSectionsInTableView(tableView: UITableView) -> Int {
    // 设置 section 的个数为 data 中的元素个数
    return cellData.data.count
}

override func tableView(tableView: UITableView, numberOfRowsInSection section:
Int) -> Int {
    // 设置每个 section 中的行数为 data 中每个元素中的子元素个数
    return cellData.data[section].count

}
```

然后你需要保证在合适的 row 上显示合适的 cell，之前我们使用的是统一的 cell 样式，即下面的方法：

```
func tableView(tableView: UITableView, cellForRowAtIndexPath indexPath:
NSIndexPath) -> UITableViewCell{…}
```

该方法中用来记录 cell 所处的位置信息的参数是内部参数名为 indexPath 的参数，它的类型是 NSIndexPath。前面讲过，TableView 使用 section 和 row 来分组每一个 cell，而 NSIndexPath 同时包含了这个两个信息，你可以使用某个二元数组来保存数据，然后使用数据来填充 cell。比如使用名为 data 的二元数组来保存数据，在 delegate 取数据时，使用：

```
let data = cellData.data[indexPath.section][indexPath.row]
```

有了数据之后我们要建立一个展示数据的模具，也就是一个 cell 的实例：

```
let cell = tableView.dequeueReusableCellWithIdentifier("cell", forIndexPath:
indexPath) as! FirstTableViewCell//复用 storyboard 中 Identifier 为"cell"的 cell,
并转型为对应的子类类型
```

Swift 2.0 对系统 API 进行了很多优化，这里方法 dequeueReusableCellWithIdentifier 的返回值是 UITableViewCell 类型的，然后使用强制转换 as! 转换成对应的子类，之后才可以访问子类中的属性和方法：

```
cell.name = data
```

最后记得返回这个 cell，该方法的完整代码如下：

```
override func tableView(tableView: UITableView, cellForRowAtIndexPath
    indexPath: NSIndexPath) -> UITableViewCell {
  let data = cellData.data[indexPath.section][indexPath.row]
  let cell = tableView.dequeueReusableCellWithIdentifier("cell", forIndexPath:
      indexPath) as! FirstTableViewCell
  //复用 storyboard 中 Identifier 为"cell"的 cell，并转型为对应的子类类型
  cell.name = data
  return cell
}
```

运行效果如图 5.128 所示。

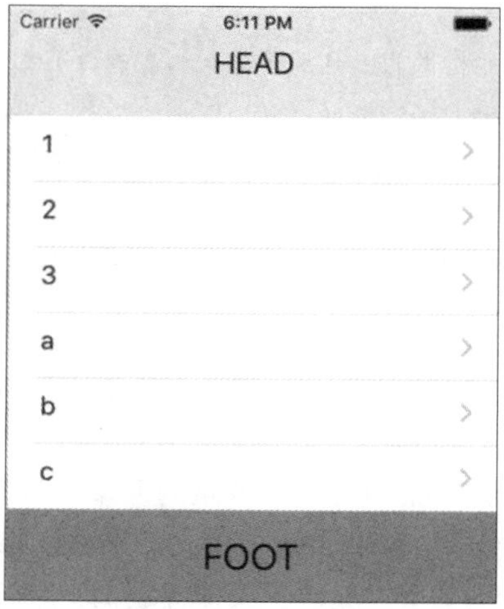

图 5.128　TableView 运行效果

和其他元素一样，TableView 中的 cell 也可以使用 Segue，方法同前，选中某个 cell 然后连线，
Segue 列表如图 5.129 所示。

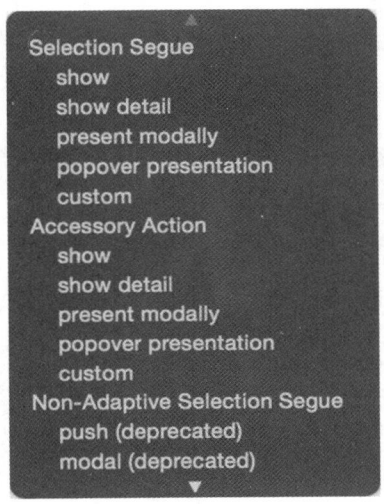

图 5.129　cell 的 Segue 列表

Selection Segue 对应的是 cell 被选中的 Segue，Accessory Action 对应的是每个 cell 右侧的小按
钮。如果你想设置某个格式的小按钮的话，可以单独设置点击它们的 Segue。现在我们创建整个
cell 被选中时的 Segue，关联到新的 ViewController，在其中放置一个 Label 用来显示 cell 中每一行
的内容，关联代码，创建对应的 IBOutlet，如图 5.130 所示。

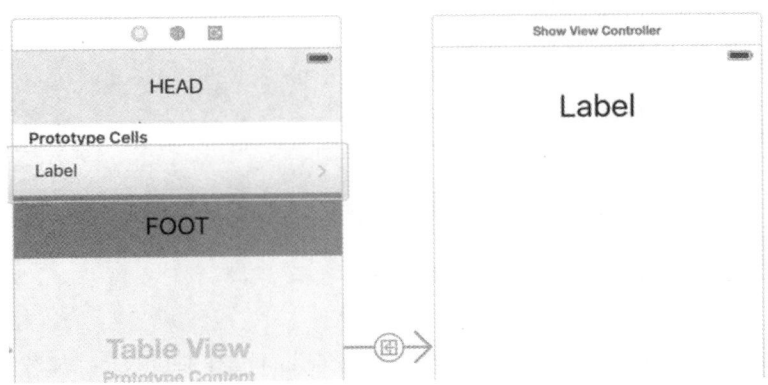

图 5.130　cell 创建 Segue

然后在 TableView 的控制器中设置 Segue 方法：

```
override func prepareForSegue(segue: UIStoryboardSegue, sender: AnyObject?) {
```

```
        //1.获得 segue
    if let identifier = segue.identifier
    {
        switch identifier {
            case "CellSegue":
                //2.把 sender 转换成对应的 cell 类型
                let cell = sender as! FirstTableViewCell
                //3.如有需要，使用下面的方法可以获知当前点击的 cell 所处的 section 和 row
                if let indexPath = tableView.indexPathForCell(cell)
                {
                    print(indexPath)
                    //4.获得目标控制器
                    let dvc =
                        segue.destinationViewController as! ShowViewController
                    //5.传递数据
                    dvc.name4MVC = cell.name
                }
            //如果有更多的 Segue，继续添加 case
            default:break
            }
    }
}
```

之前介绍的都是 datasource 中的方法，TabelView 中的 delegate 也有很多重要的方法，delegate 会观察 cell 的动态，比如 cell 被点击的时候，如果不适用 Segue，则可以在下面的 delegate 方法中处理 cell 的点击状态：

```
override func tableView(tableView: UITableView, didSelectRowAtIndexPath
    indexPath: NSIndexPath) {
    //观察 cell 的点击事件，处理不适用 Segue 的情况，比如点击 cell 弹出 AlertView
}
override func tableView(tableView: UITableView, accessoryButtonTapped-
    ForRowWithIndexPath indexPath: NSIndexPath) {
    //处理 cell 右侧的关联按钮的点击事件
}
```

此外，TableView 中还有一个重要的方法：reloadData()。当 TableView 加载完毕后，section、row 的数量和 cell 的内容就已经加载完毕了，而当 Modal 中的数据改变时需要更新 TableView 中的数据，尤其是在和服务器交互的时候，服务器上的数据都是异步传送的，更加需要注意在数据加载完毕的闭包中调用 reloadData。这个方法是一个重量级的方法，每次调用都会更新全部数据，如果你只是改变某一部分数据，可以使用轻量级的方法 reloadRowsAtIndexpaths。

5.19　SearchBar（搜索框）

一般的 APP 都离不开搜索功能，搜索功能可以通过用户限定的条件快速定位到需要的资源。至于如何实现搜索功能，一个新手可能想到创建一个 TextField，然后在旁边放置一个搜索的按钮，在搜索按钮的 action 中执行某种搜索方法。APP 中的搜索框看起来确实是这样的布局，不过值得高兴的是在 iOS 的对象库中已经为我们集成了一个专门的搜索框控件——SearchBar（搜索框）。对象库中的 SearchBar 有两种，如图 5.131 所示。

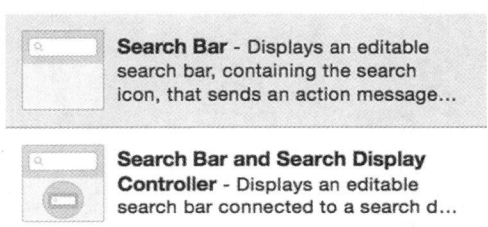

图 5.131　对象库中的 SearchBar

第一种是一个简单的 SearchBar，你可以在输入框中输入关键字然后点击搜索返回结果；第二种 Search Bar and Search Display Controller 是一个稍显复杂的格式，自动关联了一个 Search Bar 和一个 TableView，当在 SearchBar 中输入关键字的时候，可以在 TableView 中实时显示关键字的匹配结果。不过可惜的是 UISearchDisplayController 在 iOS 8 中已经被废弃了，系统 API 中明确提示：UISearchDisplayController has been replaced with UISearchController，所以本节不再作介绍。首先来介绍 SearchBar 的重要属性，然后使用 UISearchController 实现一个可以实时显示关键字匹配结果的 Demo。

5.19.1　SearchBar 的属性检查器

由于 SearchBar 在输入时也会滑出系统的键盘，所以属性检查器中有些属性是用来设置键盘的，和 TextField 相同，这里只介绍与 SearchBar 样式相关的部分。向场景中拖入一个 SearchBar，默认的样式如图 5.132 所示。

图 5.132　SearchBar 的样式

SearchBar 横向占据整个屏幕，通常会被放置在屏幕的顶部，如果有 NavigationBar 则会放到

NavigationBar 下方。SearchBar 整体呈现灰色，在输入框的中间展示一个小放大镜的图标，当你输入的时候，这个小放大镜会消失。SearchBar 的属性检查器如图 5.133 所示。

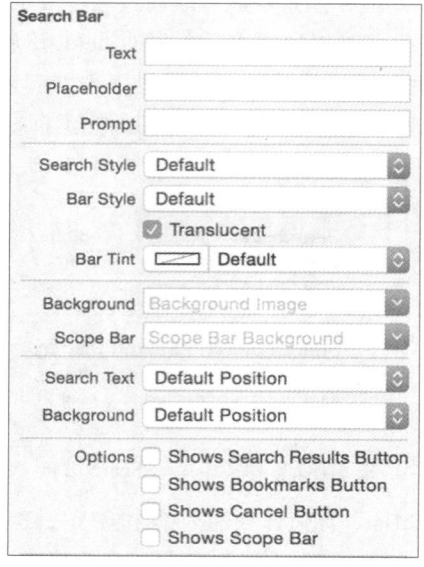

图 5.133　SearchBar 的属性检查器

- Text：SearchBar 中输入的文字，你可以指定一个初始的文字，在点击输入的时候这些文字会作为默认的内容，并且 Text 中的内容不为空的时候小放大镜图标不会显示。

- Placeholder：占位符，通常用来提示用户输入的内容，与小放大镜图标共存，不作为实际的内容，在点击输入的时候这些文字会消失。

- Prompt：SearchBar 的标题，显示在输入框的上方。

- Search Style：SearchBar 的样式，可以选择边框加深还是搜索框加深。

- Bar Style：整体的颜色，可选择深色和浅色。

- Bar Tint：边框的颜色。

- Background：设置背景图片。

- Scope Bar：设置 Scope Bar 的背景图片。

- Search Text：输入的关键字的位置，默认是在左边，你可以自己设置偏移量。

- Background：设置背景图片的偏移量。

- Options：SearchBar 的右侧可以配备一个功能按钮，比如查找搜索记录、清除已输入的内容。

5.19.2　实时显示搜索结果的 SearchBar

现在进入到实战环节，首先向场景中拖入一个 TableViewController，定制一个 cell，在其中放置一个 Label，并使用属性 name 保存 Label 的显示内容。新建 UITableViewController 和 UITableViewCell 的子类并关联。为了精简步骤，在 TableViewController 中加入一个数组作为 Modal。因为模拟器中不能输入中文，为了在模拟器上演示，所以这里第一个字使用了拼音：

```
let allArr = ["gong 保鸡丁","tang 醋里脊","ma 婆豆腐","si 喜丸子","hong 烧肉","da 盘鸡"]
```

创建另一个数组保存匹配搜索的结果：

```
var searchResults:[String] = []
```

因为 SearchBar 经常放在 NavigationBar 下面、TableView 的顶部，所以把 TableViewController 嵌入到 NavigationController 中，不需要再向场景中拖入一个 SearchBar，即可使用 SearchBar 的便捷类。

　　注意：虽然 UISearchController 也是一个便捷类，但是我们无法从对象库中找到它，只能通过代码来创建。

这里使用 UISearchController 而不使用 SearchBar 的原因是为了实现一些复杂的功能，涉及的很多 delegate 方法的参数是 UISearchController 类型的。一个常用的带 SearchBar 的 TableView 结构如图 5.134 所示。

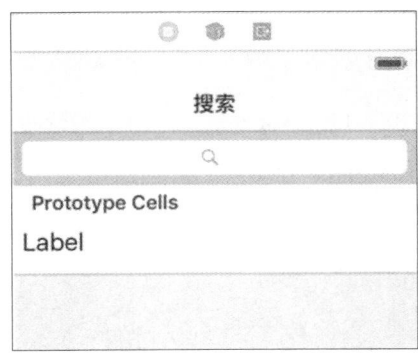

图 5.134　常用的 SearchBar 结构

现在在 TableViewController 中新增一个属性：var searchController:UISearchController!，然后在 viewDidLoad 方法中初始化这个 searchController：

```
override func viewDidLoad() {
    super.viewDidLoad()
```

```
                //构造器参数为 nil 的话代表搜索的结果展示在当前 View 中
                searchController = UISearchController(searchResultsController: nil)
                //设置便捷类的 SearchBar 自动适应尺寸
                searchController.searchBar.sizeToFit()
                //把 searchBar 作为 table 的表头，可以省去设置位置的苦恼
                tableView.tableHeaderView = searchController.searchBar
            }
```

现在 TableView 的顶部已经出现 SearchBar 了，注意，SearchBar 在获得焦点的时候默认隐藏 NavigationBar，并附带一个取消按钮，效果如图 5.135 所示。

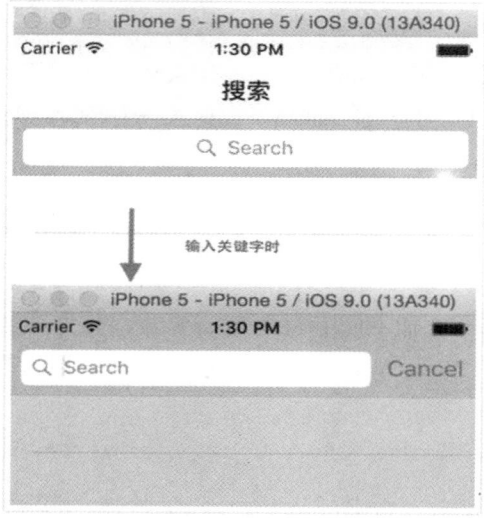

图 5.135　SearchBar 获得焦点的情况

接下来设置 TableView 的 datasource 方法：

```
override func numberOfSectionsInTableView(tableView: UITableView) -> Int {
    return 1
}

override func tableView(tableView: UITableView, numberOfRowsInSection
     section: Int) -> Int {
    return searchResults.count
}
```

注意：这里设置的 TableView 的行数等于搜索结果的行数。在设置 cell 相关的方法前，新建一个方法用来过滤数据。

```
func filter4SearchText(searchText: String) {
    //过滤 allArr 中的数据, 保存在 searchResults 中
    searchResults = allArr.filter({
        //保留过滤结果
        let nameMatch = $0.rangeOfString(searchText, options: NSStringCompareOptions.
            CaseInsensitiveSearch)
        //让 filter 返回 Bool 类型, 在 filter 之外做判断需要使用返回值
        return nameMatch != nil
    })
}
```

下一步我们需要找到合适的时机来调用这个方法, 需要让 TableViewController 遵守协议 UISearchResultsUpdating。这个协议的使用和 delegate 差不多, 在 TableViewController 遵守了这个协议之后, 需要在 viewDidLoad 中如下设置协议中的方法才能在 SearchBar 中起作用:

```
searchController.searchResultsUpdater = self
```

这个协议中定义了一个叫 updateSearchResultsForSearchController 的方法, 当我们对 SearchBar 有任何操作的时候这个方法都会被调用, 实现如下:

```
func updateSearchResultsForSearchController(searchController: UISearchController) {
    //1.记录当前 SearchBar 中的内容
    let searchText = searchController.searchBar.text
    //2.调用过滤方法
    filter4SearchText(searchText!)
    //3.一定要更新 tableView
    tableView.reloadData()
}
```

SearchBar 中无内容的时候返回的值是可选型的空字符串而不是 nil, 所以可以直接进行解包。接下来需要做的是设置 cell:

```
override func tableView(tableView: UITableView, cellForRowAtIndexPath
        indexPath: NSIndexPath) -> UITableViewCell {
    let cell = tableView.dequeueReusableCellWithIdentifier("Cell", forIndexPath:
        indexPath) as! TableViewCell
    cell.name = ""
    if searchResults.count != 0 {
        cell.name = searchResults[indexPath.row]
    }
    return cell
}
```

在设置 cell 的时候有一个细节需要注意，每次 reloadData 的时候都会重绘 cell，也就是调用上面的方法。每次先给 cell 赋一个空字符串，因为 searchResults 可能为空，而在一个空数组中使用下标会出错，所以需要判断 searchResults 不为空的时候再去更新每一个 cell。

运行效果如图 5.136 所示。

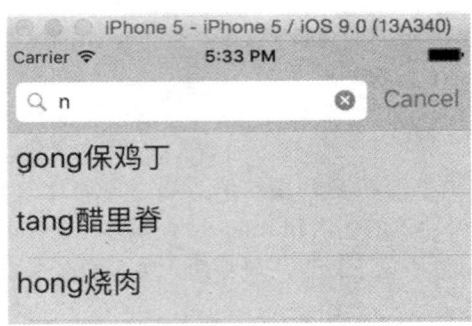

图 5.136　Demo 运行效果

5.20　iOS 与 Web

Web 一直是 iOS 系统的二级公民，然而不得不提的是由于开发成本、平台适配等诸多问题，一款 iOS 的应用中某些功能模块嵌入 Web 页面的做法非常常见，本节介绍一些常见的嵌入 Web 页面的做法。

5.20.1　UIWebView

UIWebView 是被介绍最多、使用最广泛的方案，但是不得不说 UIWebView 也是被诟病最多的。值得欣慰的是，苹果公司一直在不断改善 iOS 系统中的 Web 体验，而且也拿出了值得称赞的作品。首先来介绍 UIWbeView，UIWebView 可以直接从对象库中创建，如图 5.137 所示。

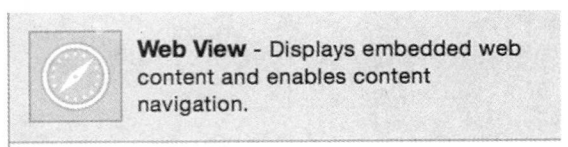

图 5.137　对象库中的 UIWebView

看起来就像是一张普通的 View，在上面可以显示一个网页，可以在属性检查器中对 WebView 进行设置，UIWebView 的属性检查器如图 5.138 所示。

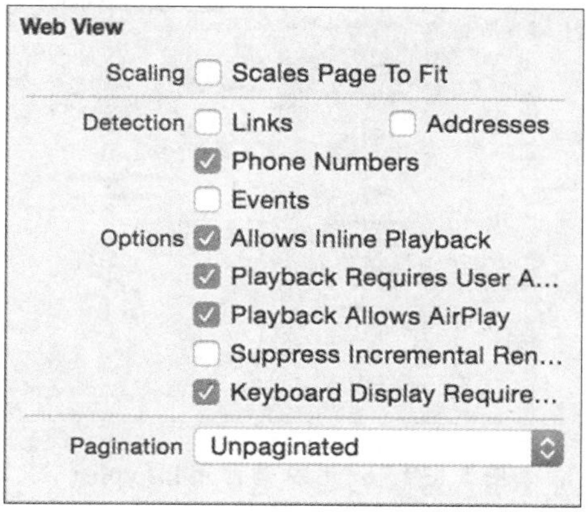

图 5.138　UIWebView 的属性检查器

- Scaling：如果勾选的话，那么打开的网页会根据 UIWebView 的尺寸来调整尺寸。

- Detection：探测网页上的某些特殊信息，比如勾选了 Phone Numbers 就会检测页面上的电话号码，如果网页中有电话的话会显示成一个链接，点一下就可以拨打该电话。

- Options：前三条用来设置页面上的播放器；第四条若勾选则网页内容全部加载至内存才会显示，非常影响性能，所以通常是不勾选的；最后一条是键盘的调用事件。

把场景中的 UIWebView 与控制器关联：

```
@IBOutlet weak var webView: UIWebView!
```

然后在 viewDidLoad 方法中加载 WebView 中的内容，UIWebView 加载一个网页需要使用 loadRequest 方法，而 loadRequest 的参数是 NSURLRequest 类型的。iOS 中网络操作的一般流程是：把 url 封装成一个 NSURL 类型，然后再使用 NSURL 封装一个 NSURLRequest，之后可以根据情况选择其他类型调用这个 NSURLRequest，我们会在第 6 章中的网络编程部分详细讲解，这里只作介绍，加载一个网页的用法如下：

```
override func viewDidLoad() {
    super.viewDidLoad()
    let url = NSURL(string: "http://baidu.com")
    let request = NSURLRequest(URL: url!)
    webView.loadRequest(request)
}
```

如果是在 Xcode7 中使用这个方法的话会发现网页不显示，这是因为在 Xcode7 中默认不响应明码的 HTTP 请求，如果想要使用 HTTP 请求则需要使用源码打开工程的 Info.plist 文件，方法如图 5.139 所示。

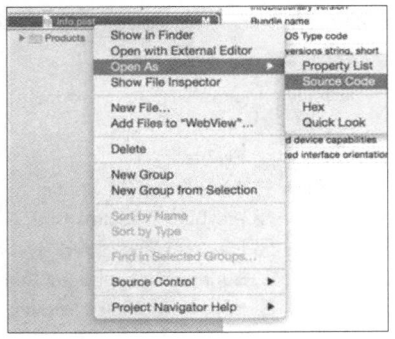

图 5.139　使用源码打开 Info.plist

在如图 5.140 的位置加入框中的代码：

```
1  <?xml version="1.0" encoding="UTF-8"?>
2  <!DOCTYPE plist PUBLIC "-//Apple//DTD PLIST 1.0//EN" "http://
      www.apple.com/DTDs/PropertyList-1.0.dtd">
3  <plist version="1.0">
4  <dict>
5      <key>NSAppTransportSecurity</key>
6      <dict>
7          <key>NSAllowsArbitraryLoads</key>
8          <true/>
9      </dict>
10     <key>CFBundleDevelopmentRegion</key>
```

图 5.140　允许明码使用 HTTP 请求

现在在 Xcode7 中也可以正常运行了，效果如图 5.141 所示。

图 5.141　在 iOS 中加载 Web 页面

5.20.2　WKWebView

WKWebView 不是 UIKit 中的内容，它隶属于 WebKit，是在 iOS 8 中新引入的部分。相比于 UIWebView，WKWebView 有以下几点优势：首先将浏览器的内存渲染进程从 APP 中转移到系统中进行，提高了性能；其次拥有和 Safari 相同的 JavaScript 引擎；最后拥有 60fps 的滚动刷新率和内置手势。苹果公司将 UIWebView 和 UIWebViewDelegate 重构为 WKWebKit 中的 14 个类 3 个协议，本书不展开来讲，有兴趣的读者可以去专门学习一下这些 API，这里演示如何使用 WKWebView 来加载一个 Web 页面。

首先引入 WebKit：

```
import WebKit
```

然后创建一个 WKWebView 类型的属性：

```
var wk:WKWebView!
```

最后在 viewDidLoad 方法中加载页面：

```
override func viewDidLoad() {
    super.viewDidLoad()
    wk = WKWebView(frame: view.frame)
    let url = NSURL(string: "http://baidu.com")
    let request = NSURLRequest(URL: url!)
    wk.loadRequest(request)
    view.addSubview(wk)
}
```

同样，这里使用 HTTP 请求，依旧需要在 Info.plist 中进行设置，运行效果与 UIWebView 相同。当然 WKWebView 的功能远不止如此，相比于 UIWebView，WKWebView 最大的优势是数据可以在 APP 和 Web 之间传递。尤其对于熟悉 JavaScript 的开发人员来说，在 WKWebView 中可以很轻松地通过 JavaScript 重构打开 Web 页面。下面展示一个简单的例子，看起来就像一个"恶作剧"一样，修改 viewDidLoad 中的代码如下：

```
override func viewDidLoad() {
    super.viewDidLoad()
    //1.写一个 js 代码段，注意转义
    let js = "document.body.style.background = \"#700\";"
    //2.创建一个 WKUserScript 的子类，封装 js 代码，设定为 js 代码加载结束起作用，并
//且只对主布局起作用
    let userScript = WKUserScript(source: js, injectionTime: .AtDocumentEnd,
forMainFrameOnly: true)
```

```
                //3.创建一个管理 userScript 的 Controller
                let userContentController = WKUserContentController()
                userContentController.addUserScript(userScript)
                //4.为 WKWebView 的构造器做准备
                let configuration = WKWebViewConfiguration()
                configuration.userContentController = userContentController
                //5.使用另一个 WKWebView 的构造器
                wk = WKWebView(frame: view.frame, configuration: configuration)
                let url = NSURL(string: "http://baidu.com")
                let request = NSURLRequest(URL: url!)
                wk.loadRequest(request)
                view.addSubview(wk)
            }
```

运行效果如图 5.142 所示，网页的背景色已经变成我们使用 JavaScript 设置的新颜色了。

图 5.142　通过 JavaScript 重构 Web 页面

5.20.3　SFSafariViewController

前面讲到苹果公司一直在孜孜不倦地优化 iOS 的 Web 体验，对比原生的 WebView，苹果的 Safari 显然更加高明，WKViewWeb 中使用的也是和 Safari 相同的 JavaScript 引擎。有时候我们的 APP 不需要对 Web 页面做什么，你可能只是想打开某个网页供用户浏览而已。过去开发者需要自己来构建一个完整的网页浏览体验，也许仍旧会有很多缺失，比如没有进度提示等。Safari 做得很好，但是你只能提供一个可供点击的链接，然后让用户切出 APP 去到 Safari 中浏览网页，之后再回到我们的 APP 中。但在 iOS9 中，你可以在代码中直接使用 Safari 来打开网页，获得 Safari 的完整功能而不需要离开 APP，这都归功于 iOS9 新加入的控制器：SFSafariViewController。

为了演示 SFSafariViewController 的返回功能，我们在页面中放置一个按钮"打开百度"，通过点击按钮打开网页，然后关联按钮的 IBAction 方法：

```
@IBAction func openWeb(sender: UIButton) {
}
```

在使用 SFSafariViewController 之前，首先要引入头文件：

```
import SafariServices
```

然后在 IBAction 中打开一个使用 SFSafariViewController 展示的 Web 页面：

```
@IBAction func openWeb(sender: UIButton) {
    //1.封装 url
    let url = NSURL(string: "http://baidu.com")
    //2.使用 NSURL 作为构造器参数创建一个 SFSafariViewController
    let sfvc = SFSafariViewController(URL: url!)
    //3.展示 SFSafariViewController
    presentViewController(sfvc, animated: true, completion: nil)
}
```

当然你需要先设置 Info.plist，现在运行，点击"打开百度"按钮后，呈现的效果如图 5.143 所示。

图 5.143　使用 SFSafariViewController 的效果

可以看到在 Web 页面上可以使用 Safari 的工具栏和地址栏，现在这个页面是无法返回的，如果想返回则需要让控制器遵守协议 SFSafariViewControllerDelegate，并且把 SFSafariViewController 实例的 delegate 设置为当前控制器：

```
sfvc.delegate = self
```

然后实现下面的 delegate 方法：

```
func safariViewControllerDidFinish(controller: SFSafariViewController) {
  controller.dismissViewControllerAnimated(true, completion: nil)
}
```

再次运行时点击右上角的 Done 按钮就可以返回到之前的控制器中了。

5.21　AutoLayout&StackView

在 4.5 小节构建计算器界面的时候，我们已经接触到了 AutoLayout（自动布局）。第 5 章的内容为了节省版面都没有使用 AutoLayout，但在实际开发过程中 AutoLayout 是不可忽略的。场景中的所有元素在没有 AutoLayout 约束的时候都使用"固定位置"，在系统绘制屏幕的时候会根据元素当前的坐标从屏幕的左上角开始绘制，每一个新建的工程都会默认开启 AutoLayout 功能，因为 iPhone 的屏幕尺寸越来越多，而且很多应用需要适配 iPhone 和 iPad，为了方便开发，在 Storyboard 中看到的默认场景都是一个正方形的，而不再是某个具体的尺寸。如果你在这个方形场景的中心放置元素，比如某个 Button 或者 Label，在不使用 AutoLayout 的情况下，在所有的 iPhone 机型上运行都无法在中心显示这个元素，因为系统使用元素的坐标进行绘制，只有在一个方形的屏幕上才能在中心显示这个元素。本节将介绍在各种布局的需求下该如何使用 AutoLayout，同时介绍一个与布局有关的 iOS9 中的新特性：UIStackView。

5.21.1　AutoLayout（自动布局）

AutoLayout 非常强大，而且还在不断地进化当中，熟练地使用 AutoLayout 可以节省大量的时间，把精力分配到业务的实现上。不过要想掌握 AutoLayout 需要大量的练习，本书只展示一些常用的约束。

1. 边距与距离

有些元素的长度是弹性的，比如一个 TextField，你可能希望它在不同机型上保持相同的边距，允许 TextField 被拉长，AutoLayout 可以设置到四个边的边距，不过通常只需设置左右边距和上下边距中的一个即可确定一个元素的位置，四个方向的边距约束如下。

左侧边距：Leading Space to Container Margin。

右侧边距：Trailing Space to ContainerMargin。

顶部边距：Vertical Spacing to Top Layout Guide。

底部边距：Vertical Spacing to Buttom Layout Guide。

设置 TextField 到左右与顶部的边距，为了突出效果这里把 TextField 的背景色换成了红色。元素与元素之间也可以设置距离，比如在 TextField 下面放置一个 Button，设置完 Button 的左右边距后希望 Button 与 TextField 之间的距离固定，则从 Button 连线到 TextField 选择：Vertical Space，为了展示拉伸效果把 Button 的背景改成灰色。Storyboard 中提供了不运行工程就可以预览当前页面在不同屏幕尺寸上的表现的功能。打开联合编辑器，默认的是 Automatic 模式，切换到如图 5.144 所示的 Preview 模式。

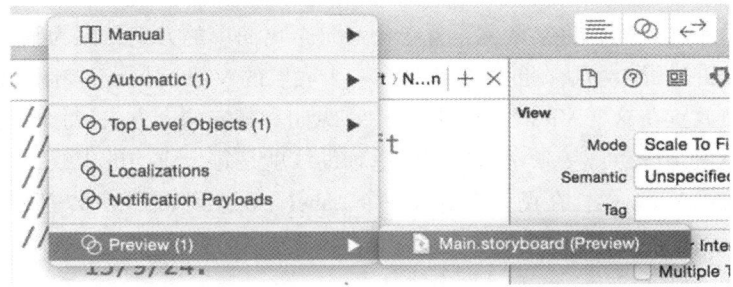

图 5.144　切换联合编辑器中的 Preview 模式

现在你看到了页面的全貌，你甚至可以点击预览场景下方的按钮来旋转屏幕。默认展示的是 4-inch 的 iPhone 屏幕，你可以点击左下角的加号按钮添加其他尺寸的屏幕，如图 5.145 所示。

图 5.145　增加 Preview 的屏幕尺寸

比如我们再增加一个 4.7-inch 的屏幕，现在可以在 Preview 模式下对比 AutoLayout 的效果了，如图 5.146 所示。

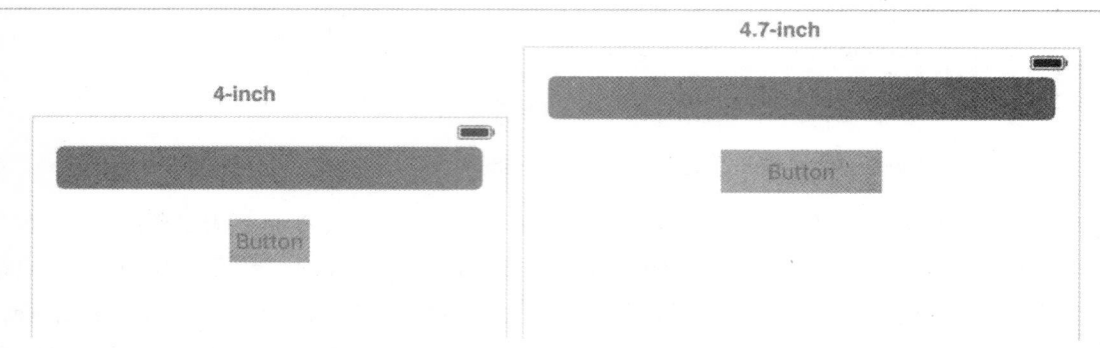

图 5.146　固定边距后元素的拉伸效果

2. 中心与对齐

相对于设置边距与距离，将某个元素置于中心是个更简单的方案，因为某个区域的中心点只有一个。之前我们讲过每个场景在创建之后都有一个底层的 View 对应于控制器的 View 属性，场景中的元素都会被放置在这个 View 之上。场景中有纵向和横向两个方向，每个方向都有一条中线，而两条中线的交点就是中点。场景中出现的蓝色辅助线就是每个方向的中线，注意这些蓝线都是基于上面所说的底层 View 的。在场景中拖入一个 Label，放置到如图 5.147 所示的位置，Label 的位置就是整个屏幕的中心。

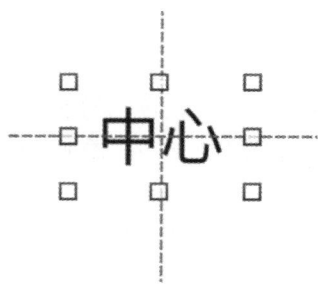

图 5.147　利用辅助线找到屏幕中心

请注意蓝色辅助线只会提示我们位置信息而不会帮我们加约束，连线到父视图中，选择两个方向上的 Center 约束：

Center Horizontally in Container
Center Vertically in Container

同时添加这两个约束，元素会置于中心；单独添加元素则会至于中线上。另外一种做法是选中元素，然后在下方约束工具栏上点击 Align 按钮，选择这两个约束，如图 5.148 所示。

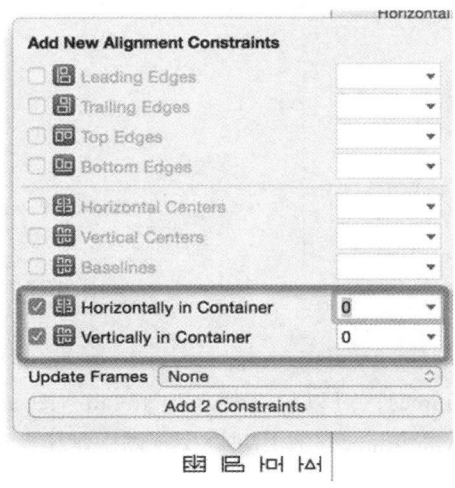

图 5.148　添加 Center 约束

使用这个方法的好处是可以设置偏移量，默认的偏移量是 0，也就是将元素置于中线或者中心。如果偏移量不为 0，则代表向中线的左侧或者右侧偏移。偏移量可以是固定的数值，也可以是一个比例。

如果元素的当前位置不在增加约束后应该出现的位置上，则场景中会出现黄色警告线，而黄色的虚线框代表在实际运行时根据元素的约束，元素应该出现的位置和尺寸，如图 5.149 所示。

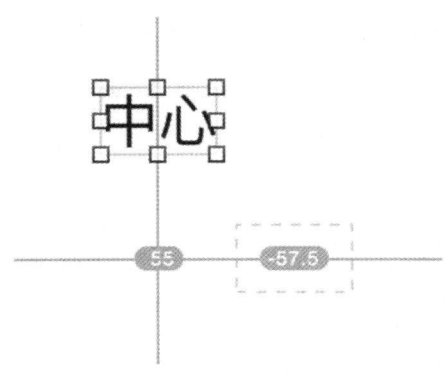

图 5.149　黄色警告线及黄色虚线框

这些只是警告，即便你不修改，在运行时也不会有什么问题，元素总会出现在它该出现的位置上，不过作为一个负责任的开发者，应该尽可能消除这些黄线。让我们回顾一下之前讲过的做法：

第一步　打开大纲视图，点击黄色小箭头，如图 5.150 所示。

第二步　在打开的警告列表中找到对应的元素，点击右侧的黄色三角形，如图 5.151 所示。

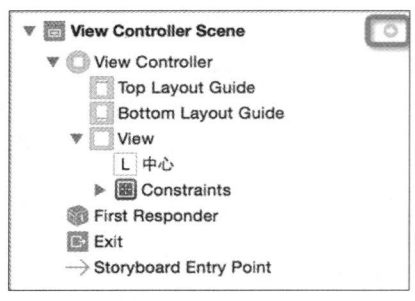

图 5.150　大纲视图中的约束警告

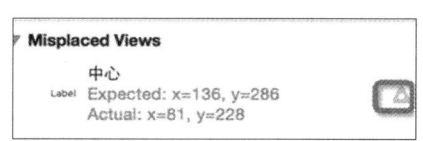

图 5.151　Misplaced Views

第三步　选中 Update frames，可以勾选 Apply to all views in container，最后点击 Fix Misplacement。之前讲过 View 的 frame 的作用是在父视图中定位，如图 5.152 所示。

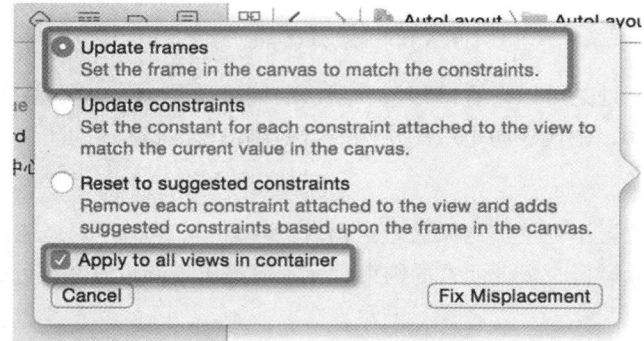

图 5.152　更新元素的 frames

现在这个 Label 上会出现两条蓝色实线，代表元素已增加约束并位于合适的位置，如图 5.153 所示。

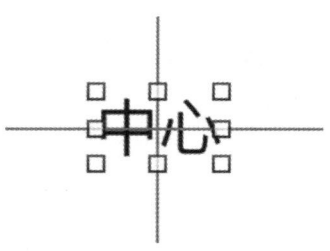

图 5.153　增加 Center 约束并更新位置

如果要修改元素的偏移量，或者需要元素的位置与父视图位置保持某种比例，则选中某个方向上的蓝线，在右侧的属性检查器中显示的就是当前约束的属性检查器，如图 5.154 所示。

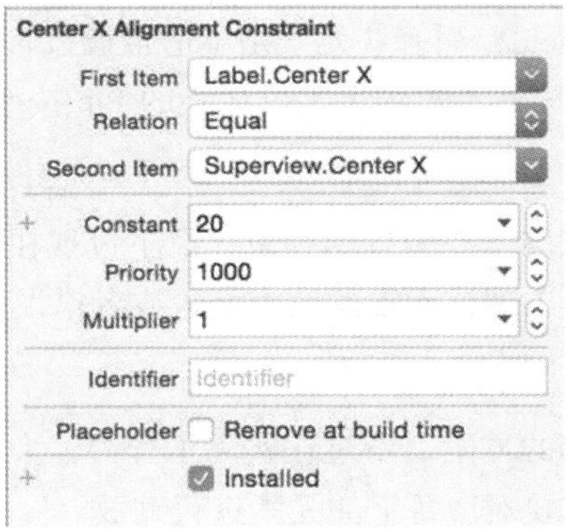

图 5.154　约束的属性检查器

其中，Constant 对应的是数值偏移量，Multiplier 对应的是比例，可以根据需要设定这两个条目的值。

前面讲到的都是单个元素的约束，而有些约束是设置元素与元素之间的相对位置的。在确定了一个元素的位置后，我们希望其他元素依照此元素来调整位置。按住键盘上的 command 键可以同时选中多个元素，然后点击约束工具栏上的 Align 按钮，你会发现在选中了多个元素后，Align 中的上半部分选项都被激活了。这是因为这些约束都是元素与元素之间的约束，在设置这些约束前必须保证基准的元素的约束是完备的（也就是说它有足够的约束能确定自身在父视图中的位置），这些组合约束如图 5.155 所示。如果不能理解每个约束的意义，可以观察约束前的符号，简单易懂。

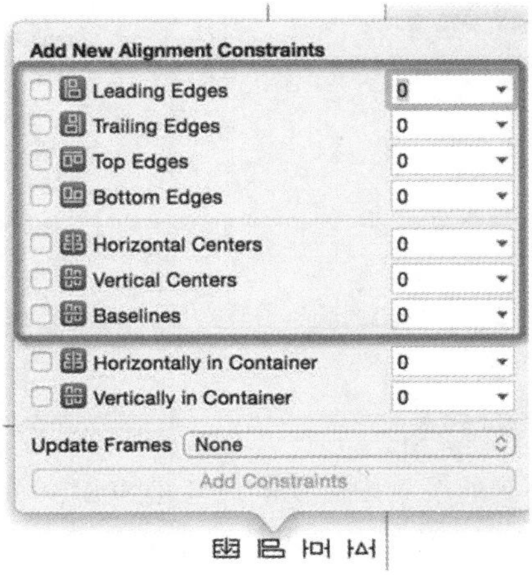

图 5.155　Align 中的组合约束

3. 尺寸与比例

在设置边距时，如果固定了边距，那么元素不可避免地会被拉长，有些元素拉长是可以接受的，比如我们之前展示的 TextField，而有些元素是不适合被拉长的，比如图片。如果要把元素的宽和高设定为固定值，需选中元素，点击约束工具栏上的 Pin 按钮，添加如图 5.156 中的 Width 和 Height 约束。

元素在拥有尺寸约束之后依旧需要位置的约束，只不过现在只需设置两个方向的约束，比如设置顶部和左侧之后，就不会再出现该元素的约束警告或者错误，现在在 Preview 模式中可以看到在不同的屏幕上元素拥有相同的大小。

使用固定的大小是一种简单的方案，不过在实际工程中，大多数的元素在不同的屏幕尺寸上需要有相同的视觉感受，这就需要对屏幕上的元素进行缩放。

首先在当前的场景中设置边距，使得元素满足预期的视觉感受，如图 5.157 所示，在场景中显示一张图片。

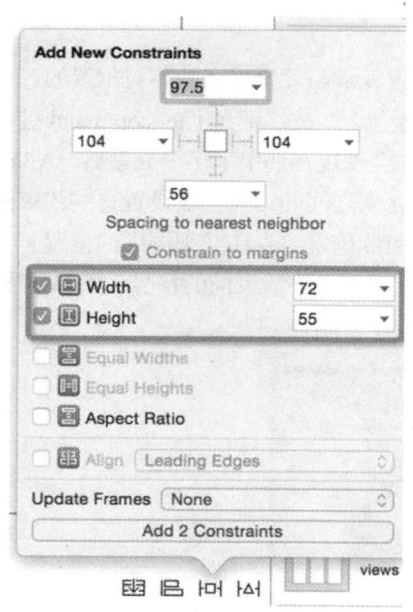
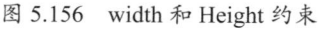

图 5.156　width 和 Height 约束

图 5.157　只有边距约束的情况

图片原尺寸是 512*512，而当前场景中需要的尺寸是 300*300。由于想在不同尺寸的屏幕上保持相同的视觉感受，因此不能使用固定的宽和高。此时在场景中设置三个方向的边距之后，由于图片本身的尺寸大于当前所展示的尺寸，而左右两侧和顶部的边距又是固定的，因此图片会被挤成一个"瘦长"的形状，下方的黄色虚线表示图片会被挤向这块区域。所以要保持元素本身的宽高比。

点击约束工具栏中的 Pin 按钮，勾选 Aspect Ratio，此时元素周围会显示宽高的比例，如图 5.158 所示。

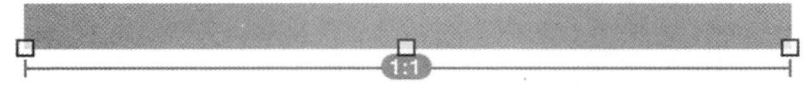

图 5.158　设置元素宽高比

此时黄色警告线消失了，在图片被再次压缩时会保持目前的宽高比，Preview 模式中的预览效果如图 5.159 所示。

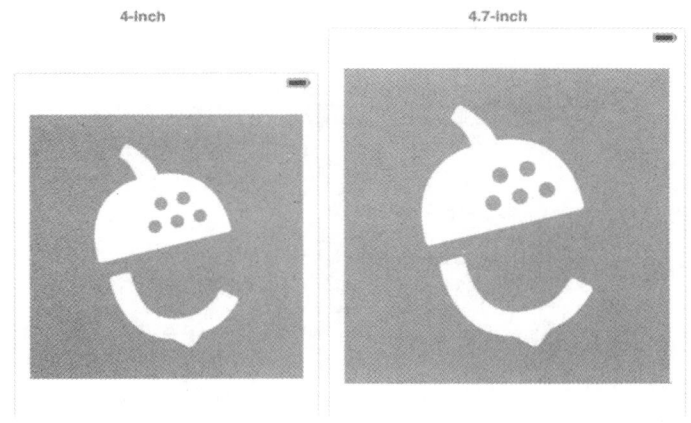

图 5.159　元素的等比例缩放效果

元素的缩放是根据父视图进行的，而示例中的父视图就是根视图 View，我们分别设置左右和顶部的边距，这样当屏幕尺寸改变的时候根 View 的尺寸就会发生变化，而此时由于设置了固定的边距，所以图片也会被拉伸或压缩。

4. 绝对位置与挤压

前面说过在不设置约束的时候元素采用绝对位置，即根据坐标从屏幕左上角开始绘制，不过当父视图中的其他元素有约束的时候，没有约束的元素位置会乱掉，比如上面的示例中，在图片下方放置一个 Button，如果不设置约束的话 Button 会采用绝对位置绘制，此时在更大的屏幕上运行的时候图片会等比放大，而此时采用绝对位置绘制的 Button 就会被盖住，如图 5.160 所示。

图 5.160   4-inch 与 4.7-inch 屏幕中的 Button

除手动添加约束外，要想保持当前的位置可以采用更简单的办法，点击约束工具栏上的 Resolve Auto Layout Issues，选择 Reset to Suggested Constraints 选项，如图 5.161 所示。

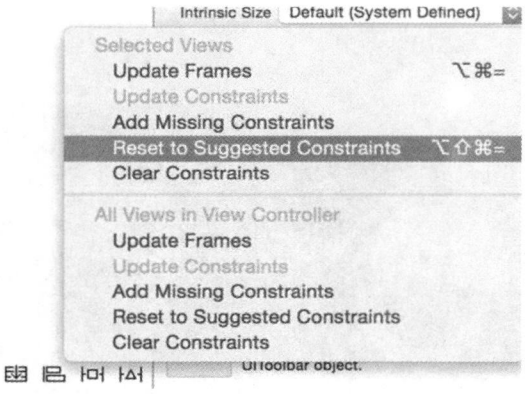

图 5.161   选择 Reset to Suggested Constraints 选项

此时没有约束的元素会根据当前的位置关系自动加上约束，现在在不同屏幕尺寸下 Button 都能正常显示了。另外 Reset to Suggested Constraints 工具栏还有针对当前选中的元素或者相同父视图中的所有元素同时更新 Frame、清除所有约束等功能。

最后一个要点是水平或者垂直方向上有两个元素，当空间不足时需要挤压其中一个元素，如何设置挤压的优先级。比如在上面的示例中，在坚果壳的图片下方再放置一个 Swift 的 Logo 图片，Logo 的尺寸为 200*200，添加固定宽高约束，值为 200 ，创建 Logo 到底部的边距约束为 50。此时，在屏幕的尺寸变小（主要是纵向变短）的时候，两张图片会发生重叠，如图 5.162 所示。

如果不想让图片重叠，并且希望上方的图片尺寸不变，则可以使用挤压下方图片的方法保持相对位置。

第一步   固定两张图片之间的距离和 Logo 图片到下方的边距。

图 5.162　图片重叠

第二步　设置 Logo 图片的宽高比。

第三步　设置 Logo 图片的宽和高中的一个为固定值 200，然后选中这个约束，在约束的属性检查器中修改 Relation 条目，默认的是 Equal，这里为了处理挤压问题修改为 Less Than or Equal，现在 Logo 图片的约束如图 5.163 所示。

图 5.163　空间不足时处理被挤压的图片

图 5.164 所示的是在 iPhone 4s 和 iPhone 6 上的运行效果。

图 5.164　不同屏幕尺寸上的挤压效果

5.21.2　UIStackView（堆栈视图）

StackView 可以说进一步简化了 AutoLayout，StackView 提供了一个易用的接口，可以横向或者纵向摆放一组 View，你只需把需要的 View 嵌入 StackView 提供的模板中，这些 View 就会自动添加约束，另外 StackView 之间可以互相嵌套。StackView 用起来也很简单，创建一个 StackView 有两种方式，可以从对象库中选择，如图 5.165 所示，有横向和纵向两种 StackView。

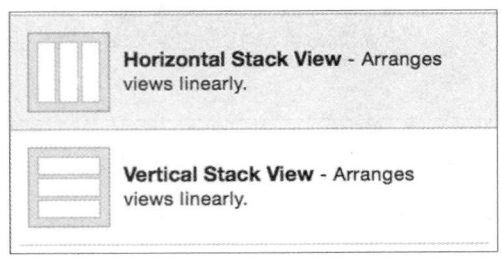

图 5.165　对象库中的 StackView

另一种方法，使用 Xcode7 的读者可能已经发现了，在 AutoLayout 工具栏的最左边悄悄出现了一个新按钮，如图 5.166 所示。

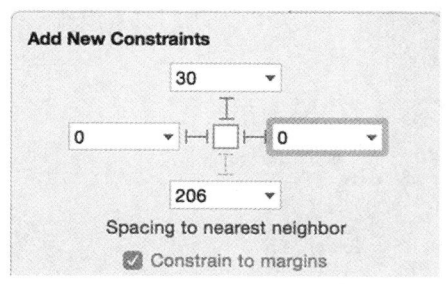

图 5.166　Xcode7 中的 StackView 按钮

你可以选中场景中的元素，然后点击这个按钮，选中的元素就会被放到同一个 StackView 中。

现在来简单地展示一下 StackView 的用法。

第一步　向场景中拖曳一个横向的 StackView，虽然 StackView 中的元素不需要设置约束，但是需要设置 StackView 的约束。

　　注意：默认的 StackView 的尺寸是很小的，如果想要它贴紧屏幕边缘，除手动放大再去设置边距约束的方法外，还有一个更简单的方法。

第二步　选中 StackView，然后点击 AutoLayout 工具栏上的 Pin 按钮，分别设置左右和顶部的边距距离，点击添加约束，可以快速添加固定边距的约束。注意，只有红线变成实线时才代表约束有效，如图 5.167 所示。

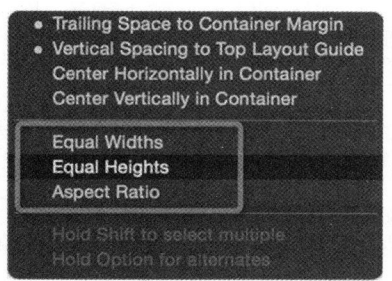

图 5.167　在 Pin 工具栏上快速添加距离约束

　　注意：使用这种快速添加边距的功能时，每个距离都是指当前元素到每个方向上的相邻元素的距离，如果没有相邻元素则代表边距，要根据实际情况使用。

第三步　在添加了距离约束后需要再添加一个高度，通常 StackView 的高度既可以是固定值，也可以以某个比例占据父视图空间。这里我们使用比例的方法，从 StackView 中连线到父视图中，增加约束的界面如图 5.168 所示。

图 5.168　Equal 族约束

可以看到框中有两个约束：Equal widths 和 Equal Heights，统称它们为 Equal 族约束。之前在讲解挤压的时候接触过把宽高等于固定值的约束修改为大于或者小于固定值约束的方法，AutoLayout 中的 Equal 族约束并不局限于"完全相等"。在这个示例中选择 Equal Heights 之后，StackView 的高度会完全等于根 View，我们可以去这个 Equal Heights 约束的属性检查器中修改 Multiplier 为 0.75，此时这个 StackView 的高度会占据屏幕的四分之三。由于目前场景中的元素结构很简单，而我们也不需要知道具体的警告信息只是想消除黄色警告线，因此只需选中 StackView，然后点击 Reset to Suggested Constraints 工具栏中的 Update Frames 即可。

第四步　向 StackView 中放置需要展示的 View，这里我们放置三个 ImageView。如果直接放置会不好控制，可以向大纲视图中插入，现在大纲视图中 StackView 的结构如图 5.169 所示。

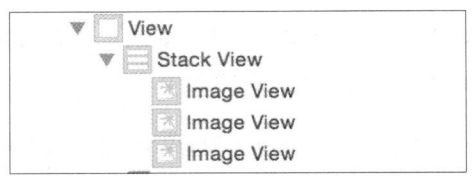

图 5.169　大纲视图中 StackView 的结构

此时 StackView 中的约束报错了，这是因为我们没有设置这些 ImageView 如何排列，打开 StackView 的属性检查器，如图 5.170 所示。

Stack View	
+	Axis	Vertical
+	Alignment	Fill
+	Distribution	Fill
+	Spacing	0
+	☐ Baseline Relative
+	☐ Layout Margins Relative

图 5.170　StackView 的属性检查器

- Axis：StackView 是水平还是垂直方向。
- Alignment：StackView 中 View 的对齐方式。
- Distribution：StackView 中 View 的分布方式。
- Spacing：每个 View 的间距。

修改 Distribution 选项为 Fill Equally，这些 ImageView 就会保持相同的尺寸排列，接着设置 Spacing 为 10，现在在 Preview 模式下的 StackView 效果如图 5.171 所示。

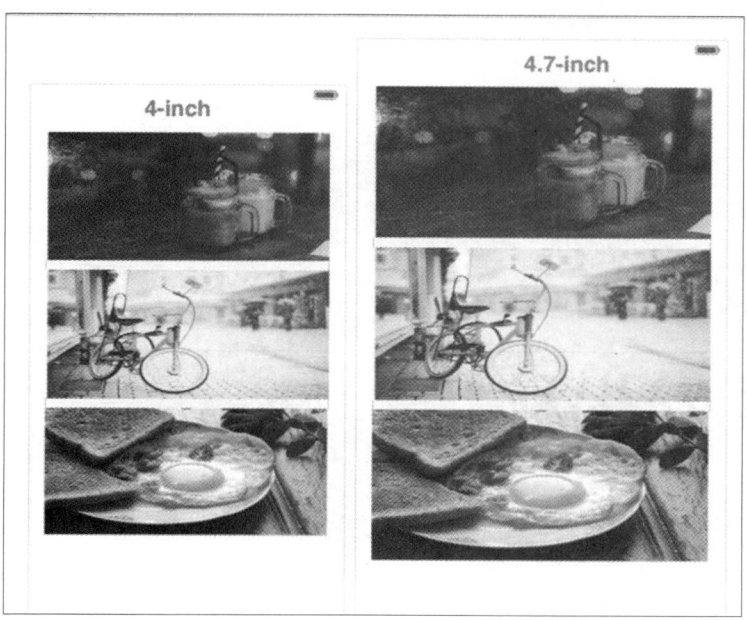

图 5.171　Preview 模式下的 StackView 效果

第 6 章
iOS 开发揭秘

通过对前面几章的学习，相信现在的你已经掌握了 Swift 的语法及界面的搭建技巧，不过要想开发出一款复杂的 APP，你需要熟悉更多的 iOS 系统 API。本章将带领你一窥 iOS 帝国的全貌，掌握 iOS 系统开发中常用的知识点。

6.1 Gesture（手势）

使用 iPhone 的系统相册查看照片的时候，轻击照片的某处可以局部放大，再次点击可以缩小，而使用两指同时接触屏幕然后缩放两指间的距离可以起到缩放照片的效果，以上功能都是通过简单的手势来操作的。在开发 APP 的时候，除了界面上的按钮之外，可以对用户开放手势操作，几个简单的手势就可以操作系统，比如缩放、滑动和轻击。iPhone 和 iPad 的屏幕有着强大的手势捕捉功能，在 iOS 9 中引入 3D Touch 技术之后再一次扩充了手势的操作维度，在 iOS 9 中你可以通过按压某个 APP 的图标在桌面上快速打开一个简单的功能选项栏，从而快速进入 APP 的某个功能模块。本节将介绍 Gesture 的用法，为 ImageView 添加缩放和长按两个手势。

手势发生在视图边界内的时候，视图会识别特定的手势，有一个叫作 UIGestureRecognizer 的类，它是一个抽象的基类。通常不会直接创建这个类，而是创建它的子类，这些子类可以识别某个特定的手势。

Gesture 是放在视图中的，表示这个视图现在可以识别手势。可以使用属性观察器的方式在某个 View 中添加 UIGestureRecognizer 的子类，这样写代码的好处是耦合度高，把手势控制器的定义与添加手势控制器的视图定义写在一起：

```
@IBOutlet weak var imageView: UIImageView!{
    didSet{
    //1.创建一个 UIGestureRecognizer 的子类
    let recognizer = UIPinchGestureRecognizer(target: self, action:
        "pinchImage:")
    //2.使用下面的方法为 View 添加一个 GestureRecognizer
    imageView.addGestureRecognizer(recognizer)
    }
}
```

现在在 imageView 上就可以识别 Pinch（缩放）这个手势了。手势识别器使用的也是目标操作的模式，如果系统识别到某个手势就会报告给某个指定的对象。target 指示接收到报告的是控制器本身，而报告的内容保存在 pinchImage 方法中，这是典型的选择子的写法。pinchImage 带有冒号，说明这个方法会把 recognizer 作为参数。

然后在 ViewDidLoad 方法中对 imageView 中进行设置：

```
override func viewDidLoad() {
    super.viewDidLoad()
    //初始尺寸
    imageView.bounds.size = CGSizeMake(200, 200)
    //允许用户交互
    imageView.userInteractionEnabled = true
    //允许多点触控
    imageView.multipleTouchEnabled = true
}
```

在实现 pinchImage 方法之前，让我们来多了解一些手势。手势识别器有一个特殊的属性叫作 state（状态），用户在使用手势的时候手势识别器可能会经历许多个状态。首先是 Possible，表示用户的动作可能是一个手势。如果发现动作是一个非连续的动作（不包括轻击动作），那么就进入另一个状态 Recongized，表示动作被识别了。如果手势是连续的，并且符合当前识别器的类型，那么就会转入状态 Began，随着手势的变化会不断通知事件处理对象，此时的状态一直为 Changed，当手指离开屏幕时就变成 Ended，这是一个简单的状态机。Gesture 在状态机中的状态就是

Possible-Began-Changed-Ended。除此之外还有 Failed 和 Cancelled 状态，比如突然一个电话打进来了，那么当前的手势就会进入 Cancelled 状态。在代码中你需要处理你所关心的状态。

了解了手势识别器中的状态后，再来了解一下 UIGestureRecognizer 的子类。iOS 中的手势有很多，每个手势都有一个 UIGestureRecognizer 的子类与之对应，每个子类的属性和方法都与手势的具体功能有关。比如 Pan（拖动）手势中的方法：

```
public func translationInView(view: UIView?) -> CGPoint
```

这个方法需要指定一个视图，返回在当前视图中拖动手势的当前位置。再比如我们需要的 Pinch（缩放）手势的识别器中有以下两个属性：

```
public var scale: CGFloat
public var velocity: CGFloat { get }
```

Scale 表示缩放的比例，初始值为 1，在使用缩放的时候需要改变这个值；velocity 表示缩放的快慢，单位为 scale/second。

下面来实现 pinchImage 方法：

```
func pinchImage(gesture:UIPinchGestureRecognizer){
    if gesture.state == .Changed {
        //需要定义一个scale属性用来保存缩放的比例
        scale *= gesture.scale
        //每一次都把gesture的scale复位,可以保证每次缩放都是基于上一次缩放后的尺寸,
        //这样的缩放是连续的
        gesture.scale = 1
    }
}
```

在方法体中需要捕获手势识别器的状态，因而之前创建 UIPinchGestureRecognizer 的时候选择子"pinchImage"后面需要带冒号，表示有参数。这里我们只关心识别器的 Changed 状态，只在 Changed 状态中操作，scale 表示图片的当前缩放比例，每次手势改变的是 scale 的值，最后把 scale 的改变体现在 ImageView 上：

```
var scale:CGFloat = 1 {
    didSet {
        //控制scale的范围，当scale超过0.3和3时ImageView不响应
        if case 0.3...3 = scale {
            imageView.bounds.size = CGSizeMake(200*scale,200*scale)
        }
    }
}
```

　　现在运行试试，在模拟器上可以模拟双指手势，按住 option 键，点击触控板左键进行滑动就可以模拟在 iPhone 的屏幕上使用手势操作了。缩放之后效果如图 6.1 所示。

图 6.1　使用手势缩放图片

　　下面再添加一个长按的手势，这次换一种添加方式，在对象库中可以直接通过拖曳的方式增加手势，如图 6.2 所示。

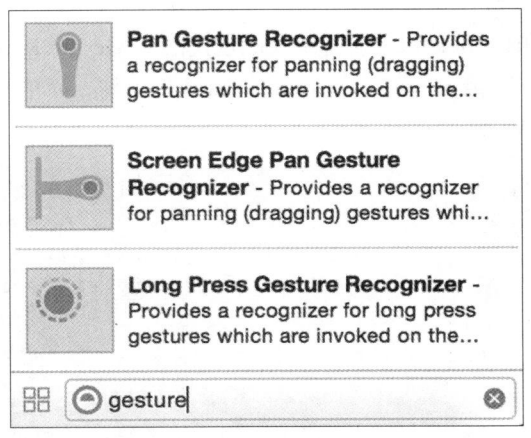

图 6.2　对象库中的手势识别器

现在拖曳一个 Long Press Gesture Recognizer 到 ImageView 中，因为手势在场景中是无法显示的，所以此时会在场景的上方工具栏中出现一个手势的图标，如图 6.3 所示。

图 6.3　场景顶部的手势图标

选中这个按钮后就可以在右侧的属性检查器中对手势进行设置了，Long Press Gesture Recognizer 的属性检查器如图 6.4 所示。

Long Press Gesture Recognizer		
Min Duration	0.5	
	Seconds	
Recognize	0	1
	Taps	Touches
Tolerance	10	
	Points	

图 6.4　Long Press Gesture Recognizer 的属性检查器

相对于代码，在 Storyboard 中添加一个属性检查器的方法更加简单，这里设置 Min Duration 为 1，表示至少持续一秒的长按才触发这个识别器。然后和其他控件一样，使用连线的办法关联 Storyboard 中的手势和控制器代码，这里我们需要生成一个 IBAction：

```
@IBAction func longPress(sender: UILongPressGestureRecognizer) {
  }
```

观察代码发现，这个 IBAction 和之前使用代码创建的 UIGestureRecognizer 的子类，在构造器中指定 target 和 action 的作用相同，可见使用 Storyboard 是一种更简单的办法，最后我们希望长按的动作可以唤出一个 AlertView：

```
@IBAction func longPress(sender: UILongPressGestureRecognizer) {
    let alert = UIAlertController(title: "长按触发", message: nil,
        preferredStyle: UIAlertControllerStyle.Alert)
    alert.addAction(UIAlertAction(title: "取消", style: UIAlertActionStyle.Cancel
        , handler: nil))
    presentViewController(alert, animated: true, completion: nil)
}
```

运行测试，在模拟器上单指手势可以直接点击触控板左键，效果如图 6.5 所示，可以看到这两个手势彼此是不冲突的。

图 6.5　长按手势效果

6.2　KVC 与 API 设计

KVC 是 "Key Value Coding" 的简称，简单来说就是通过字典的 Key 值进行索引，通过 setValue 方法和 valueForKey 方法对 Key 值对应的对象进行存取操作。在 OC 中，KVC 是个强大的特性，但是 KVC 很难进行可用性检查，因此容易导致运行时错误。随着版本的更迭，iOS 的系统 API 针对 KVC 实现的功能进行了更多封装，避免了用户直接使用 KVC。虽然 Swift 的类型并没有通过 KVC 去实现，但是 Cocoa 库中有许多 API 是通过 KVC 来实现的，要想使用这些 API，我们仍需掌握 KVC 的基本用法。本章将通过 CoreImage 中的 API 展示 KVC 的用法，对于 KVC，笔者的建议是了解即可。除了 KVC 之外，本节还将展示 Swift 中的复用、封装与操作符等 API 的设计技巧。

新建一个工程，然后新建一个 Swift 文件专门用来定义与图像处理相关的 API。

注意：在 Swift 中所有的定义默认都是全局的，所以定义在这个文件中的 API 在其他文件中可以直接使用，而不需要像 OC 中那样引入头文件。

CoreImage 已经被整合到了 UIKit 中，所以需要文件引入 UIKit。CoreImage 提供了大量与图像处理相关的 API，这些 API 接收的是 CIImage 类型的参数，不同于我们常用的 UIImage。CIImage 是使用 KVC 进行操作的，Filter 的传入图像对应键值 kCIInputImageKey，而传出的图像对应键值 kCIOutputImageKey。在 CoreImage 中，可以为 CIImage 定义多个 Filter，这些 Filter 会对图像进行加工，Filter 对应的类型是 CIFilter，CIFilter 在底层也是使用 KVC 进行处理的。每一个 Filter 会对传入的 CIImage 进行加工，然后返回加工后的新 CIImage，因此可以通过方法嵌套的方式把一个 Filter 的返回值传入另一个 Filter，以实现一条图像加工的 "生产线"。通过上面的分析，一个 Filter 其实就是一个 CIImage->CIImage。为了避免使用 KVC，在 iOS 8 之后，通过扩展的方法为 CIFilter 新增了一个原始构造器，这个构造器把键值操作封装成了一个普通的字典参数，当这个参数中的键值不是 CIFilter 中所定义的标准键值的时候会获得一个默认值，这样的策略很好地保护了运行时的安全性。这个构造器的定义如下：

```
public /*not inherited*/ init?(name: String, withInputParameters params: [String :
AnyObject]?)
```

注意：这个构造器可能会失败，name 参数不是随意起的，CoreImage 中的所有 Filter 都有固定的功能，而每一个 Filter 都有指定的名字，如果 name 参数错误将无法正确初始化一个 CIFilter 实例。

params 参数的类型是[String : AnyObject]?，这是键值操作的简化，String 是 KVC 中 Key 的类型，而 KVC 中的 Value 可以是任意类型，所以这里对应于 AnyObject 类型。如果要新建一个能为图像增加模糊功能的 Filter，则需要在参数中指定传入的 CIImage 和模糊的具体数值，首先定义一个数组：

```
let parameters = [kCIInputRadiusKey: radius, kCIInputImageKey: image]
```

这里有一个很好的可用性检查的机制，字典的键值不是使用双引号括起的字符串，而是使用了全局定义的形式，这样可以保证键值是 CoreImage API 中定义的键值，避免因拼写错误造成运行时错误。然后使用下面的代码新建一个为图像增加模糊效果的 Filter：

```
let filter = CIFilter(name:"CIGaussianBlur", withInputParameters:parameters)
```

这个 Filter 的名称是"CIGaussianBlur"，可以看到待加工的图像需要作为字典中键 kCIInputImageKey 所对应的值传入。作为一个使用 KVC 定义的 Filter，这个 Filter 构造器的实现可能是下面这种风格的：

```
convenience init(name: String, withInputParameters params: Dictionary<String,
        AnyObject>) {
    //基于另一个原始构造器
    self.init(name: name)!
    //然后使用KVC中的set方法进行赋值
    setDefaults()
    for (key, value) in params {
        setValue(value, forKey: key)
    }
}
```

所以说新的构造器的封装避免了用户对 KVC 的使用，虽然向一个 Filter 中传入 CIImage 的时候仍然需要使用字典的方式，不过要获得加工后的 CIImage 可以直接通过下面的属性获得：

```
public var outputImage: CIImage? { get }
```

可以看到虽然苹果公司对 CoreImage 的 API 进行了优化，但我们仍然需要知晓上面的所有知识并且经过所有的步骤才能实现为图像增加模糊的功能，容易出错而且不易使用。如果是做 API 开发，你需要对上面的一整套流程进行封装，一个 API 的设计方案如下：

```
func blur4Image(radius:Double,image:CIImage) -> CIImage {
    //1.把参数封装成字典
    let parameters = [kCIInputRadiusKey: radius, kCIInputImageKey: image]
    //2.创建一个模糊效果的 Filter
    if let filter =
        CIFilter(name:"CIGaussianBlur", withInputParameters: parameters) {
      return filter.outputImage!
    }
    //3.加工不成功就返回一张错误提示图片
    return CIImage(image: UIImage(named: "error")!)!
}
```

现在这个 API 使用起来就没有 KVC 的味道了。只不过因为参数的问题，这个函数实际并不是一个 CIImage->CIImage 形式的函数，使用这样的 API 进行嵌套的时候，形式上会不那么"流畅"。还记得我们在第 3 章中介绍过的柯里化么？现在对这个函数的参数列表进行改造：

```
func blur4Image(radius:Float)(image:CIImage) -> CIImage
```

这样你就可以通过只传入第一个参数的办法得到一个 CIImage->CIImage 类型的新函数了，柯里化的效果等同于把 CIImage->CIImage 作为返回值类型的"二次加工"：

```
func blur4Image(radius:Double) -> CIImage -> CIImage {
    //返回一个闭包
    return {
      image in
      //1.把参数封装成字典
      let parameters = [kCIInputRadiusKey: radius, kCIInputImageKey: image]
      //2.创建一个模糊效果的 Filter
      if let filter =
          CIFilter(name:"CIGaussianBlur",withInputParameters: parameters){
        return filter.outputImage!
      }
      //3.加工不成功就返回一张错误提示图片
      return CIImage(image: UIImage(named: "error")!)!
    }
}
```

从可用性与灵活性来讲，柯里化是最好的办法。现在让我们来测试一下 blur4Image 方法的效果，向场景中放置一个 ImageView，然后在 viewDIdLoad 中做如下设置：

```
override func viewDidLoad() {
    super.viewDidLoad()
    //原始图片
    let image = CIImage(image: UIImage(named: "Swift")!)
    //设置模糊度
    let blur = 5.0
    //获得 5.0 模糊度的模糊函数
    let blurFunc = blur4Image(blur)
    //对原图片进行模糊处理，得到处理后的图片
    let newImage = blurFunc(image: image!)
    //显示新图片
    imageView.image = UIImage(CIImage: newImage)
}
```

运行效果如图 6.6 所示。

图 6.6　对图片进行模糊处理后的效果

另外，要想构建一条图像处理的"生产线"可能需要多个 Filter，因而会产生如下格式：

```
let newImage = Filter3(Filter2(Filter1(image)))
```

这种形式虽然是正确的，但是限于函数的调用规则，API 会变得很不美观，也不符合"生产线"的运作模式。Swift 有一个强大的功能是自定义操作符与操作符的重载，你可以定义一个符号来表示函数嵌套：

```
//1.定义别名，增强语义
```

```
typealias Filter = CIImage -> CIImage
//2.声明一个操作符，操作符拥有左结合的特性
infix operator >|> { associativity left }
//3.定义这个操作符的具体实现
func >|> (filter1: Filter, filter2: Filter) -> Filter {
    return { img in filter2(filter1(img)) }
}
```

使用 infix 关键字来声明一个新的操作符，使用关键字 prefix 来声明已有操作符。

操作符是把双刃剑，这个功能饱受争议的原因是如果定义意义不明的操作符，会对其他人读写代码造成困扰。好在开发人员间有一套约定俗成的符号表示，比如上面代码中的 ">|>" 符号，虽然 Swift 中没有这个操作符，但是在其他语言中这个操作符被用来表示函数嵌套，因此我们定义这个操作符是合理的，现在上面的 Filter "生产线" 可以写成下面的形式：

```
let Filter = Filter1 >|> Filter2 >|>Filter3
let newImage = Filter(image)
```

6.3　访问短信 API 与电话 API

有非常多的 APP 需要与系统的短信 API 和电话 API 打交道，比如你编写了一个订餐的 APP，你只需提供商家的电话号码，就可以通过调用系统的电话 API 实现电话订餐服务。或者只是在 APP 中提供一个简单的公司主页，可能也需要为客户开放电话号码点击拨打的功能。本节将介绍 iOS 中的电话 API 与短信 API。

6.3.1　使用 URL 访问短信 API 与电话 API

首先介绍一个简单的做法，在 iOS 中可以使用 URL 的方式访问电话 API 与短信 API。新建一个工程，放置两个按钮，一个取名 "电话"，一个取名 "短信"，然后关联 IBAction：

```
@IBAction func tel(sender: UIButton) {
}
@IBAction func sms(sender: UIButton) {
}
```

对 URL 的使用限制并不严格，你可以使用下面的方式打开电话和短信 API，与打开一个网页的形式相同：

```
@IBAction func tel(sender: UIButton) {
    let url = NSURL(string: "tel://10086")
```

```
        UIApplication.sharedApplication().openURL(url!)
    }
@IBAction func sms(sender: UIButton) {
    let url = NSURL(string: "sms://10086")
    UIApplication.sharedApplication().openURL(url!)
    }
```

注意：这个工程需要在真机上测试。

如果要访问电话 API，则 URL 的前缀是"tel://"；如果要访问短信 API，则 URL 的前缀是"sms://"。使用 URL 的方法非常的简单，但是形式十分局限。点击"电话"按钮会直接拨打 10086，不会有任何提示，就和直接打开一个网页一样。拨打电话的问题很好处理，你可以在 IBAction 中增加一个 AlertView，把 URL 调用放在确定按钮触发的 AlertAction 中即可。这种做法的好处是你可以定制 AlertAction 的样式，另外一个简单的做法是修改 URL：

```
let url = NSURL(string: "telprompt://10086")
```

使用这个 URL 在拨出电话之前会自动弹出一个系统样式的 AlertView，需要用户进行确认。同样点击"短信"按钮会直接打开短信编辑界面，收信人为"10086"，但是短信的内容却是空的，你无法预设一段编辑好的短信内容。好在系统为我们提供了一个专门用来处理短信编辑的框架 MessageUI。下面来讲解如何使用这个框架，让短信编辑功能变得更加丰富。

6.3.2　MessageUI

MessageUI 是系统自带的框架，但是你需要手动把这个框架添加到工程中才能使用它的 API，步骤如下。

第一步　点击工程名。

第二步　选择 General。

第三步　点击 Linked Frameworks and Libraries 中的加号打开新增页面

第四步　搜索 MessageUI，选中，然后点击 Add 添加，如图 6.7 所示。

现在你的工程中已经添加了 MessageUI，工程中添加的框架都会显示在 Linked Frameworks and Libraries 中。回到控制器中，如果要在代码中使用工程中加入的

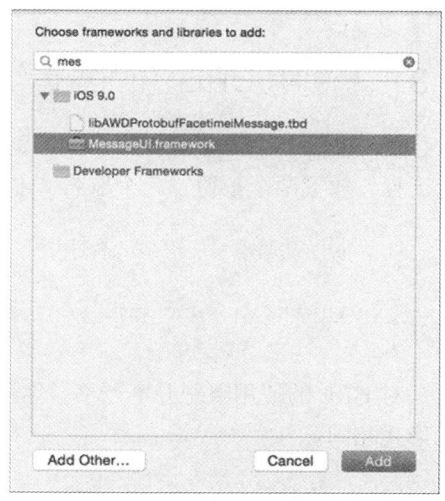

图 6.7　向工程中添加 MessageUI

framework，则需要使用 import 引入：

```
import MessageUI
```

MessageUI 也使用了 delegate 模式，让控制器遵守以下协议：

```
MFMessageComposeViewControllerDelegate
```

需要实现下面的方法：

```
func messageComposeViewController(controller: MFMessageComposeViewController,
didFinishWithResult result: MessageComposeResult) {
    controller.dismissViewControllerAnimated(true, completion: nil)
}
```

这个方法用来关闭短信 API，回到你自己的 APP 中。下面来定义几个方法，首先判断发送短信的功能是否能用：

```
func canSendText() -> Bool {
    return MFMessageComposeViewController.canSendText()
}
```

MessageUI 中设置短信使用 MFMessageComposeViewController，写一个初始化的方法：

```
func configuredMessageComposeViewController() -> MFMessageComposeViewController{
    let messageComposeVC = MFMessageComposeViewController()
    messageComposeVC.messageComposeDelegate = self
    messageComposeVC.body = "感谢购买此书^ ^"
    return messageComposeVC
}
```

现在使用这个 MFMessageComposeViewController 打开的短信 API 中都会有默认的短信内容
"感谢购买此书^^"。

最后修改 sms 方法：

```
@IBAction func sms(sender: UIButton) {
    if canSendText() {
        let messageVC = configuredMessageComposeViewController()
        presentViewController(messageVC, animated: true, completion: nil)
    } else {
        //处理不能发短信的情况
    }
}
```

现在点击"短信"按钮的效果如图 6.8 所示。

图 6.8　短信 API 中有默认的短信内容

短信界面顶部的导航栏可以自定义以保持与整个 APP 相同的风格，点击导航栏上的取消按钮会触发之前设置的 delegate 方法 func messageComposeViewController(controller: MFMessage-ComposeViewController, didFinishWithResult result: MessageComposeResult){}。

6.4　访问相册 API 与相机 API

APP 中的图片并不总是一成不变的，有些图片需要用户自己定义，比如用户的头像、相册的封面等，这就需要在 APP 中能够访问相册与相机的 API。本节将通过一个可替换的相册封面为读者介绍这些 API 的具体用法。新建一个工程，在场景中拖入一个 ImageView，设置一张图片作为默认的背景，然后在 ImageView 的中间放置一个半透明的小相机按钮，样式如图 6.9 所示。

关联 ImageView 与 Button 的代码：

```
@IBAction func changeImage(sender: UIButton) {
}
@IBOutlet weak var imageView: UIImageView!
```

图 6.9　相册封面 Demo

在 changeImage 方法中加入一个 ActionSheet，用来选择替换的图片的来源，有相册和拍摄两个选项，分别访问系统的相册和摄像头：

```
@IBAction func changeImage(sender: UIButton) {
    let at = UIAlertController(title: "更换相册封面", message: "请选择图片来源",
        preferredStyle: .ActionSheet)
    at.addAction(UIAlertAction(title: "相册", style: .Default, handler:
        { alertAction -> Void in

        }))
    at.addAction(UIAlertAction(title: "拍摄", style: .Default, handler:
        { alertAction -> Void in

        }))
    presentViewController(at, animated: true, completion: nil)
}
```

无论是相机还是相册，都是通过 UIImagePickerController 来管理的。下面通过设置 sourceType 访问不同的 API，只不过在使用摄像头的时候要先判断摄像头是否可用，在模拟器上摄像头是不可用的，两个闭包的实现如下：

```
at.addAction(UIAlertAction(title: "相册", style: .Default, handler: {
        alertAction -> Void in
    let imagePicker = UIImagePickerController()
    //调用相册 API
    imagePicker.sourceType = .PhotoLibrary
```

```
        self.presentViewController(imagePicker, animated: true, completion: nil)
    }))
at.addAction(UIAlertAction(title: "拍摄", style: .Default, handler: {
        alertAction -> Void in
    let imagePicker = UIImagePickerController()
    //调用摄像头 API
    if UIImagePickerController.isSourceTypeAvailable(.Camera){
        imagePicker.sourceType = .Camera
        self.presentViewController(imagePicker, animated: true, completion: nil)
    } else {
        //提示摄像头不可用

    }
    }))
```

不得不说配合上新字体后，iOS 9 中的 ActionSheet 的样式真是萌萌哒。一款 APP 在访问系统相册和摄像头的操作时会涉及系统权限的问题，在打开的 ActionSheet 中选择相册选项的时候会提示用户是否允许访问，选择 OK 即可，图 6.10 是在模拟器上打开的系统相册。

图 6.10　访问系统相册

和 6.3 节中讲的短信 API 不同的是，相册导航栏中的取消按钮不需要设置即可默认关闭系统相册返回之前的 APP 页面。至此还剩下最后一个步骤，就是用选择的新图片替换 ImageView 中原有的图片，这个方法是一个 delegate 方法，因此需要控制器遵守 ImagePicker 的 delegate。

注意：要使用 ImagePicker 的 delegate 方法，除了需要遵守 UIImagePickerControllerDelegate 之外，还需要遵守 UINavigationControllerDelegate。

在 AlertAction 的闭包中加入：

```
imagePicker.delegate = self
```

然后实现 delegate 方法：

```
func imagePickerController(picker: UIImagePickerController!,
didFinishPickingImage image: UIImage!, editingInfo: [NSObject : AnyObject]!)
{
    //1.替换为新图片
    imageView.image = image
    //2.只需选择一张图片，因此在替换完图片之后关闭相册
    picker.dismissViewControllerAnimated(true, completion: nil)
}
```

运行工程，从系统相册中选择一张新图片后，相册封面已经被替换为所选的图片了，如图 6.11
所示。

图 6.11　替换后的 Demo

6.5　快速分享 API

随着社交网络的流行，很多 APP 都可以把某些信息快速地分享到用户的社交网络中，你可以
手动去实现一个分享功能，这可能会花费你不少的时间。iOS 中提供了对接社交网络的 API，如果
其中恰巧有你需要的社交网络，那么你可以使用系统提供的 API 快速实现一个分享功能。本节的
Demo 会实现一个简单的分享功能，通过此 Demo APP 可以把一段文字发布到腾讯微博中，由于模
拟器上没有腾讯微博，所以本节的 Demo 需要在真机上进行测试。

Demo 的样式如图 6.12 所示，TextView 用来输入需要分享的文字，导航栏上的按钮采用的是

系统自带的样式，点击该按钮会把 TextView 中的文字分享到腾讯微博中。

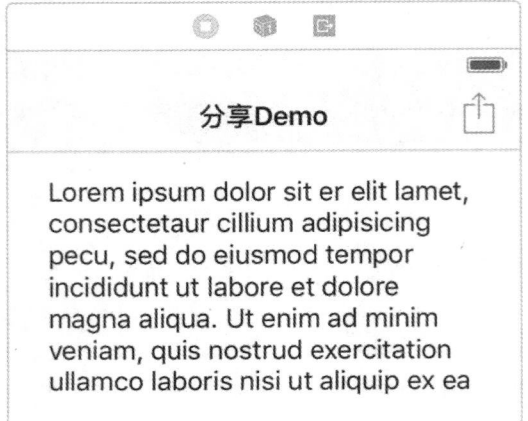

图 6.12　分享 Demo 的样式

关联 TextView 和 BarButtonItem 到代码中：

```
@IBOutlet weak var textView: UITextView!

@IBAction func share(sender: UIBarButtonItem) {
}
```

为了让 TextView 更醒目，需要在代码中设置一下 TextView 的样式，页面上可能有很多控件，为了代码的紧凑性，通常会为每一个控件写一个 configure 方法，统一在合适的控制器生命周期方法中调用。下面是 TextView 的 configure 方法：

```
func configureTextView(){
    textView.layer.cornerRadius = 5.0
    textView.layer.borderWidth = 1.5
    textView.layer.borderColor = UIColor.blackColor().CGColor
    textView.text = ""
    //处理光标居中的问题
    self.automaticallyAdjustsScrollViewInsets = false
}
```

然后在 ViewDidLoad 方法中调用这个方法。要想使用系统 API 实现分享功能，需要向工程中引入框架 Social.framework，然后在控制器头文件中引入：

```
import Social
```

之后实现 IBAction：

```
@IBAction func share(sender: UIBarButtonItem) {
    //1.在点击分享按钮的时候，如果键盘是开启的要关闭键盘
    if textView.isFirstResponder() {
        textView.resignFirstResponder()
    }
    //2.检查腾讯微博是否可用
    if SLComposeViewController.isAvailableForServiceType(SLServiceType-
        TencentWeibo){


    } else {
        //提示腾讯微博不可用
    }
}
```

在访问社交网络 API 的时候要先确定其可用性，使用 SLComposeViewController 的 isAvailableForServiceType 方法。这里我们要检查的是 TencentWeibo，目前系统中内置的社交网络 API 只有四个，如图 6.13 所示。

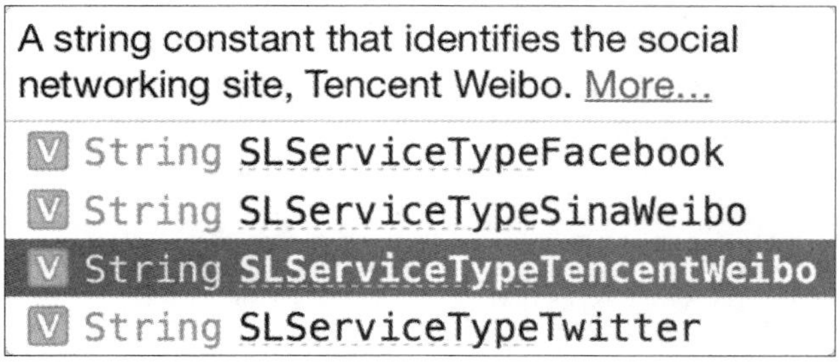

图 6.13　Social 框架中开放的四种社交网络

现在来继续完善代码，在检查完可用性之后，需要创建一个腾讯微博专属的 SLCompose-ViewController 实例。本 Demo 的功能是把 TextView 中的文字快速发布到腾讯微博中，但是由于腾讯微博的字数限制为 140 字，所以当 TextView 中的字数超过 140 字时，只截取前 140 个字，完整的 IBAction 如下：

```
@IBAction func share(sender: UIBarButtonItem) {
    //1.在点击分享按钮的时候，如果键盘是开启的要关闭键盘
    if textView.isFirstResponder() {
        textView.resignFirstResponder()
    }
    //2.检查腾讯微博是否可用
    if SLComposeViewController.isAvailableForServiceType(SLServiceType-
        TencentWeibo){
```

```
    //3.创建腾讯微博专属的控制器实例
    let txwbComposeVC = SLComposeViewController(forServiceType:
        SLServiceTypeTencentWeibo)
    //4.控制字数
    if textView.text.characters.count <= 140 {
        txwbComposeVC.setInitialText(textView.text)
    } else {
        txwbComposeVC.setInitialText(textView.text[textView.text.
            startIndex..<textView.text.startIndex.advancedBy(140)])
    }
    //5.展示 SLComposeViewController
    presentViewController(txwbComposeVC, animated: true, completion: nil)
}else{
    //提示腾讯微博不可用
}
}
```

要想在系统中访问腾讯微博的 API，还需要在 iOS 系统中登录腾讯微博，打开设置，找到腾讯微博，然后登录，如图 6.14 所示。

图 6.14　在设置中登录腾讯微博

登录成功后，在真机上运行程序，效果如图 6.15 所示。

在 TextView 中输入想要发布的文字，然后点击右上角的分享按钮，会调用出腾讯微博专属的

SLComposeViewController 的分享界面，这个样式是系统自带的，如图 6.16 所示。

图 6.15　分享 Demo 运行效果

图 6.16　腾讯微博专属的 SLComposeViewController

点击发布按钮，现在登录你在设置中登录过的腾讯微博账号查看一下吧，如图 6.17 所示。

图 6.17　分享成功

6.6　地图与定位 API

地图功能是 iOS 中的招牌功能，自引入地图功能以来，每个新版本的 iOS 系统都会对系统内置的地图功能进行加强。定位功能可以快速捕捉到用户的当前位置，在社交网络中，用户分享消息的时候通常会附带当前的位置信息。另外，定位功能对于推荐类的 APP 尤为有用，APP 可以针对用户的位置进行推荐或推送消息。本节将通过一个旅游名片的 Demo 来展示地图与定位的用法，Demo 的界面如图 6.18 所示，点击地址前的绿色定位符可以打开地图显示大雁塔的位置信息。

图 6.18　Demo 界面

因为地图服务与机器硬件关联紧密，地图的功能默认是不开启的，要想在工程中使用地图服务，需要手动开启。和之前导入框架不同，开启地图服务的步骤很有趣。

第一步　点击工程，选择 Capabilities，点击第一项 Maps 后面的开关即可开启地图服务，如图 6.19 所示。

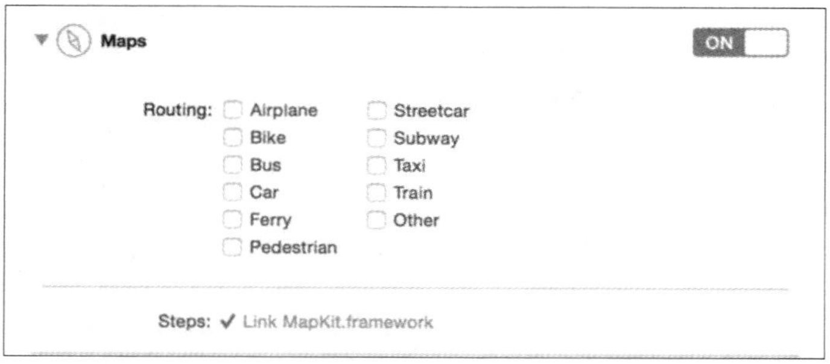

图 6.19　开启 Maps

可以看到除了自动引入了 iOS 中的地图框架 MapKit.framework 之外，如果地图中有导航功能，你还可以选择交通工具。

第二步　在 Storyboard 中拖入一个 ViewController，这个场景用来显示地图。地图需要显示在专门的 View 上，这个 View 叫 MapKitView，对象库中的 MapKitView 如图 6.20 所示。

第三步　把 MapKitView 拖到新建的场景中并调整大小，然后在第一个场景的绿色定位按钮中创建 Segue 到第二个场景中，ID 设为 "MapSegue"。创建一个新的 ViewController 子类与场景二相关联，取名为 MapViewController，设置它的 NavigationItem.title 为 "地图"。现在运行工程，点击定位按钮就会打开一张地图，如图 6.21 所示。

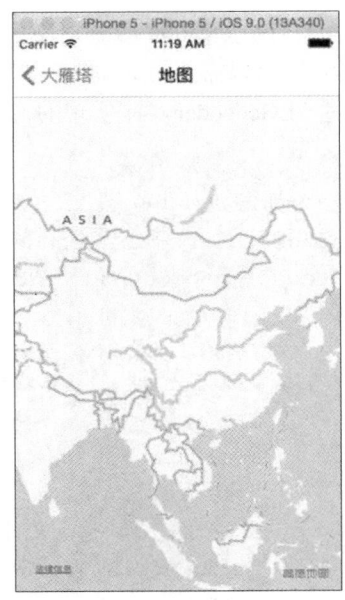

图 6.20　对象库中的 MapKitView　　　　图 6.21　默认的地图界面

第四步　在地图中显示大雁塔的位置。进行与地图相关的编程需要引入头文件，在 MapViewController 中引入头文件：

```
import MapKit
```

创建 MapKitView 的 IBOutlet：

```
@IBOutlet weak var mapView: MKMapView!
```

然后创建一个 String 类型的属性来存储地图中需要显示的地址信息：

```
var location = ""
```

第五步 现在回到第一个场景的控制器代码中，实现与 Segue 相关的方法，向 MapViewController 传递 location 的值。

```
override func prepareForSegue(segue: UIStoryboardSegue, sender: AnyObject?) {
    if let identifier = segue.identifier {
        if identifier == "MapSegue" {
            let dvc = segue.destinationViewController as! MapViewController
            dvc.location = "雁塔南路北口大雁塔雁塔东步行街"
        }
    }
}
```

现在我们有了 location 的值，这个位置信息的类型是 String。但是在地图中位置信息是用经度和纬度表示的，所以需要对 location 描述的位置信息进行转码，以得到能在地图上显示的位置格式，转码是通过 CLGeocoder 类来实现的，实现一个方法用来显示位置：

```
func showLocation() {
    //1.对地址进行转码
    let geocoder = CLGeocoder()
    geocoder.geocodeAddressString(location) { (placemarks, error) -> Void in
        if placemarks != nil && placemarks!.count > 0 {
            let placemark = placemarks![0]
            //2.设置大头针指示符的内容
            let annotation = MKPointAnnotation()
            annotation.title = "大雁塔"
            annotation.subtitle = "西安的名胜古迹"
            annotation.coordinate = placemark.location!.coordinate
            self.mapView.showAnnotations([annotation], animated: true)
            self.mapView.selectAnnotation(annotation, animated: true)
        }
    }
}
```

geocoder 的转码过程是异步的，方法 geocodeAddressString 中的闭包会在转码过程结束后执行。闭包是([CLPlacemark]?, NSError?) -> Void 类型的，转码后的地址格式是 CLPlacemark 类型的。第一个参数是一个数组的原因是 String 类型的地址信息在解码后可能会得到多个位置，所以 String 类型的地址信息越详细越好，可以提高定位的精度。MKPointAnnotation 会以大头针的样式在地图上显示地址信息。最后别忘了在 ViewDidLoad 中调用这个方法，运行效果如图 6.22 所示，你可以通过 MapView 的属性 mapType 更改地图样式。

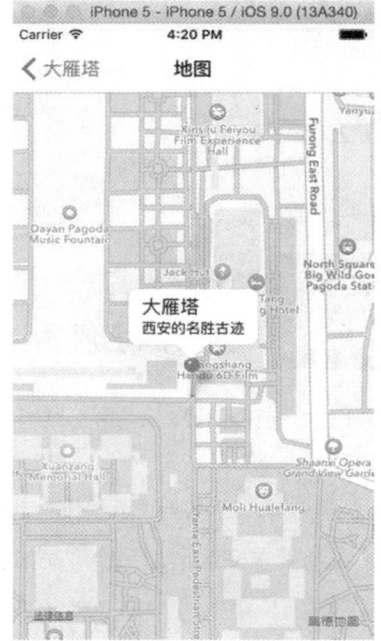

图 6.22　转码后的显示效果

可以看到大头针上有一个位置的描述信息，如果想要定制这个部分的样式，需要使用 delegate。让 MapViewController 遵守 MKMapViewDelegate，并设置 delegate：

```
mapView.delegate = self
```

然后实现下面的 delegate 方法：

```
func mapView(mapView: MKMapView, viewForAnnotation annotation:
        MKAnnotation) -> MKAnnotationView? {
    //1.和 cell 一样，复用以提高效率
    let identifier = "MyShow"
    var annotionView = mapView.dequeueReusableAnnotationViewWithIdentifier(identifier)
    if annotionView == nil{
        annotionView = MKAnnotationView(annotation: annotation,
                reuseIdentifier: identifier)
        annotionView!.canShowCallout = true
    }
    //2.定制大头针的样式
    let leftView = UIImageView(frame: CGRectMake(0, 0, 45, 45))
    leftView.image = UIImage(named: "dayanta")
```

```
        annotionView!.leftCalloutAccessoryView = leftView
        return annotionView!
    }
```

现在大头针的显示效果如图 6.23 所示。

图 6.23 自定义的大头针样式

现在实现下一个功能：定位。在场景二底部增加一个 ToolBar，用来定位用户当前的位置，然后关联代码：

```
@IBAction func showMyLocation(sender: UIBarButtonItem) {
}
```

iOS 中的定位功能使用的是另一个框架：CoreLocation，CoreLocation 可以提供你的位置信息和你的朝向，CoreLocation 中没有 UI 只有数据，CoreLocation 中的成员都是以 CL 开头的，基类是 CLLocation，可能你已经注意到了我们刚才使用的 CLPlacemark 就是 CoreLocation 中的成员。当然，iOS 中还有室内定位的功能，但是比较复杂，这里讲解的 CoreLocation 是用于室外定位的。

CoreLocation 中的位置信息对应的类型是 CLLocationCoordinate2D，它是个结构体，使用经度和纬度表示：

```
public struct CLLocationCoordinate2D {
    public var latitude: CLLocationDegrees
    public var longitude: CLLocationDegrees
    public init()
    public init(latitude: CLLocationDegrees, longitude: CLLocationDegrees)
}
```

除了位置信息，你还可以获得速度、方向、时间戳等与定位有关的信息，要想获得这些信息，需使用 CLLocationManager 类，创建一个 CLLocationManager 类型的属性：

```
var manager = CLLocationManager()
```

iOS 中的 MapView 默认是不显示用户位置的,请注意 MapView 的属性检查器,如图 6.24 所示。

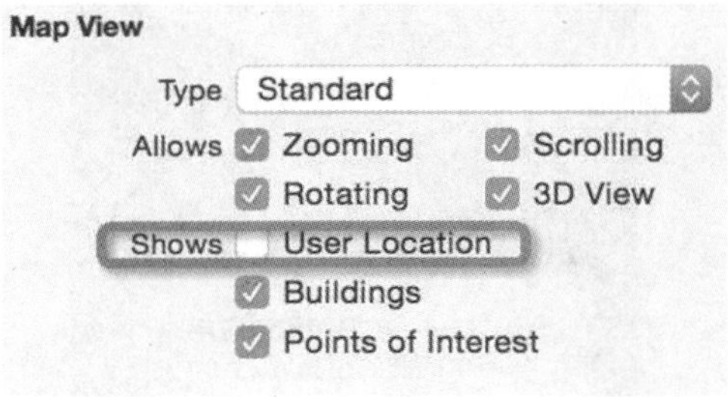

图 6.24　MapView 的默认设置

如果想在我们的 APP 中使用系统的定位功能,必须要获得用户的许可,在 iOS 8 中许可被拆分成了两种情况:

```
//1.只有当用户正在使用该 APP 时获取位置信息
public func requestWhenInUseAuthorization()
//2.该 APP 可以一直在后台获取用户的位置信息
public func requestAlwaysAuthorization()
```

比如,在 Demo 中我们只需在运行时获取用户的位置,所以在方法中加入以下判断:

```
@IBAction func showMyLocation(sender: UIBarButtonItem) {
    let manager = CLLocationManager()
    if CLLocationManager.authorizationStatus() == .NotDetermined {
        manager.requestWhenInUseAuthorization()
    }
}
```

现在调用这个方法,你会发现 requestWhenInUseAuthorization()不起作用。在 iOS 8 以后,如果你的 APP 中有定位功能的话,需要向 Info.plist 文件中加入相关的字段,根据需求,加入字段 NSLocationWhenInUseUsageDescription 或 NSLocationAlwaysUsageDescription,如图 6.25 所示。

▼ Information Property List	Dictionary	(16 items)
NSLocationWhenInUseUsageDes... ‡	String	需要定位

图 6.25　在 Info.plist 中加入定位相关的字段

现在运行一下看看,点击"我的位置"会出现一个 AlertView。在模拟器上这个 AlertView 不受本地化的影响,你可以在真机上运行测试一下,如图 6.26 所示。

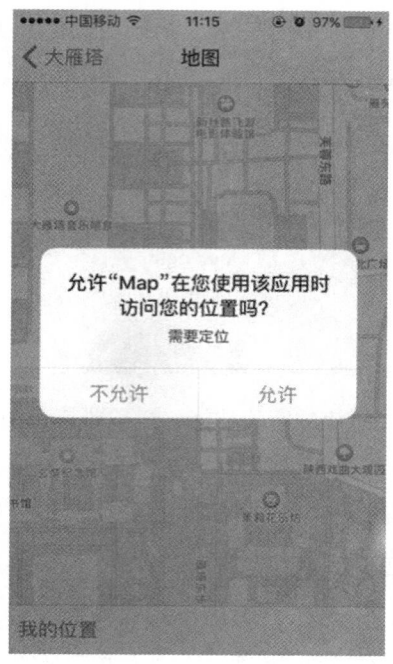

图 6.26　用户定位的 AlertView

在增加判断之后检查状态，如果用户点击了允许，authorizationStatus()的返回值会发生变化，这样就可以开始使用定位服务了。继续向 showMyLocation 方法中添加代码：

```
@IBAction func showMyLocation(sender: UIBarButtonItem) {
  print(CLLocationManager.authorizationStatus().rawValue)
  manager.requestWhenInUseAuthorization()
  if CLLocationManager.authorizationStatus() == .NotDetermined {
    manager.requestWhenInUseAuthorization()
  } else if CLLocationManager.authorizationStatus() == .AuthorizedWhenInUse{
    manager.startUpdatingLocation()
    mapView.showsUserLocation = true
  }
}
```

在未选择允许或者不允许的时候，authorizationStatus()的返回值一直是.NotDetermined。一旦做出选择，authorizationStatus()的状态就会发生变化，此时无论调用多少次 requestWhenInUseAuthorization()方法都不会有任何作用。如果要修改权限则只能在系统设置中改变该 APP 获取用户定位的权限，如图 6.27 所示。

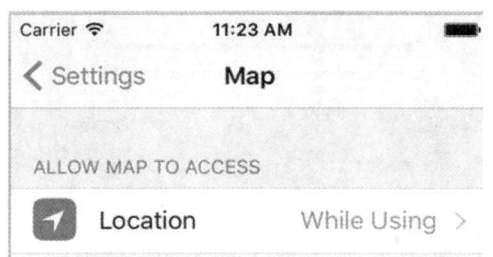

图 6.27　在设置中修改权限

因为用户可以随时修改设置中的权限，而 requestWhenInUseAuthorization()方法又只能调用一次，所以现在的问题是该如何保证在权限允许的时候再次开启定位服务，好在系统为我们提供了 delegate 方法：locationManager:didChangeAuthorizationStatus。如果用户之前已经授权了位置服务，那么在每次位置管理器被初始化，并且 delegate 被设置了相应的权限状态的情况下这个代理方法都会被调用，这就方便了我们进行可用性检查。如果用户在授权允许之后又通过设置把该 APP 设置为不提供位置信息，那么在进行可用性检查时我们应该给出提示，提醒用户去设置中开启定位服务。前面我们讲过了如何访问系统的 API，在这里依旧可以使用 URL 的方式在我们的 APP 中直接打开设置。delegate 的具体实现如下：

```
func locationManager(manager: CLLocationManager, didChangeAuthorizationStatus
      status: CLAuthorizationStatus) {
   switch CLLocationManager.authorizationStatus() {
   case .AuthorizedWhenInUse:
      break
   case .NotDetermined:
      manager.requestWhenInUseAuthorization()
   case .AuthorizedAlways, .Restricted, .Denied:
      let alertController = UIAlertController(
          title: "权限提示",
          message: "请打开系统设置，并修改用户权限为"使用应用期间"",
          preferredStyle: .Alert)

      let cancelAction = UIAlertAction(title: "取消", style: .Cancel,
          handler: nil)
      alertController.addAction(cancelAction)

      let openAction = UIAlertAction(title: "打开设置界面", style: .Default)
          { (action) in
          if let url = NSURL(string:UIApplicationOpenSettingsURLString) {
          UIApplication.sharedApplication().openURL(url)
```

```
            }
        }
        alertController.addAction(openAction)

        self.presentViewController(alertController, animated: true, completion:
            nil)
    }
}
```

实现这个 delegate 后，别忘了设置当前 manager 的 delegate：

```
manager.delegate = self
```

现在去设置中关闭 Demo 的定位授权，然后再次运行程序进入地图的时候会显示如图 6.28 所示的提示。

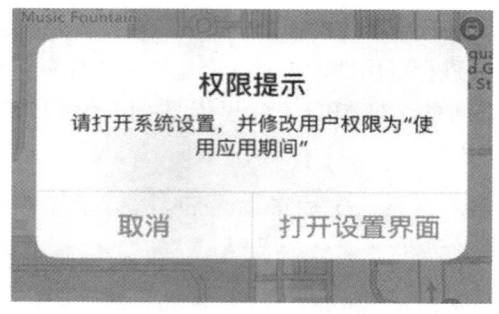

图 6.28　未授权状态下需要给出提示

点击"打开设置界面"可以直接进入系统的设置中。iOS 9 系统中，在使用当前 APP 的时候打开另一个 APP，可以通过左上角返回到之前的 APP 中，在修改授权设置之后，点击如图 6.29 所示的部分可以回到我们的 Demo 中。

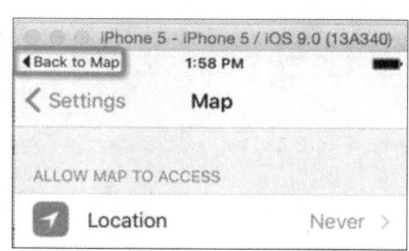

图 6.29　点击返回 Demo APP

在处理完权限的设置之后，现在来显示用户的当前位置。定位是一个相对复杂的功能，在显示位置时你需要对 manager 做更多的设置，你可以把这些设置集中到一个 config 方法中，然后在

viewDidLod 方法中调用，我们把 delegate 的设置也放到这个方法中，方法定义如下：

```
func managerConfig(){
    manager.delegate = self
    //设置精度，精度越高越费电
    manager.desiredAccuracy = kCLLocationAccuracyBest
    //针对需求添加更多设置...
}
```

现在来实现在地图上显示当前位置的功能，定义一个新的方法来处理：

```
func locationHelper(){
    if let coordinate = manager.location?.coordinate {
        let annotation = MKPointAnnotation()
        annotation.title = "我的位置"
        annotation.coordinate = coordinate
        self.mapView.showAnnotations([annotation], animated: true)
        self.mapView.selectAnnotation(annotation, animated: true)
    }
}
```

完成下面几步，就可以实现用户的定位。

第一步　在 showMyLocation 方法中调用这个方法：

```
@IBAction func showMyLocation(sender: UIBarButtonItem) {
    if CLLocationManager.authorizationStatus() == .NotDetermined {
        manager.requestWhenInUseAuthorization()
    } else if CLLocationManager.authorizationStatus() == .AuthorizedWhenInUse{
        manager.startUpdatingLocation()
        mapView.showsUserLocation = true
        //1.调用新定义的方法
        locationHelper()
    }
}
```

第二步　在 mapView：viewForAnnotation：方法中针对用户的位置显示设置特定的样式：

```
func mapView(mapView: MKMapView, viewForAnnotation annotation: MKAnnotation)
    -> MKAnnotationView? {
    ...//省略之前的内容
    //2.定制大头针的样式
    let leftView = UIImageView(frame: CGRectMake(0, 0, 45, 45))
    if annotation.title! == "我的位置" {
```

```
      leftView.image = UIImage(named: "touxiang")
   } else {
      leftView.image = UIImage(named: "dayanta")
   }
   annotionView!.leftCalloutAccessoryView = leftView
   return annotionView!
}
```

第三步　在控制器的生命周期方法 viewWillDisappear 中关闭位置的更新：

```
override func viewWillDisappear(animated: Bool) {
   super.viewWillDisappear(animated)
   manager.stopUpdatingLocation()
}
```

　　设置完毕后，运行工程，你可以在 Xcode 中模拟当前的位置以节省在真机上运行的时间，具体方法如图 6.30 所示。在 Xcode 下方的工具栏上有一个箭头样式的图标，可以在其中模拟当前的位置。

　　比如这里我们选择 Hong Kong China，在你选择了模拟的位置之后这个小箭头会亮起。点击"我的位置"，就会定位到用户当前的位置，如图 6.31 所示，你也可以在真机上运行测试。

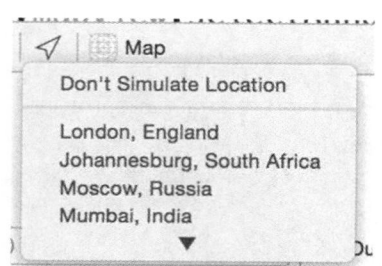

图 6.30　在 Xcode 中模拟当前的位置

图 6.31　模拟器上的定位效果

　　本节通过 Demo 简单地展示了 iOS 中地图与定位 API，实际上 MapKit 与 CoreLocation 中的内容远不止如此，感兴趣的读者可以查看官方的文档深入学习。

6.7　网络通信

　　客户端程序经常需要和服务端进行通信，所以网络通信是 iOS 中的重要内容。那么 iOS 中的网络通信到底是什么？它有什么作用？简单来说，在一款移动应用中，网络通信并不是必需的，比如你只是做了一个手电筒的应用，那么就不需要服务端。但是当移动端应用需要对用户进行验证、应用中有付款功能、应用中需要存储大体积数据的时候，都需要编写一个服务器或者直接和第三方的服务商通信，这时就需要使用网络通信的 API。在 iOS 9 中显式地使用 HTTP 请求是不被许可的，如果你的工程中需要使用 HTTP 协议进行网络通信的话，必须先去配置 Info.plist 文件，具体方法在 5.20 节中有详细说明，读者可以去查阅相关步骤，本节不再展示。

6.7.1　网络通信初探

在 3.9 节的错误处理示例中，展示过一个网络请求的简单例子，让我们来回顾一下这段代码：

```
//创建 URL
let url:NSURL! = NSURL(string: "http://www.weather.com.cn/adat/sk/101010100.html")
//创建请求对象
let urlRequest:NSURLRequest = NSURLRequest(URL: url, cachePolicy:
     NSURLRequestCachePolicy.UseProtocolCachePolicy, timeoutInterval: 10)
//创建响应对象
var response:NSURLResponse?
//发出请求
do{  let data:NSData? = try NSURLConnection.sendSynchronousRequest(urlRequest
     , returningResponse: &response)
//操作数据
}
catch{
      //处理错误

}
```

使用这个示例来展示 iOS 网络通信的步骤，首先需要一个 URL，这个 URL 应该包含服务器的地址，这里我们访问的是一个天气信息的公开 API，使用 string 参数的构造器创建一个 NSURL 的实例。读者应该对 NSURL 这个类不陌生，我们之前在访问系统短信、电话和内置应用中使用的都是 NSURL。

注意：这里使用的是 HTTP 协议，所以这个 URL 格式应该是 "http://..."。

然后创建 NSURL 对应的 NSRequest。从名称上就能看出来，NSRequest 代表一次请求，在被创建时一个 NSRequest 就已经选好了它的目的地，也就是 URL 参数；cachePolicy 参数是缓存的规则，这里选择的是基础的缓存策略，全部规则如下：

```
enum NSURLRequestCachePolicy : UInt {

   case UseProtocolCachePolicy//基础策略
```

```
        case ReloadIgnoringLocalCacheData//忽略本地缓存
        case ReloadIgnoringLocalAndRemoteCacheData // Unimplemented 无视任何缓存策
            //略，总是从源地址重新下载
        case ReturnCacheDataElseLoad //首先使用缓存，没有本地缓存，才用源地址下载
        case ReturnCacheDataDontLoad //使用本地缓存，从不下载，如果没有本地缓存，则请求
            //失败，此策略多用于离线操作
        case ReloadRevalidatingCacheData // Unimplemented 如果本地缓存是有效的则不下
            //载，其他任何情况都需要从源地址重新下载
    }
```

timeoutInterval 是超时时间，单位是秒，当系统请求超过这个时间时就会被判定超时。当 NSRequest 被准备好之后，最后一步就是把它发送出去了。发送一个 NSRequest 有两种方式：NSURLConnection 和 NSURLSession。

6.7.2　NSURLConnection 还是 NSURLSession

NSURLConnection 是老版本 iOS 使用的网络通信 API，并且一直沿用至今，你可以使用它进行简单的 Get 和 Post 操作。Get 和 Post 都有同步和异步两种方式（如果你不知道 Get 和 Post 是什么，建议先补充一下 HTTP 的相关知识），上例中使用 NSURLConnection 的 sendSynchronousRequest 方法就是一个简单的 Get 方式的同步请求，在未设置的情况下，所有的 NSRequest 都是 Get 方式的。在获得服务器的返回值时需要一个 NSURLResponse 类型的实例保存服务器返回信息的信息头。所谓同步就是在服务器返回数据之前这个方法的代码是没有执行完毕的，所以你无法继续做任何事情。如果要使用异步的通信方式则需要使用 NSURLConnection 的 delegate，调用 sendAsynchronousRequest 方法发送一个 Request，这个方法没有返回值，你可以继续执行后面的代码，在相应的 delegate 方法中捕获返回的数据。相比 NSURLConnection，iOS 7 中引入的 NSURLSession 显得更加灵活，它除了可以实现和 NSURLConnection 相同的功能之外，还可以控制数据的下载、上传，可以随时暂停和开始。本节不涉及上传与下载功能，仅通过展示最基本的数据请求过程，带领读者掌握网络通信的基本知识。如果你的应用中有上传与下载功能，应用本节的知识，举一反三，只需查阅相关 API 便可轻松胜任。

iOS 9 的一大特征就是统一系统的 API，当你在 iOS 9 中使用 NSURLConnection 中的 API 的时候，系统会提示这些 API 已经被 NSURLSession 中的 API 代替了，所以本节不打算继续讲解 NSURLConnection，让我们把注意力集中到 NSURLSession 上。针对上面示例中的代码，我们使用下面的方法：

```
//创建 URL
let url:NSURL! = NSURL(string: "http://www.weather.com.cn/adat/sk/101010100.html")
//创建请求对象
```

```
let urlRequest:NSURLRequest = NSURLRequest(URL: url, cachePolicy:
    NSURLRequestCachePolicy.UseProtocolCachePolicy, timeoutInterval: 10)
//创建 session 对象
let session = NSURLSession.sharedSession()
//session 使用 DataTask 封装了不同的网络任务，数据请求使用 NSURLSessionDataTask
let task = session.dataTaskWithRequest(urlRequest) { (data, response, error)
    -> Void in
  //操作数据、处理错误、操作返回


}
task.resume()
```

整个过程变得简单了很多，不需要使用&response 这种传递地址符的非 Swift 风格的 API，而且 data 的操作在闭包中进行。闭包是延迟调用的，所以这个方法自身就是异步的。在等待数据返回的时候闭包不会执行，不会阻塞主线程。在闭包中获得的 data 都是 NSData 格式的，你可以把它还原成原本的格式，至于到底是什么格式，需要提前约定好，网络通信常用的格式是 JSON 和 XML，示例中的数据是 JSON 格式的。现在让我们来测试一下，在闭包中加入打印语句，并把这段代码放到方法中执行：

```
let task = session.dataTaskWithRequest(urlRequest) { (data, response, error)
    -> Void in
  if error != nil {
    print(error)
  } else {
    if let dt = data {
        //使用构造器把 NSData 转换成 JSON
        let jsonString = String(data: dt, encoding: NSUTF8StringEncoding)
        print(jsonString)
    }
  }
}
task.resume()
```

中控台的打印信息如图 6.32 所示。

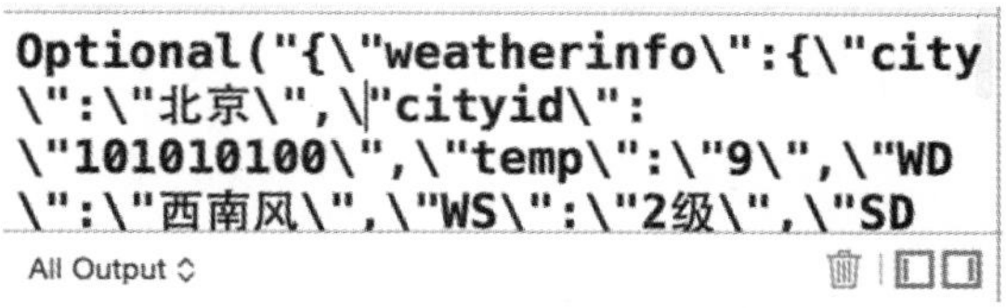

图 6.32　从服务端收到的 JSON 格式

注意：这个 String 是可选型的，把 Data 转换成 String 可以很清楚地看到 JSON 的内容，但是你无法从 String 中得到你需要的信息。所以你需要使用系统中的 API 解析 JSON，把 JSON 解析成字典，然后提取你需要的键值对，使用 NSJSONSerialization 这个类。现在的 dataTaskWithRequest 如下：

```
let task = session.dataTaskWithRequest(urlRequest) { (data, response, error)
    -> Void in
    //请求失败时打印错误信息并返回
    guard error == nil else {
        print(error)
        return
    }
    //未得到返回数据直接返回
    guard let _ = data else{
        return
    }
    do{
        //将服务器返回的data解析成NSDictionary，这个方法会抛出异常
        let menuDict = try NSJSONSerialization.JSONObjectWithData(data!,
            options: NSJSONReadingOptions.AllowFragments) as? NSDictionary
        //取出键"weatherinfo"的值，这个值也是一个字典
        if let dict = menuDict!.objectForKey("weatherinfo") as? NSDictionary {
            //继续取值，全部使用了可选绑定避免程序崩溃
            if let city = dict.objectForKey("city") as? String {
                print("城市：\(city)")
            }
            if let temp = dict.objectForKey("temp") as? String {
                print("气温：\(temp)")
            }
        }
    } catch {
        print(error)
    }
}
```

运行程序，中控台的打印信息如图 6.33 所示。

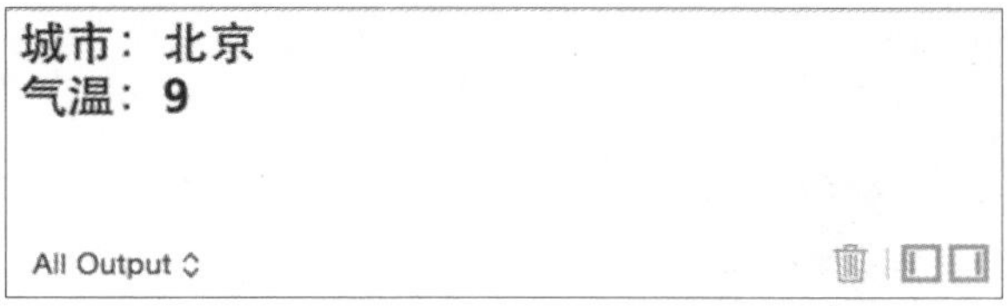

城市：北京
气温：**9**

All Output ◇

图 6.33　解析 JSON 数据

如果想使用 Post 的方式请求数据，则修改 Request 的请求方式，需要两个步骤：

```
//1.修改为可变的请求对象
let urlRequest:NSMutableURLRequest = NSMutableURLRequest(URL: url, cachePolicy:
    NSURLRequestCachePolicy.UseProtocolCachePolicy, timeoutInterval: 10)
//2.设置通信方式
urlRequest.HTTPMethod = "Post"
```

应用中的网络通信非常的频繁，所以作为一个高效的开发者，你需要封装一个通用的网络通信工具类。由于闭包的存在，可以很好地分离逻辑。这里把上面示例中的方法封装如下：

```
func CGHTTPTool(method:String,url:String,completionHandler: (NSData?, NSURLResponse?,
    NSError?) -> Void) {
    //1.创建 URL
    let url:NSURL! = NSURL(string: url)
    //2.创建 Request
    let urlRequest:NSMutableURLRequest = NSMutableURLRequest(URL: url,
        cachePolicy:.UseProtocolCachePolicy, timeoutInterval: 10)
    //3.指定 HTTP 的方法
    urlRequest.HTTPMethod = method
    //4.创建一个 session
    let session = NSURLSession.sharedSession()
    //5.创建数据任务
    let task = session.dataTaskWithRequest(urlRequest) {
        (data, response, error) -> Void in
        //6.在 dataTaskWithRequest 的闭包中执行参数所定义的闭包
        completionHandler(data,response,error)
    }
    //7.别忘了这一步
    task.resume()
}
```

现在你得到了一个复用性很高的 API，在任何场合都可以方便地使用网络通信。使用封装后的方法实现上例中的功能，代码如下：

```
@IBAction func request4Weather(sender: UIButton) {
    CGHTTPTool("Get",url:"http://www.weather.com.cn/adat/sk/101010100.html") {
        data, response, error -> Void in
        //在闭包中执行与数据有关的所有操作
        //请求失败时打印错误信息并返回
        guard error == nil else {
            print(error)
            return
        }
        //未得到返回数据直接返回
        guard let _ = data else {
            return
        }
        do {
            //将服务器返回的data解析成NSDictionary，这个方法会抛出异常
            let menuDict = try NSJSONSerialization.JSONObjectWithData(data!
                , options: NSJSONReadingOptions.AllowFragments) as? NSDictionary
            //取出键"weatherinfo"的值，这个值也是一个字典
            if let dict = menuDict!.objectForKey("weatherinfo") as? NSDictionary {
                //继续取值，全部使用了可选绑定避免程序崩溃
                if let city = dict.objectForKey("city") as? String {
                    print("城市: \(city)")
                }
                if let temp = dict.objectForKey("temp") as? String {
                    print("气温: \(temp)")
                }
            }
        } catch {
            print(error)
        }
    }
}
```

现在运行，与之前的效果相同，快来试试吧。

6.8 数据持久化

在 5.15 节展示引导页 Demo 的时候曾介绍过 NSUserDefaults，应用把用户的使用情况记录在 NSUserDefaults 中，无论当前应用是否在运行，NSUserDefaults 中的数据都不会消失，这就是 iOS 中的数据持久化技术。NSUserDefaults 的用法非常简单，读者可以查看 5.15 节中的内容，这里不再

介绍。本节将介绍 iOS 中的另外几种数据持久化技术：Archiving、File System、SQLite&Core Data。

6.8.1　Archiving（归档）

Archiving（归档）技术会把对象存储在硬盘上，核心是下面两个方法：

```
func encodeWithCoder(encoder:NSCoder)
init(coder:NSCoder)
```

encoderWithCoder 这个方法就是把某个对象写成字典的形式，然后再进行编码。当这些对象需要被读取时，使用构造器初始化它们。我们所熟悉的 Storyboard 就是使用这种技术存储的，所有的 UIView、UIViewController 都是可以编码的，因为它们都遵守了 NSCoding 协议。比如当某个 UIView 被保存时，其包含的所有对象所组成的关系表都会被保存下来。当我们创建一个 UIViewController 的时候会有一个使用 NSCoder 的构造器。这种机制非常适合 Storyboard，但是不推荐开发人员使用。

6.8.2　File System（文件系统）

iOS 系统中的 File System（文件系统）是基于 Unix 内核的。 File System 会为每个应用单独开辟存储空间，不同应用间的这部分存储空间是隔离的，这就是所谓的"沙盒"。即便是在沙盒里面，有的部分也是不允许写入的，比如存放应用程序自身的地方。但是你可以读取沙盒中的所有部分。

使用"沙盒"的好处显而易见，首先是数据的安全性得到了保障。其次在你删除某个应用的时候，会把它的沙盒一同删除。备份也是一样，备份特定沙盒中的内容，而不是所有的目录。 沙盒中有各种文件夹，均以目录的形式存在。你的应用占用的是 Application bundle 目录，里面会保存所有与应用相关的内容，比如 Storyboard、图片等，它们都是不可写的。如果要修改， 你需要把相关的数据取出来放到 Application bundle 目录之外的目录中进行操作。常用的目录有两个：Documents 目录存放用户数据，Caches 目录存放缓存数据。Caches 中的数据不是持久化的。

File System 具体的使用方法分为以下四步：

第一步　指定文件要存放的根路径，比如 Documents 目录或者 Caches 目录。

第二步　将文件目录增加到根路径的尾部，使用 append 方法。

第三步　现在得到了一个可以访问的 URL，根据这个 URL 就可以读写文件了。

第四步　使用 NSFileManager 管理文件系统。

NSFileManager 是线程安全的，你只能在创建 NSFileManager 实例的线程中调用这个实例。在主线程中可以不创建新的 NSFileManager 实例，使用系统为我们准备的 NSFileManager-DefaultFileManager 即可。或者新建一个实例，也不会花费太多代价，因为创建 NSFileManager 的实例是轻量级的：

```
let fileManager = NSFileManager()
```

有了一个 fileManager 之后就可以使用它访问系统的 File System 了：

```
let urls:[NSURL] =
fileManager.URLsForDirectory(NSSearchPathDirectory,inDomain:NSUserDomainMask)
```

这个方法返回的是一个数组，这是由于在 Mac 中调用这个 API 可能会返回很多 URL，但是在 iPhone 上你只能获得当前系统用户的资料，我们只需要数组中的第一个元素。NSSearchPathDirectory 参数代表了你想要获取的目录，比如传入 NSDocumentsDirectory，就会获得 Documents 目录，然后你可以向这个 URL 的尾部增加文件的目录，有两个 append 方法：URLByAppendingPathComponent(NSURL) 和 URLByAppendingPathExtension(NSURL)。

在得到 URL 后就可以进行文件的存储操作了：文件使用 NSData 格式，声音、图像等通常也都以 NSData 格式存储，使用 NSData 格式进行存储可以减小存储失败的风险，调用下面的方法：

```
public func writeToURL(url: NSURL, atomically: Bool) -> Bool
```

writeToURL 是苹果公司官方推荐的方法，atomically 参数的意思是先写一个临时文件，然后删掉老的文件，再把新的文件放进去，保持原子性。

下面让我们回顾一下 6.4 节的相册封面 Demo，在这个 Demo 中，从相册或者相机中选择新的相片并且替换掉 ImageView 的原 Image 后没有做数据持久化处理，所以当下次打开程序的时候相册的封面又变回了默认的图片，现在运用 File System 的知识对相册的封面做持久化。

我们之前在相册封面 Demo 的 imagePickerController：didFinishPickingImage：editingInfo：这个 delegate 方法中设置封面图片并关闭图片选择器，现在替换图片后增加一个持久化方法：

```
func imagePickerController(picker: UIImagePickerController!, didFinishPickingImage
    image: UIImage!, editingInfo: [NSObject : AnyObject]!) {
    //1.替换为新图片
    imageView.image = image
    //2.新增的步骤，保存 image 到文件系统中
    imagePersistence()
    //3.只需选择一张图片，因此在替换完图片之后关闭相册
    picker.dismissViewControllerAnimated(true, completion: nil)
}
```

方法 imagePersistence 的实现如下：

```
func imagePersistence() {
    //1.使用 jpeg 格式存储图片, 使用 UIImageJPEGRepresentation 指定图片和压缩率, 此时得
        //到的 imageData 即是 NSData 格式
    if let image =
        imageView.image,let imageData = UIImageJPEGRepresentation(image, 1.0) {
            let fileManager = NSFileManager()
            //2.需要获得 Documents 的目录, 注意返回值是数组, 在 iOS 中取第一个元素
            if let docsDir = fileManager.URLsForDirectory(.DocumentDirectory,
                inDomains: .UserDomainMask).first {
                //存取需要相同的名称
                let imageName = "CoverImage"
                //3.创建 URL
                let url = docsDir.URLByAppendingPathComponent("\(imageName).jpg")
                //4.存入 URL
                imageData.writeToURL(url, atomically: true)
            }
        }
}
```

最后，在 ViewDidLoad 中从相同的 URL 读取图片，并设置为封面：

```
override func viewDidLoad() {
    super.viewDidLoad()
    //1.设置一个默认的封面
    imageView.image = UIImage(named: "placeholder")
    let fileManager = NSFileManager()
    //2.使用相同的方法获得 URL
    if let docsDir = fileManager.URLsForDirectory(.DocumentDirectory,
            inDomains: .UserDomainMask).first {
        //存取需要相同的名称
        let imageName = "CoverImage"
        //3.创建 URL
        let url = docsDir.URLByAppendingPathComponent("\(imageName).jpg")
        //4.从 URL 中读取 NSData
        if let imageData = NSData(contentsOfURL: url) {
            //5.使用构造器把 NSData 转换成 UIImage
            let coverImage = UIImage(data: imageData)
            imageView.image = coverImage
        }
    }
}
```

现在运行 Demo，相册封面会一直显示为你设置过的图片。这个读写过程有很多重复的步骤，比如获得 Documents 目录的过程，所以你可以封装一个工具方法来操作封面图片的存储。

6.8.3　SQLite&Core Data

SQLite 是一个移动端的轻型数据库，如果你熟悉 SQL 语句，那么你可以使用 SQL 语句去操作它，本节不打算讲解 SQLite。我们来认识一下 iOS 中原生的基于 SQLite 的框架：Core Data。Core Data 会使用面向对象的方式操作 SQL 中数据的存取，避免使用 SQL 命令。

新建工程时勾选图 6.34 所示的选项就会在工程中添加 Core Data 框架。

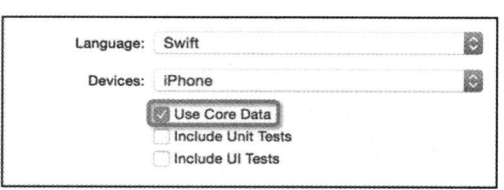

你会发现在工程的目录中有一个新的文件 CoreData.xcdatamodeld，这个特殊格式的文件就是一个系统原生的数据库管理界面。打开 xcdatamodeld 文件，界面如图 6.35 所示。

图 6.34　引入 Core data 框架

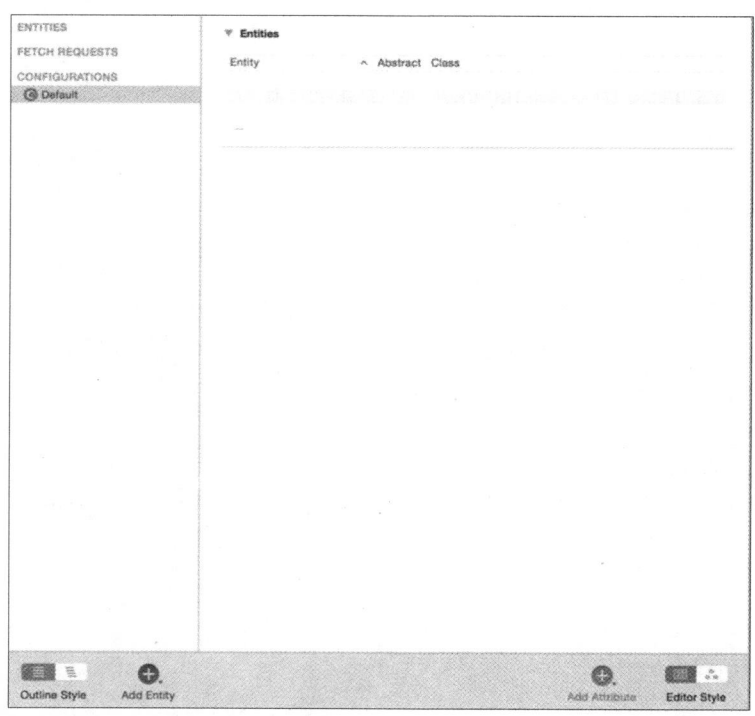

图 6.35　Core Data 的图形化界面

在这个文件中，可以依照项目中的类结构创建对应的实体，Core Data 实体就等同于数据库中的表。本节将展示一个同学录的 Demo，样式如图 6.36 所示。

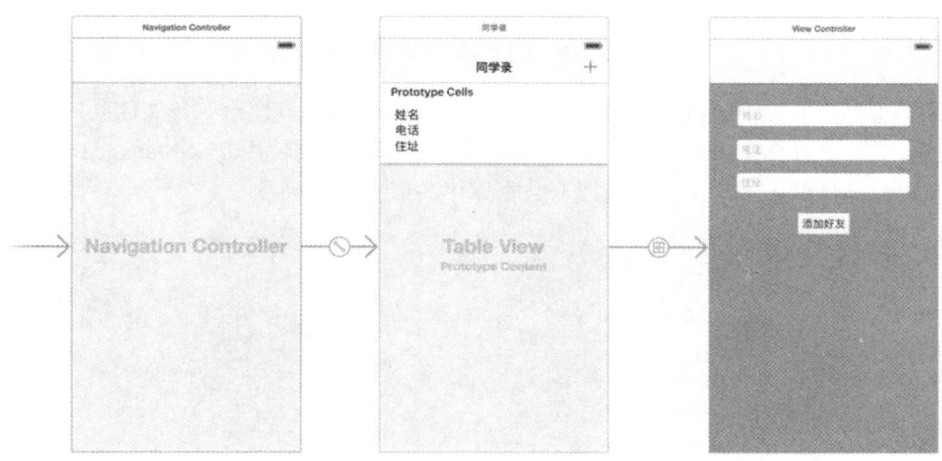

图 6.36　同学录 Demo 的样式

表格的行展示同学录中每个好友的信息，右上角的加号可以向同学录中添加新的好友。同学录中的每个好友都有姓名、电话和地址，很明显这些好友的信息需要持久化到本地。可以使用 Core Data 建立好友的实体用来保存数据。点击左下角的 Add Entity 来增加一个实体，此时左侧的 ENTITIES 目录下就会出现一个新的实体，双击可以修改实体的名字，如改为 Friend。在右侧区域可以编辑这个实体，Attributes 版块增删实体的属性，属性的可选类型如图 6.37 所示。

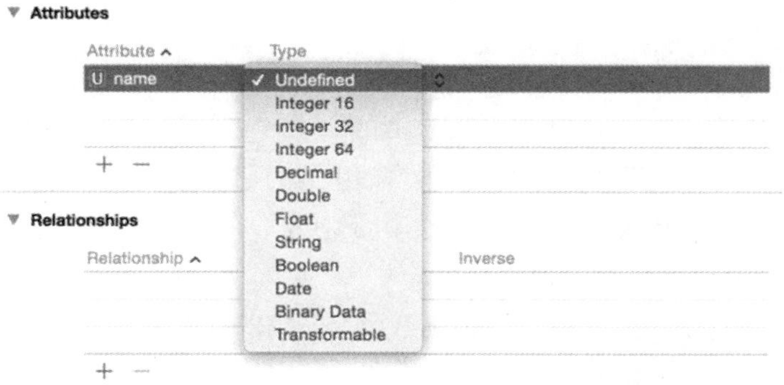

图 6.37　属性的可选类型

在本例中，创建 Friend 实体的属性如图 6.38 所示。

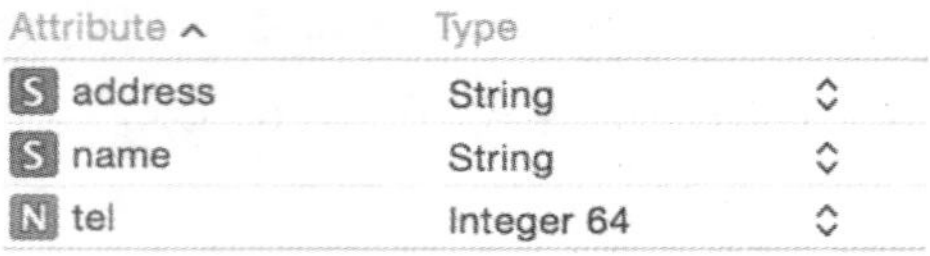

Attribute ∧	Type	
S address	String	⇕
S name	String	⇕
N tel	Integer 64	⇕

图 6.38　Friend 实体的属性

　　点击底部工具栏的 Editor Style 可以切换到类图的编辑界面，方便查看各实体间的关系。创建完 Friend 实体之后，需要在代码中创建实体所对应的类，属性需要使用@NSManaged var 来创建，代表着你在更改属性的值的时候会同时改变数据库中的值：

```
import Foundation
import CoreData
class Friend:NSManagedObject {
    @NSManaged var name:String
    @NSManaged var tel:Int64
    @NSManaged var address:String
}
```

　　现在打开 AppDelegate 文件，你会发现 AppDelegate 中被加入了非常多的代码，这些代码都是与 Core Data 相关的代码。这些对象都是单例，我们需要用到其中的一些重要对象。

　　首先实现添加好友的功能，使用 Core Data 相关操作的类中都需要引入头文件：

```
import CoreData
```

然后，关联控制器与场景二中的元素：

```
@IBOutlet weak var addressTextField: UITextField!
@IBOutlet weak var telTextField: UITextField!
@IBOutlet weak var nameTextField: UITextField!
@IBAction func addFriend(sender: UIButton) {
}
```

　　使用 Core Data 主要是使用 AppDelegate 中自动生成的那些与 Core Data 相关的对象。首先来认识一下 UIManagedObjectContext，它是一个钩子对象，管理着所有数据库对象的上下文，addFriend 方法实现如下：

```
@IBAction func addFriend(sender: UIButton) {
    //1.创建一个 NSManagedObjectContext
    let delegate = UIApplication.sharedApplication().delegate as! AppDelegate
    let context = delegate.managedObjectContext
    //2.新建一个 Friend
    let newFriend = NSEntityDescription.insertNewObjectForEntityForName
```

```
                    ("Friend", inManagedObjectContext: context) as! Friend
    //3.对属性进行赋值
    newFriend.name = nameTextField.text ?? "暂未确定"
    newFriend.tel = Int64(telTextField.text ?? "0")!
    newFriend.address = addressTextField.text ?? "暂未确定"
    //4.保存
    do {
        try context.save()
    }
    catch {
            print(error)
    }
}
```

接下来让场景一的 TableView 显示所有的 Friend，涉及 Core Data 中的数据查询操作，首先来做一些预备的设置，创建一个 friends 属性用来保存从数据库中查询出的数据：

```
var friends = [Friend]()
```

然后设置 TableView 的 dataSource：

```
override func numberOfSectionsInTableView(tableView: UITableView) -> Int {
    return 1
}


override func tableView(tableView: UITableView, numberOfRowsInSection
        section: Int) -> Int {
    return friends.count
}


override func tableView(tableView: UITableView, cellForRowAtIndexPath
        indexPath: NSIndexPath) -> UITableViewCell {
    let cell = tableView.dequeueReusableCellWithIdentifier("FriendCell",
        forIndexPath: indexPath) as! FriendCell
    cell.nameLabel.text = friends[indexPath.row].name
    cell.telLabel.text = "\(friends[indexPath.row].tel)"
    cell.addressLabel.text = friends[indexPath.row].address
    return cell
}


override func tableView(tableView: UITableView, heightForRowAtIndexPath
        indexPath: NSIndexPath) -> CGFloat {
```

```
    return 80
}
```

接下来从数据库查询所有的好友，并显示到 TableView 中，使用 managedObjectContext 的 executeFetchRequest 方法，传入 NSFetchRequest 类型的参数，可以设置查询请求去查询数据库中的数据，得到 NSArray 类型的返回值，成员类型是 AnyObject，创建一个查询的方法来执行所述操作：

```
func fetchFriends(){
    //1.创建一个 NSManagedObjectContext
    let delegate = UIApplication.sharedApplication().delegate as! AppDelegate
    let context = delegate.managedObjectContext
    //2.创建查询语句，查询数据库中的 Friend 实体
    let fetchRequest = NSFetchRequest(entityName: "Friend")
    //3.设置查询的条件，这里我们查询的是全部数据，所以可以不设置查询条件，如果要对结果进行
//过滤，需创建一个 NSPredicate 对象
    //4.执行查询
    do { let fetchedObjects = try context.executeFetchRequest(fetchRequest)
            as! [Friend]
        //5.查询成功后更新数据
        friends = fetchedObjects
        tableView.reloadData()
    } catch {
        print("error")
    }
}
```

这个方法的使用时机非常重要，除第一次加载场景一时，在场景二中新增好友后数据库中的数据会发生变化，从导航栏回到场景一的时候也需要更新数据，所以在 TableViewController 的生命周期方法 ViewWillAppear 中调用这个方法：

```
override func viewWillAppear(animated: Bool) {
    super.viewWillAppear(animated)
    fetchFriends()
}
```

现在你可以运行工程，在场景二中添加如图 6.39 所示的好友。

然后返回场景一，或者关闭应用重新打开，你可以看到 Mr.Chen 的好友信息始终显示在好友列表中，如图 6.40 所示。

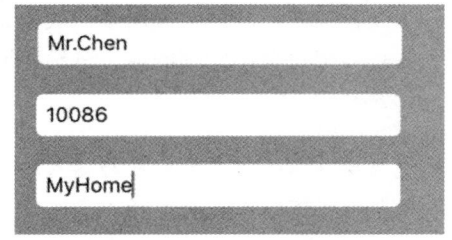

图 6.39　新增一个好友　　　　　　　图 6.40　持久化之后的好友信息

以上我们展示了数据的新增和查找，最后再介绍一下数据的修改和删除。删除与修改都是建立在查询的基础上的，如果要修改，就对查询出的实体的属性重新赋值，如果要删除，调用 managedObjectContext 的 deleteObject(object: NSManagedObject)方法，和新增操作相同，在修改和删除的操作最后都需要调用 managedObjectContext 的 save 方法。

6.9　多线程

在本书 5.10 节介绍过多线程的概念，ProgressView 与 ActivityIndicatorView 一直都是多线程操作的好帮手。多线程带来的好处有很多，在系统层面上，多线程依靠多核处理器，提供了并行运算的能力；对开发者来说，多线程提高了代码的执行效率；对用户来说，多线程优化了用户体验，避免了系统卡顿所带来的等待。本节将介绍多线程中的两个重要概念：GCD(Grand Central Dispatch) 和 NSOperationQueue。

6.9.1　GCD

GCD 是开发人员使用得最多的多线程方案，虽然它是纯 C 的 API，但是由于闭包的存在，使得 GCD 的 API 非常易用。依旧从实战入手，现在我们使用 GCD 构造真正的多线程环境，并使用 5.10 节中介绍的 ActivityIndicatorView 进行演示。

GCD 中可操作的基本单位是 dispatch_queue_t，它是一种队列，每个队列中可以安排多个操作，GCD 中的队列和数据结构中的队列机制相同，也遵循先进先出的原则，每一个队列都在自己所属的某一个或某几个线程上执行。创建一个队列的代码如下：

```
let queue = dispatch_queue_create("swift.development.notebook.syncQueue", nil)
```

方法中有两个参数，第一个参数是当前队列的名称，第二个参数指定队列是串行还是并行。传入 nil 或者 DISPATCH_QUEUE_SERIAL 都会创建一个串行的队列，而传入 DISPATCH_QUEUE_CONCURRENT 会创建一个并行的队列。这里简单介绍一下串行与并行的概念，串行队列中的成员必须一个一个来执行，因为串行队列只占用一个线程。并行队列会占用多个线程，虽然它的访问顺序依旧是先进先出，但是访问的时间很短，并且会把每个访问到的成员分给不同的线程执行，所以看起来就像是并行执行一样。

　　注意：由于线程的执行能力不同，并行队列中的成员操作执行完毕的顺序与传入的顺序可能不同，这点不同于串行队列中一个成员执行完再执行下一个成员，所以串行队列可以提供一种安全的"加锁"机制，适合进行"原子"操作，而并行队列适合执行耗时的操作。

队列中有一个比较特殊的队列是主队列，主队列是一个串行队列，所以主队列只会一个一个地执行主队列中的函数。所有的 UI 活动都必须发生在主队列中，因此当你想要做任何关于 UI 的事时，都必须把它放到主队列中，这是保护 UI 的好办法。主队列中绝对不适合做任何可能被阻塞的事情，比如读取一个包含 URL 的 NSData。由于以上特性，主队列不需要创建，从你的应用运行开始，主队列就存在了，获得主队列的方式如下：

```
let queue = dispatch_get_main_queue()
```

另外，系统已经为我们准备好了一些全局的并行队列，你可以直接使用，只不过这些全局的并行队列有不同的执行速度，需要根据需求选择你需要的队列，方法如下：

```
let queue = dispatch_get_global_queue(DISPATCH_QUEUE_PRIORITY_DEFAULT, 0)
```

其中第一个参数是 Int 类型的，对应了系统中的几种不同的全局并行队列，通常我们使用上面的写法即可，感兴趣的读者可以查看官方文档，了解更多关于全局并行队列的知识。

在创建了队列之后，下一步就是在队列中执行代码了，这种操作叫派发。派发也有两种：同步和异步。同步派发是在执行队列中的代码的时候阻塞当前的线程，而异步派发不会阻塞当前的线程。派发过程的 API 是 C 语言风格的，把需要在队列中执行的代码加入到闭包中。

```
//异步派发
dispatch_async(queue: dispatch_queue_t) { () -> Void in
    …
}
//同步派发
dispatch_sync(queue: dispatch_queue_t) { () -> Void in
    …
}
```

通常来说，UI 的操作中异步派发使用得较多。下面是一个更新 UI 相关的多线程操作：

```
//齿轮进度条开始转动
```

```
activityIndicator.startAnimating()
let notMainQueue = dispatch_get_global_queue(DISPATCH_QUEUE_PRIORITY_DEFAULT, 0)
//这里使用了异步派发，如果使用同步派发，UI 就卡住不动了
dispatch_async(notMainQueue) { () -> Void in
    //下载资源，注意这里还在其他线程中，不能直接更新 UI
    dispatch_async(dispatch_get_main_queue()){ () -> Void in
        //回到主线程中，使用下载的资源更新 UI，然后关闭齿轮进度条
        self.activityIndicator.startAnimating()
    }
}
```

异步派发的弊端是执行闭包中的代码的时候需要拷贝，如果拷贝的时间超过闭包自身执行的时间的话，那么执行起来反而更慢。除了更新 UI，GCD 还有其他用途，首先是利用多线程提升读写的效率，并且提供"锁"机制，使用如下方法：

```
dispatch_sync(globalQueue) { () -> Void in
    //执行读操作,使用普通的同步派发定义，在并发队列中读操作可以并发
}
dispatch_barrier_async(globalQueue) { () -> Void in
    //执行写操作，此时并发队列中只能有一个写的操作在进行
}
```

"栅栏"非常适合某些高并发的系统。此外，我们可以把任务进行分组，分组中的任务在全部执行完毕后调用者会得到通知。比如要下载多个文件，在全部下载完成时调用者可以得到下载完成的通知。新建一个分组：

```
let group = dispatch_group_create()
```

把需要分组的队列使用下面的方法进行派发：

```
dispatch_group_async(group: dispatch_group_t, queue: dispatch_queue_t) {
    () -> Void in
    …
}
```

参数 group 代表队列所属的分组,使用另一个对应的方法设置分组中队列执行完毕后的操作：

```
dispatch_group_notify(group: dispatch_group_t, queue: dispatch_queue_t) {
    () -> Void in
    ...
}
```

group 参数指定需要监听的分组，而 queue 参数指定闭包中代码执行的队列。

之前我们使用过 NSTimer 来实现延时，使用 GCD 也可以轻松实现延迟调用：

```
dispatch_after(when: dispatch_time_t, queue: dispatch_queue_t) { () -> Void in
    ...
}
```

when 参数的类型比较特殊，在传入参数时你需要写成这样的形式：

```
dispatch_after(dispatch_time(DISPATCH_TIME_NOW, Int64(5 * NSEC_PER_SEC)),
    dispatch_get_main_queue()) { () -> Void in
    //延迟 5 秒执行
}
```

最后来介绍一下如何创建一个单例。单例在程序中的重要性是毋庸置疑的，在 OC 时代，创建一个单例使用 dispatch_once 方法，这个方法的闭包中的代码只会执行一次：

```
dispatch_once(predicate: UnsafeMutablePointer<dispatch_once_t>) { () -> Void in
    ...
}
```

方法中的第一个参数是一个指针，不符合 Swift 的使用习惯，苹果在 Swift 的官方博客上解释过全局变量（静态成员变量、结构体和枚举）都采用了 dispatch_once 的方式来确保初始化的原子性。那么如何编写一个类的单例呢？比如某个应用中的登录用户应该是一个单例，使用下面的方法：

```
class UserTool{
static let sharedUser = User()
    private init(){}
}
```

现在调用 UserTool.sharedUser 方法就可以获得 User 的单例了。

6.9.2　NSOperationQueue

NSOperationQueue 是一套面向对象的多线程操作 API，底层依旧是使用 GCD 实现的。在 GCD 中，队列中的代码放在闭包中执行，闭包是一个轻量化的结构。而在 NSOperationQueue 中，要被执行的任务被封装到 NSOperation 类中，所以 NSOperationQueue 的执行速度要慢于 GCD，如果执行速度不足以成为瓶颈，使用 NSOperationQueue 的 API 还是有许多好处的，首先让我们来熟悉一下 NSOperationQueue 的用法。

NSOperationQueue 中的基本操作单位为 NSOperation，这个类是抽象基类，我们使用它的子类 NSBlockOperation 和 NSInvocationOperation。由于 NSInvocationOperation 存在安全问题，所以在

Swift 中我们只需使用 NSBlockOperation，它和 GCD 中的 dispatch_queue_t 相对应：

```
let operation = NSBlockOperation { () -> Void in
    ...
}
```

然后调用 start 方法来执行这个操作：

```
operation.start()
```

operation 默认会在当前线程执行，调用 addExecutionBlock 方法可以继续向 operation 中添加闭包，此时 operation 中的多个闭包会在主线程与其他线程中并行执行。可以看到虽然创建的方式不同，但是和 dispatch_queue_t 一样，NSBlockOperation 有串行和并行之分。如前面所说，start 方法是同步方法，那么如何实现异步执行呢？你需要给这些 operation 创建队列，这种队列就是 NSOperationQueue，队列只有主队列和非主队列之分，将 operation 加入到非主队列中就是异步操作，加入到主队列中就是同步操作：

```
//主队列
let mainQueue = NSOperationQueue.mainQueue()
//非主队列
let otherQueue = NSOperationQueue()
```

添加的方法如下：

```
otherQueue.addOperation(operation)
```

你也可以直接添加匿名的 operation：

```
otherQueue.addOperationWithBlock { () -> Void in
    ...
}
```

NSOperationQueue 的 maxConcurrentOperationCount 可以设置队列的最大并发数。

最后说说使用 NSOperationQueue 的优势，首先你可以选择某个 operation 是否执行，只需调用 cancel 方法，就可以把某个 operation 设定为不执行。其次，operation 之间可以设置依赖关系来指定执行的顺序：

```
//operation 的执行循序为 1、2、3
operation2.addDependency(operation1)
operation3.addDependency(operation2)
```

最后 operation 可以指定优先级，在队列中优先级高的先执行，优先级低的后执行，方法是通过设置 queuePriority 属性，这个属性是枚举类型的，你可以选择下列优先级：

```
public enum NSOperationQueuePriority : Int {
    case VeryLow
    case Low
    case Normal
    case High
    case VeryHigh
}
```

读者可根据自己的情况，在 GCD 与 NSOperationQueue 之间做出合理选择。

附录 A
Swifter 帮助贴士

Swifter 是代码界正在崛起的新生力量，如果你的周围没有和你一样的 Swifter，那么恭喜你，你已经走在了其他人的前面，并且你必须独自面对很多棘手的问题。限于笔者的能力和精力，无法再为读者提供更多的知识，作为本书的最后一章，笔者会分享一些解决办法和学习 Swift 的好去处，希望 Swifter 们不要停下学习的脚步。

1. 关于真机测试

Xcode 7 真机测试不再需要开发者账号，这真的是喜闻乐见，只需简单的两步你就可以轻松实现真机测试：

第一步 点击 Xcode 工具栏上的 Xcode->Preferences->Accounts，在 Apple IDs 中添加你自己的 Apple ID。

第二步 点击工程目录->General->Identity 中的 Team，选择你的 Apple ID，然后 Fix Issue。

现在，用数据线连接 mac 和你的 iPhone 或者 iPad 就可以真机测试了。

2. 有问题上 Stackoverflow

　　Swift 的语言版本更新很快，有些问题可能是你百度不到的。StackOverflow 是国外的问答社区，时效性强而且汇集了很多大牛，遇到问题时不妨上去找找答案。如果你是个大牛，也可以为别人提供帮助。网址：http://stackoverflow.com。

3. 去 Github 上学习代码

　　Github 的大名想必你也早有耳闻，如果你还没有尝试过，那么就趁现在，iOS 的知名框架在 Github 上都能找到。这些优秀的代码除方便使用外，更是宝贵的学习资料，对初学者来说更是如此，每个人都会在足够多的学习和模仿之后有所领悟和提高，写出更好的代码。除了代码学习，Xcode 的工程默认支持使用 Git 进行版本管理，你可以下载一个 Github 的桌面客户端随时对工程进行版本管理。网址：https://github.com。

4. CocoaPods&Carthage

　　CocoaPods 是一个用来帮组我们管理第三方依赖的工具。它能自动检查库与库之间的依赖关系，并下载库的源代码，同时通过创建一个 Xcode 的 workspace 来整合第三方库和我们的项目供我们开发使用。Github 上的知名项目基本都支持 Cocoapods，关于如何配置 Cocoapods，网上有非常多的教程。Carthage 是一个全新的依赖管理工具，Carthage 使用 xcodebuild 来编译出 Framework，由开发人员手动导入到工程中。Carthage 是一个去中心化的方案，对项目没有太多的侵略性，其本身也是由 Swift 语言编写的。目前 Carthage 支持的第三方库虽然没有老牌的 CocoaPods 那么多，但是对于 Swift 语言实现的第三方库有良好的支持，比如知名的网络库 Alamofire。作为一个 Swifter，笔者自己也在使用 Carthage，读者不妨一试，配置方法同样非常简单，在网上就可以找到。

5. 自己动手解决图片素材

推荐一款强大易用的 UI 设计工具：Sketch。苹果对 UI 元素的尺寸有严格的限制，Sketch 针对移动端的 UI 提供了很多模板，并且操作简单，易于上手，正在被越来越多的 UI 设计师所青睐。作为一个 Swifter，如果你不得不自己动手设计 UI，或者纯粹为了体验 UI 设计的快感，那么试试 Sketch 吧。

6. 苹果的官方博客

苹果为 Swift 开通了一个官方博客，每次 Swift 的大新闻都会第一时间发布在上面，文章来源于 Swift 的工程师团队，是每一个 Swifter 不可多得的学习宝地。网址：https://developer.apple.com/swift/blog/。

7. 斯坦福 iOS 公开课

得益于苹果的影响力，每一个 iOS 开发者都可以免费领略世界名校斯坦福的教学风采。尤其在国内 Swift 资料还很匮乏的时期，Paul Hegarty 教授（可爱白胡子老头）的课程给笔者带来了非常大的帮助，是我心中非常敬佩的大师，本书的很多内容也深受他的启发。斯坦福的 iOS 公开课每年都会随着新系统发布到 ItunesU 上，国内也会进行翻译，读者可以多多关注。

8. Swift Summit

2015 年在伦敦举办的 Swift 峰会，汇集了许多非常优秀的 Swifter，每个人都做了精彩的演讲，你可以通过下面的网址学习：https://realm.io/news/swift-summit/。